木质功能材料科学技术丛书

人工林木材的指接和胶合

傅　峰　林兰英　付跃进　著

科学出版社
北　京

内 容 简 介

本书是国际热带木材组织（ITTO）项目 PD69/01 Rev.2（I）“改进与多种利用中国南方热带人工林木材，以减少天然林供应不足的压力”和中日政府间专项技术合作（JICA 渠道）“中国人工林木材研究”项目的研究成果。本书以扩大我国人工林木材资源供给和推进木材资源增值利用为目标，针对我国人工林木材资源加工技术短缺和高效利用不足的现状，以主要的人工林木材为研究对象，在科学试验的基础上，针对人工林木材的特点，系统、全面地探讨了木材材质和胶黏剂、指接参数的确定、指接工艺和性能、指接的无损预测和有限元分析、胶合工艺和性能、改善胶合性能的方法及胶合耐久性评价等工艺和技术。本书的相关研究成果将开拓我国人工林木材资源增值利用途径，为推进林产品加工产业升级、带动林业区域特色经济发展提供科技支撑。

本书适合木材科学与技术学科的广大师生、科研工作者，以及木材加工和家具生产企业的工程技术人员参考阅读。

图书在版编目（CIP）数据

人工林木材的指接和胶合/傅峰，林兰英，付跃进著. —北京：科学出版社，2016.1
（木质功能材料科学技术丛书）
ISBN 978-7-03-046877-2

Ⅰ. ①人… Ⅱ. ①傅… ②林… ③付… Ⅲ. ①人工林–木材接合–研究 Ⅳ. ①TS654

中国版本图书馆 CIP 数据核字（2015）第 312377 号

责任编辑：张会格 白 雪 / 责任校对：张凤琴
责任印制：赵 博 / 封面设计：北京铭轩堂广告设计有限公司

科学出版社 出版
北京东黄城根北街 16 号
邮政编码：100717
http://www.sciencep.com
北京厚诚则铭印刷科技有限公司印刷
科学出版社发行 各地新华书店经销
*
2016 年 1 月第 一 版 开本：787 × 1092 1/16
2025 年 1 月第二次印刷 印张：11 1/4 插页：6
字数：270 000

定价：88.00 元

（如有印装质量问题，我社负责调换）

前　言

近年来，我国加大种植和培育人工林的力度，人工林面积已增加到 6933 万 hm^2，蓄积量达到 24.83 亿 m^3，继续保持世界首位。此外，由于树龄结构不合理，我国可供采伐利用的成熟林资源少，使可供加工利用的木材资源愈发匮乏。为了满足人们对木质材料的消费需求，我国每年大量从国外进口木材，已成为世界第一大木材进口国。而随着我国部分人工林逐渐成熟并进入采伐期，若能对其进行合理的加工利用，必将大大缓解我国木材的供需矛盾。

集成材是用板材或小方材按木纤维平行方向，在厚度、宽度和长度方向胶合而成的木材制品。集成材没有改变木材的结构和特点，真正意义上实现了小材大用、劣材优用，并且集成材材性稳定，性能优于实体木材。因此，集成材可以代替实体木材，应用于木材行业的各领域，满足人们对实木制品的消费需求。

集成材最大的特点在于将短小的实体木材加工成大断面、长尺寸的板材或方材，从而可提高木材的使用率和附加值，使木材资源得到充分利用，但指接和胶合的工艺与质量问题是目前集成材发展的突出障碍。由于木材指接、胶合涉及木材性质、胶黏剂类型和性能、胶合工艺和指接工艺等多方面因素，以及我国人工林木材种类丰富，不同树种间材质变异大等，人工林木材实木的指接、胶合还存在许多问题，研究人工林实木指接和胶合的工艺与性能，对人工林木材的深化加工利用具有重要意义。

本书以扩大我国人工林木材资源供给和推进木材资源增值利用为目标，针对我国人工林木材资源加工技术短缺和高效利用不足的现状，以主要的人工林木材为研究对象，在科学试验的基础上，针对人工林木材的特点，系统、全面地探讨了木材材质和胶黏剂、指接参数的确定、指接工艺和性能、指接的无损预测和有限元分析、胶合工艺和性能、改善胶合性能的方法、胶合耐久性评价等工艺和技术。本书的相关研究成果将开拓我国人工林木材资源增值利用途径，为推进林产品加工产业升级、带动林业区域特色经济发展提供科技支撑。

本书的相关研究成果得到了 ITTO PD69/01 Rev.2（I）和中日政府间专项技术合作（JICA 渠道）等项目的资助。同时，赵喜龙、张玉萍、何盛参加了部分试验工作，在此特致谢忱。本书参考引用了国内外相关文献和资料，在此谨向相关作者表示衷心感谢！

全书在编写过程中，注重基础理论与应用技术相结合，注重内容的广度与深度相结合，以翔实的科学试验数据为依据，语言朴实，结构严谨，力求为从事木材加工和利用的企事业单位和科研工作者及高等院校师生等相关人员提供参考与指导。

鉴于作者水平有限，书中难免存在错误和遗漏之处，敬请读者批评指正。

著　者

2015 年 8 月

目　　录

第一章　指接胶合的技术现状和意义

近年来，我国加大种植和培育人工林的力度，人工林面积已增加到6933万hm^2，蓄积量达到24.83亿m^3（第八次全国森林资源清查），继续保持世界首位，但我国仍然是一个少林国家。此外，由于树龄结构不合理，我国可供采伐利用的成熟林资源少，使可供加工利用的木材资源愈发匮乏。为了满足人们对木质材料的消费需求，我国每年大量从国外进口木材，已成为世界第一大木材进口国。而随着我国部分人工林逐渐成熟并进入采伐期，若能对其进行合理的加工利用，这必将大大缓解我国木材的供需矛盾。

集成材即胶合木（glued laminated timber，简称 Glulam），是用板材或小方材按木纤维平行方向，在厚度、宽度和长度方向胶合而成的木材制品。集成材生产工艺流程如图 1-1 所示。从集成材的生产工艺流程可见，集成材没有改变木材的结构和特点，真正意义上实现了小材大用、劣材优用；从物理性能来看，集成材材性稳定，与其他木质人造板材相比，集成材具有更灵活的幅面及断面结构尺寸；在抗拉、抗压强度和材料质量方面，集成材性能均优于实体木材，强重比大，强度为天然木材的1～1.5倍。因此，集成材可以代替实体木材，应用于木材行业的各个领域，满足人们对实木制品的消费需求。

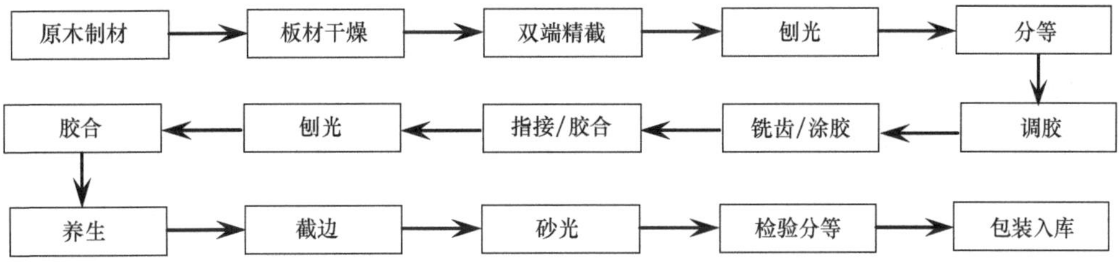

图 1-1　集成材生产工艺流程图

集成材最大特点在于将短小的实体木材加工成大断面、长尺寸的板材或方材，从而可提高木材的使用率和附加值，使木材资源得到充分利用，但指接和胶合的工艺和质量问题是目前集成材发展的突出障碍。由于木材指接、胶合涉及木材性质、胶黏剂类型和性能、胶合工艺和指接工艺等多方面因素，以及我国人工林木材种类丰富，不同树种间材质变异大等，人工林木材实木的指接、胶合还存在许多问题，研究人工林实木指接和胶合的工艺和性能，对人工林木材的深化加工利用具有重要意义。

第一节　指接的技术现状

一、指接加工的技术现状

随着木材供需矛盾的不断凸显，在木材加工行业中许多新材料得到了很大程度的发展。指接材在国内的发展虽起步较晚，但随着应用与需求的不断扩大，指接材也逐渐受到关注，在其特点、工艺、胶黏剂、质量检验及应用等多方面，许多国内外学者都进行了深入的研究，取得了大量研究成果，这对于指接材的发展及产业化推广有着非常积极的意义。

（一）指接材特点及应用

指接是完成木材工件的纵向接长，是集成材生产的核心环节，其特点是短料长用，劣材优用，可提高木材利用率，是目前应用最广泛的一种木材接长的方法（郝金城，2000）。我国木材资源的日益匮乏，木材供需矛盾也越来越突出。随着人工林的不断发展，小径级木材产量不断增加，如何合理开发利用小径级木材成为解决目前木材供需矛盾的重点。指接材作为一种新型的工程材料，它的出现为小径级木材的利用提供了一条新的途径。通过指接加工，将短木料接长，可获得优质长材，做到小材大用，提高木材的利用率；指接可以得到准确长度的成材，提供给消费者，以减少加工过程中的浪费；通过指接加工，可以矫正木材的弯曲、扭曲变形，获得平直的材料，做到劣材优用；剔除节子、裂纹、腐朽等木材的天然缺陷，然后指接成长材，一定程度上提高了木材等级；指接可以制造较长长度的成材，满足建筑施工的特殊需要；与木材接长的其他方法相比，指接木材损失少，有效胶接面积大，胶合强度高，便于实现机械化生产。

指接材没有改变木材的结构和特点，仍和木材一样是一种天然基材，但从物理性能来看，在抗拉、抗压强度和材料质量的均匀化方面都与实木相差不大。因此，指接材可以代替实体木材，应用于木材行业的各个领域，如做门窗部件、橱柜部件、表面美观的地板材料和家具部件。

（二）指接生产工艺

指接生产工艺主要包括木材工件的截头、开榫、涂胶、对接、压接、按规定的长度截断和胶层的固化等工序。在工艺控制上，欧阳明八（1987）就提出指接是合理利用小径级速生材的重要技术措施的观点，同时还详细介绍了指接的形式和影响指接强度的因素。此外，李赐生（2001）、李黎（1996）、程瑞香和顾继友（2001）对利用小径木制造指接集成材的应用进行了介绍。郝金城（1992）通过研究齿榫的齿形参数、加工条件及木材材质对指接材强度性能的影响，找出了指接加工的最佳工艺，并测出了指接材的强度性能。

对于指接材的特点及生产工艺，聂涛（1992）和郝金城（1992）提出了指接材生产的最佳工艺参数以及在实际生产中应注意的若干问题。刘艳和鹿振友（2004）探讨了国内外关于指接集成材层板、成品和指接头的力学性能研究情况，并根据我国指接集成材力学性能的研究现状，提出了自己的观点。

随着我国人工林的不断发展，间伐材的数量不断增加，如何合理开发利用间伐材对于缓和我国的木材供需矛盾有着积极而深远的意义。朱焕明和鲍加芬（1994）等对间伐小径木的指接技术进行了探讨。对间伐材的木材含水率、指接端压的大小和时间、指接后养护时间、涂胶量、指榫规格等对指接材抗弯强度的影响进行了研究，并测定了苯酚-间苯二酚-甲醛树脂胶胶合的指接材快速老化性能。

（三）指榫参数

指榫的齿形参数对指接强度有很大影响，且它们之间也相互影响，改变其中任何一个参数，另一个参数自动变化，这种齿形参数相互关系使研究齿形对指接强度的影响复杂化。指榫几何形状的主要参数有指长、指距、指顶宽、斜率和宽距比。关于指榫几何形状各个主要参数对指接强度的影响国内外学者做了大量研究。

按指接与板面的关系，指接材的连接形式可以分为两种（图1-2）：垂直型指接（V型），工件宽度方向见指榫；水平型指接（H 型），工件厚度方向见指榫。垂直型和水平型的选择原则是根据指接材使用部位及要求的指接强度、指接材的切削余量、指榫加工精度、生产性和安全性等综合判断来决定的（张金菊和申世杰，2006）。就指接板材而言，垂直型与水平型相比较，指接强度几乎相同，但根据实际生产试验的数据，垂直型指接板材的强度比水平型指接板材的强度大5%左右（Janowiak et al.，1994）。

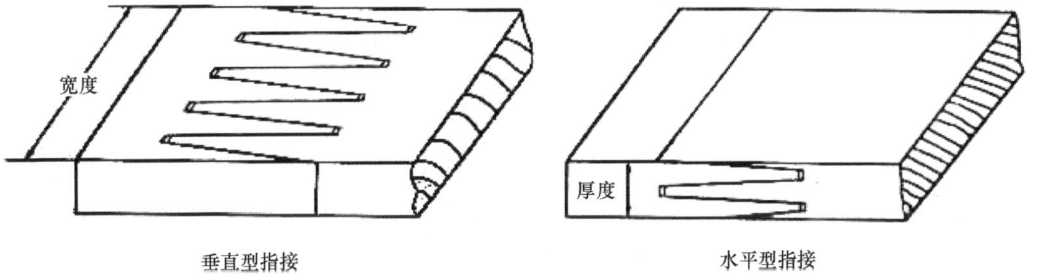

图 1-2　指接材连接形式

国外指接材的发展比国内要早很多，在 20 世纪 30 已经有学者对指接材进行过研究（王庆祥，1995）。为了实现短材的接长，Luxford 和 Krone（1961）设计了多种接头形式，比较它们的连接强度，发现斜接可以获得较好的强度。当斜接的斜度达到 1/12～1/10 时，接长后材料的抗拉强度可以达到实木抗拉强度的 85%～90%，而当斜度达到 1/20 时，其抗拉强度几乎可以达到实木的 95%（Richards and Goodick，1959；Jessome，1965）。但是，当斜度过大时，对木材的浪费也非常大。木材指接的连接方式是在斜接的基础上发展起来的，Norman（1955）探讨了小斜度的指接材用作橱柜或门窗的材料的可能性。

对斜度（$t/2L$）与指接强度和齿距（t）与指接强度的关系研究结果表明：当 $t/2L=1/16$～$1/8$ 时，抗拉强度和抗弯强度达到最大值；当 $t=4$～10mm 时，指接强度达到最大；指顶宽与齿距的比值表示结合部分有效胶合面积的指标，一定程度上表示承载能力的大小，其值小，齿顶宽小，胶合面积大，指接强度高；齿顶宽与齿距的比值根据指接材的用途、刀齿的强度和刀具寿命来确定，一般小于 0.18 用作结构用，小于 0.25 用作非结构用（郝金城，2000）。

在指接材齿形参数对集成材性能的影响研究上，总结出以下几点：①指接材的抗拉强度随着指接榫头斜度的减小而增大，但是当斜度从 1/12 降低到 1/16 时，强度的增大并不明显；②当指接榫头的斜度和齿顶宽保持不变时，指接榫头的连接强度随着齿间距的增大而增大，但增大的幅度越来越小；③为了获得高强度，必须使指接榫头足够长，斜度足够小，以使有效胶合面积足够大，从而可以抵抗接近实木抗拉强度的剪切载荷作用；④如果前三个条件满足，那么齿顶宽就成为榫头连接强度的决定性因素，齿顶宽越小，则指接榫强度越高；⑤当指接榫头的斜度在 1/16～1/10 的范围内变化时，指接榫净截面上的应力大小并非取决于榫头的斜度，而主要取决于榫头长度与齿间距之比，当两者的比值大于 4 时，最大应力只比材料的抗拉强度小 17%；⑥齿顶宽减小时可以显著提高指接榫的强度，如果需要抵抗较大弯曲和抗拉载荷，那么齿顶宽应在实际可加工的范围内越小越好。

采用不同形式的指接榫头连接时，材料性能也有很大差异。Bustos 等（2003）研究了不同形式的指接榫头配置加工加拿大黑云杉指接材的结构特性。它采用了三种指接榫头形式，即羽型、嵌入型和翼型，试验结果表明，羽型榫指接材的特性要比其他两种好，尤其是对于水平结构指接材更为明显。此外，Ayarkwa 等（2000）对指接头齿形参数和指接压力对集成材抗弯性能的影响进行了研究，其中齿形参数对材料的抗弯强度值有很大影响，而对抗弯弹性模量影响不大，指接压力则因不同树种而异。

除了齿形外，影响集成材性能的因素还有很多，其中指接单元长度就是其中之一。Christine 等（1997）的研究表明，随着单元长度的增加，指接材的抗拉强度减小，然而，当长度达到 4.88m 时，其平均顺纹抗拉强度值达到极值；研究结果还表明，指接材单元长度对其顺纹抗拉强度的影响程度比之前的文献研究中所论述的要大两倍。因此，在今后的研究中，还应对不同尺寸和等级的结构用指接集成材中尺寸对其强度的影响进行更为深入的研究。

（四）指接设备

指接材的生产设备对指接材的质量好坏同样有着重大影响。针对我国木材指接加工产品质量差的问题，郝金城（1994）指出，木材指接设备落后是指接材达不到工艺要求的重要原因。王放和张卉（2003）提出了使用指接铣床加工长材时应注意的两个问题，即嵌合度缺陷和木条侧弯，并提出了相应的解决办法。

在指接刀的研究方面，郑国群等（1995）通过对硬质合金单片指接刀在木材指接中的应用进行的研究。郝金城等（1991）则研究了短齿榫铣刀的齿形参数优化，并通过试验进行了验证。指接刀对集成材指接榫的加工精度影响重大，进而对集成材的质量产生影响。指榫铣刀的加工精度对指接强度有明显影响。铣刀指长不一致时，造成有的指榫长，有的指榫短，指接时形成较大的指顶隙，致使应力集中而折断；指榫几何形状不一致，致使部分指接面松离而减少了有效胶合面积，从而指榫强度显著下降（郝金城，1992）。指顶宽的设计也要合理，太薄的指顶宽在铣刀铣削过程中很快就发生过热，导致刀片永久性损坏或变钝。因此，指形铣刀不但几何形状要设计合理而且其加工精度和磨损性更为重要。

在指接榫头的加工方面，主要有刀具加工，模具加工，以及刀具、模具组合加工三种方法（郝金城，1994）。刀具加工是由指接铣刀在工件端部铣削出指榫的加工方法。指榫加工在专门指榫加工机上完成，这种方法在指榫加工中应用最普遍。指榫加工按其操作特性，可分为定位式加工和走刀式加工两种。定位式加工是将工件放置在工作台上，并将其夹紧，然后工作台向固定在一定位置的刀具移动进行加工。走刀式加工是将工件放置在工作台上，并将其夹紧，然后移动水平放置的刀轴进行指榫加工。第二种是利用模压成型的方式进行加工。模具加工是将工件端部压入模具一次加工成指榫的方法。模压加工过程为：夹紧被胶合两个工件的端部，并将其压入加热的模具，放松脱模，涂胶，加压拼接成一体。这种方法只适于模压指榫长度小于 10mm 的短指榫（Oberg，1961）。但是，利用模压方式加工指接榫头时，木材的密度是一个重要的影响因素，密度越大，木材的可压缩量越小，这样就限制了指接榫头的尺寸和几何形状，因此模压方法加工出的指接榫只适用于非结构用指接材的加工。第三种加工方法结合了以上两种方法的特点，是通过指接榫铣刀进行初步的成型加工，再利用模压的方法进行最终的几何尺寸确定。这种加工方法的特点是指榫的指顶宽极小，使指榫长度增加，经济效果好，解决了机械加工难以加工尖指榫的问题。但这种加工方法生产率低，应用不普遍，只有几个国家用于结构指接材的生产（Strickler，1967）。

从指接工艺的流程上来看，指榫加工是影响指接强度的重要因素。因为不管其中哪个指榫破坏，整个指接材就破坏。若其中一个指榫可靠性低，则视为整个指接材可靠性低。因此，每个指榫的强度高低直接影响整个指接产品。

（五）指接用胶黏剂

指接材良好的胶合强度必须要有好的胶黏剂配合，如何研制出适合指接生产的胶黏剂一直是许多研究工作者研究的方向。指接用胶黏剂不仅需要考虑指接后材料的强度问题，同时还要根据用途及性能要求加以区分与使用（李丽霞，1995）。在非结构用指接材胶黏剂方面，脲醛树脂胶是人造板生产企业中应用较多的一种胶黏剂，由于其成本低廉，所以部分学者对其用于指接材生产的可能性进行了探讨。李琳和何林（2003）研究了利用脲醛树脂胶作为指接材胶黏剂时指接材的强度性能，研究结果表明，利用脲醛树脂胶作为集成材生产的胶黏剂在一定程度上是可行的。为了获得高强度的指接材拼接胶黏剂，孟令辉等（1996）、宋克祥等（2001）采用接枝共聚改性聚醋酸乙烯乳液和异氰酸酯预聚体生产出指接材工业用拼接胶黏剂。蒋兴兵等（2005）对高性能指接集成材拼板胶的研制进行了研究，研制出的集成材拼板胶具有无毒、无腐蚀、无污染，常温固化的特点，性能优良，可以满足日本农业标准（JAS），适用于高硬度和抽提物含量高的木材黏接。在结构用指接材胶黏剂方面，刘艳等（2004）、刘铜宾和申世杰（2006）介绍了胶黏剂的选择、特点及其性能，冉全印等（1997）、徐晓沐和高科达（2007）则分别研究了水基聚氨酯和水性高分子异氰酸酯（EPI）胶黏剂在集成材中的应用及其参数控制。虽然文章中有的并没有进行试验验证，但是这对集成材胶黏剂的实际应用还是具有参考价值。

国外学者也对指接材用胶黏剂进行了大量研究。其中，Ronald（1981）指出，目前用于指接材加工的胶黏剂主要有苯酚-间苯二酚树脂、间苯二酚树脂、三聚氰胺树脂、尿素-三聚氰胺树脂、脲醛树脂和热塑性及热固性聚乙烯树脂胶黏剂，其中尿素-三聚氰胺树脂、脲醛树脂和聚乙烯树脂胶黏剂多用于非结构指接材的加工。Properzi 等（2001）研究了一种室外用指接材生产用胶黏剂，这种胶黏剂能够快速固化，不需要加入间苯二酚，可以作为室外用指接集成材的胶黏剂使用。Sterley 等（2004）研究利用单组分聚氨酯胶黏剂对湿材进行胶合，研究结果表明，试样压好后立即检测的初始剪切强度为窑干后最终强度的 22%～50%，陈放 24h 后测量的强度比立即测量的剪切强度略有增大。

（六）指接材质量控制与检验

在指接材的质量检验方面，目前主要的检验方法是对照相关标准中的检测指标进行试验测定，相关的标准不多，但能满足指接材性能检测的要求。

国内在 2007 年出台了非结构用指接材的性能检测标准（GB/T 21140—2007），除外观质量检测外，主要的物理力学性能检测指标有抗弯强度、浸渍剥离率和含水率。

在结构用指接材的检测标准方面，我国还未出台相关标准。日本农业标准 JAS MAFF，Notification No.590 *Finger-Jointed Structural Lumber for Wood Frame Platform Construction* 中规定了结构用指接材的力学性能检测方法。与国内非结构指接材标准相比，该标准在检测方法上略有不同，但检测指标一样。

结构用指接材的一个重要用途是生产木结构用集成材梁，指接材的性能就直接影响木结构的稳定性。Noren（1965）的研究表明集成材梁的变形在达到其所能承受的最大载荷的 2/3 之前，不会受到指接接头的影响。当指接头承受拉伸载荷作用时，材料静曲强度值降低 20%左右。Castro 和 Paganini（2003）研究了利用 7 种力学等级的杨树和桉树指接材层板以不同组合方式生产的小尺寸集成材梁的性能。试验结果表明，桉树与桉树及桉树与杨树胶合而成的集成材梁的力学性能很好，其结构特性也较稳定。

在指接集成材的质量控制与检测方面，不管是结构用还是非结构用指接材，指接接头质量的好坏都取决于指接榫的质量，应按照强度最差的榫头来进行质量评价。而 Kaiserlik 和 Pellerin（1977）等通过检测指接材中的应力波，对材料的质量进行了评价。

二、指接加工存在的问题及发展前景

（一）指接加工存在的问题

我国指接材起步于 20 世纪 80 年代末，近几年发展较快，主要集中在东北和沿海地区，产品主要以外销为主。国内家具行业已经开始使用指接材，但市场还有待于进一步开拓。

目前国内木材指接加工的主要问题是产品质量差，指接材的强度只能达到实体木材强度的 40%～50%，且指接接合不严密，出现小面弯曲，时而发生脱榫或榫底出现裂缝以及表面质量粗糙等，满足不了实际使用要求，影响外表美观（李志高，1998）。其原因之一就是木材指接设备落后，达不到指接工艺的要求。

国内指接材生产仍处于回收利用加工剩余物阶段，产品质量低，指接材有效率仅 50%左右，且产品质量不稳定，应用受限制。因此如何获得指接强度高而稳定的指接材并扩大其应用范围，是目前指接材生长中亟待解决的问题（郝金城，2000）。

（二）指接材生产的有利条件

我国指接材在生产原料、生产工艺、销路和经济效益等多方面表现出较好的发展前景。

我国适合生产指接材的树种很多，并且这些树种遍布于全国各地，为指接材的生产提供了充足的原料。

指接材生产在国外已经开展了几十年，我国近几年也已步入成熟。指接工艺所需设备，国内目前已基本上可以满足，并可为实现高质量产品的生产创造条件。

目前已普遍开展用指接材生产长条地板，销路一直不错，除部分供国内需要之外，大部分用于出口创汇，并且有供不应求的趋势。

小径原木的材质差、缺陷多、利用率低，直接加工的产品很难使企业获得较好的经济效益；而用小径原木生产指接材可做到小材大用，使小径级原木成倍增值，效益显著。

第二节　胶合的技术现状

国内外在实木胶合方面做了大量的工作，分别从木材特征、胶黏剂、胶合工艺等方面着手，研究了影响实木胶合性能的主要因素，并且从提高胶合面加工质量、改善胶合面润湿性能和胶合面抽提物处理等角度出发，探寻提高胶合质量的方法，改善胶合性能。

一、影响实木胶合性能的主要因素

（一）木材构造与组分

胶合要求胶合强度应大于等于木材强度，胶合破坏发生在木材中，即木材破坏率较高。木材的密度大、强度高，胶合强度常低于木材本身的强度，且木破率较低。Freeman（1959）研究 22 种阔叶树材的物理、化学特征与胶合性能的关系，以及 Sellers 等（1988）研究 6 种不同密度阔叶树材的酚醛树脂（PF）、脲醛树脂（UF）和酪素三种胶黏剂的胶合特征，均发现木材密度是影响剪切强度和木破率的主要因素。木材密度在 0.7～0.8g/cm^3（含水率=12%）时，胶合强度随着木材密度的增大而有增大的趋势，但木破率降低；木材密度大于 0.8g/cm^3 时，胶合强度和木破率随着密度增加而降低，密度越高的木材，胶合越困难。分析原因是木材密度高，细胞壁厚、孔隙率低，胶黏剂渗透少，机械结合力弱，导致胶合强度低。另外，高密度木材吸收胶黏剂溶剂或水分的速度慢，影响胶黏剂固化，降低了胶合强度（Vick，1999；Hse and Kuo，1988）。

纤维素、半纤维素和木素三大主要成分的含量，以及抽提物的组分类型和含量都显著影响胶合性能。纤维素、半纤维素含量高的木材，因含有相对较多的羟基等表面极性基团，从而易与极性的胶黏剂胶合（Scoville，2001）。密度较高的人工林木材，其低木素、高半纤维素含量和较短的纤维，以及高生长应力等使得其胶合材的尺寸稳定性差，环境温、湿度变化时木材变形施加给胶层的应力大，常出现分层或开缝现象，并影响胶合稳定性和耐久性能。

此外，木材解剖特征也影响胶黏剂在木材表面的渗透。良好的胶合，要求胶黏剂能渗透到木材表面的几层细胞中。木材细胞类型、幼龄材含量、早晚材比率和纹孔尺寸等对胶合性能有一定的影响（Sellers et al.，1988；Freeman，1959）。阔叶材的导管和针叶材的管胞，这两类大尺寸的细胞，是胶黏剂在木材表面渗透的主要途径。纹孔的孔径大小和闭塞情况、幼龄材含量等影响胶黏剂的渗透。此外，早材比晚材容易渗透。

我国杉木、杨树人工林木材密度低、材质疏松，容易透胶，胶合时易产生缺胶现象；桉树木材细胞壁上多附物纹孔，且密度高、纤维素含量高，胶黏剂渗透少，机械胶合少，胶合较困难，表现为胶合强度比实木低，木破率低。

（二）抽提物

抽提物是导致某些木材胶合分层的主要因素，影响胶合和加工。抽提物包括单宁、各种单糖、淀粉、脂肪酸、树脂胶、树蜡等，它们可能破坏木材的表面极性和润湿性，影响胶合形成。抽提物可从以下三方面影响胶合性能：①污染胶合面，改变胶合面的极性和润湿性；②影响胶黏剂固化速度和凝胶特征；③部分抽提物与胶黏剂不兼容，排斥胶黏剂的吸附（Sernek et al.，2002）。部分人工林木材（如桉树），密度高、抽提物含量多，且水溶性抽提物在干燥过程中可向胶合面移动、堆积，在抽提物未经过处理时胶合木材，其胶合强度和木破率均较低。

抽提物污染胶合面，影响胶合面极性和润湿性能。抽提物可降低木材表面的润湿性：非极性的抽提物是导致水溶性胶黏剂润湿木材性能变差的主要因素（Hse and Kuo，1988；Scoville，2001；Sernek et al.，2002）；Nguyen 和 Johns（1979）用苯醇除去弱极性和非极性抽提物后，花旗松（Douglas-fir）木材的表面润湿性能明显提高；Chen（1970）用多种有机溶剂去除抽提物后，发现亚洲几种阔叶树材的润湿性能得到改善，UF 的胶合强度随润湿性呈线性增加。此外，单宁、油性树脂等细胞原生质残余物和渗透物质，也会排斥胶黏剂润湿木材表面（Sellers et al.，1988）。

抽提物还影响胶黏剂的固化和胶合耐久性，这与胶黏剂固化的 pH 和木材缓冲容量有关。Roffael 和 Rauch（1974）、Abe 和 Akimoto（1976）发现栎木、龙脑香的酸性抽提物，可降低碱性固化 PF 的 pH，产生二甲亚基醚键链接，延长固化时间。Hse 和 Kuo（1988）发现酸性抽提物可缩短 PF 凝胶时间，产生不完全凝胶，阻碍树脂渗透。此外，酸性抽提物还可增加固化后 PF 的水溶性，降低胶层耐久性（Sellers et al.，1988）。对于酸催化固化的胶黏剂，抽提物可加速或减慢固化速度，主要由木材缓冲容量和胶固化的 pH 决定。柚木、红栎等的水溶性抽提物可延长 UF 的固化时间（Hse and Kuo，1988）；白栎的乙醇抽提物可减少 UF 41%的凝胶时间（Marian and Stumbo，1962）。

（三）加工特征

木材的表面质量、表面加工精度、不同加工部位对胶合有较大影响。木材的表面性状是实现木材胶合的重要因素，木材是被胶合表面具有最不均匀表面的材料之一，这种现象增加了木材的表面积，为胶黏剂的润湿、渗透和胶联提供了方便，但空气含于其中，加之表面粗糙，不利于胶合界面形成紧密的接触。

木材干燥方法和干燥缺陷均可影响胶合性能。Sernek（2002）用 X 射线光电子能谱仪检测不同温度（50～200℃）干燥的木材表面，发现接触角随干燥温度的升高而增大；Shupe 等（2001）研究了美国南部 22 种阔叶树材的润湿性，发现冷冻干燥的木材表面接触角最小，气干次之，炉干最大。此外干燥条件（如干燥温度、湿度、气流速度、方向等）还影响水溶性抽提物向木材表面移动的速度和数量（Hse and Kuo，1988；Sernek et al.，2002；Kuo et al.，1984），从而影响木材的胶合性能。

机械加工质量关系到胶合表面的粗糙度和表层细胞的破坏程度，进而影响胶合性能（Vick，1999；Stehr and Johansson，2000）。Stehr 等用扫描电镜观察锯切和刨切后的木材表面，发现近表面 0.1～0.2mm 厚内的细胞强度比木材内部细胞强度要低，称为木材表面弱界面层（mechanical weak boundary layer，MWBL），而剪切破坏常发生在这层细胞或细胞附近（Stehr and Johansson，2000；Stehr and Sören，2000）。此外，木材表面粉尘污染和长期暴露在光照、热量和空气中，表面活化性和润湿性降低（Sellers et al.，1988；Hse and Kuo，1988；Sernek et al.，2002），也影响木材的胶合性能。

木材的含水率也影响胶黏剂固化和胶合材的稳定性，主要表现为不同含水率的木材胶合在一起，干缩性差异可导致分层、翘曲。因此，含水率偏差应控制在±2%以内（Stehr and Sören，2000）。胶黏剂种类和性状，以及胶合环境等对木材含水率的要求是不同的。多数胶黏剂适合的含水率为 7%～16%，高含水率木材（15%～25%）胶合的产品易翘曲，一般家具等室内用产品应在 5%～7%，室外用含水率为 7%～16%（Sellers et al.，1988）。

（四）胶黏剂

胶黏剂是影响木材胶合性能的关键因素，胶黏剂的树脂类型、固体含量、pH、黏度、固化条件、适用期以及胶黏剂对木材的湿润性、胶层状态与厚度等都影响木材的胶合性能。良好的胶合性能要求胶黏剂具有很好的流动性、润湿性，能通过溶剂蒸发、催化剂催化或加热处理等，产生化学反应转化成坚硬的固体，并在使用过程中保持强度（顾继友，1999）。

目前，我国实木胶合常用胶黏剂主要分为以下三类：一是主要用于胶合室外结构用材的胶黏剂，如酚醛树脂（PF）、间苯二酚甲醛树脂（RF）、苯酚-间苯二酚甲醛树脂（PRF）、异氰酸酯胶黏剂（MDI）、水性高分子异氰酸酯（EPI）等胶合强度高、耐久性好的胶黏剂（聂涛，1992）；二是主要用于胶合室内或温湿度变化小的环境的胶黏剂，如脲醛树脂（UF）和酪素胶黏剂（Casein Resin）等耐水性、耐候性略差的胶黏剂（Hanifi et al.，1999），以及主要用来胶合非结构用材的聚醋酸乙烯酯（PVAc）乳液和热熔胶等；三是一些改性的胶黏剂，如用松树树皮提炼的单宁改性的 PF 胶，也用在木材的胶合中（Vázquez et al., 2003）。

1）脲醛树脂：脲醛树脂（urea-formaldehyde，UF）是开发较早的热固性树脂之一，目前是我国产量和使用量最大的木材胶黏剂，是由尿素[$CO(NH_2)_2$]与 37%甲醛（HCHO）水溶液在碱催化剂催化条件下缩聚制得的线性脲醛聚合物。一般来讲，甲醛/尿素的摩尔比为 1.5～2.0，反应最先生成一羟甲基脲和二羟甲基脲，然后由羟甲基与氨基进一步缩合制得水溶性树脂。脲醛树脂通常以氯化铵为固化剂，加热酸性固化或催化剂催化固化，固化后的树脂无毒、无色。脲醛树脂成本低，主要用于温、湿度变化小的环境中。

2）酚醛树脂：酚醛树脂（phenol-formaldehyde，PF），是由苯酚（C_6H_5OH）和甲醛（HCHO），在摩尔比大于 1 和碱类物质作催化剂的条件下缩聚，然后经中和、水洗而制成的热固性树脂。目前，由于酚醛树脂具有良好的耐酸性能、力学性能、耐热性能、胶合强度高，耐沸水、热、气候性好，广泛应用于结构材和室外用人造板的制造。我国酚醛树脂产量仅次于 UF，但是，酚醛树脂存在生成成本高、毒性大，初黏性低、渗透性强、固化时间长、固化温度高，固化后胶层脆、耐碱性差等缺点。

3）间苯二酚甲醛树脂：间苯二酚甲醛树脂（resorcinol-formaldehyde，RF），由间苯二酚（$C_6H_6O_2$）和甲醛（HCHO）在酸或碱性催化剂存在下进行反应制得的水溶性的树脂，具有胶合强度高，耐水性、耐久性和耐热性好，可室温固化或加热固化或加催化剂固化等优点。目前，主要用于难胶合的木材、结构材或室外用才的胶合。间苯二酚甲醛树脂最大的缺点是成本最高、胶层颜色深。

4）聚醋酸乙烯酯：聚醋酸乙烯酯（polyvinyl acetate，PVAc），又称白乳胶，由醋酸乙烯在乙酸存在下聚合成，聚合度通常为 250～600，聚合完成后，树脂中残存的微量催化剂（通常为过氧化物）、单体和（或）溶剂经真空干燥、蒸汽汽提、洗涤或联合处理法除去。聚醋酸乙烯酯通常为白色乳液，室温固化，固化后有一定弹性，是热塑性树脂，耐热性、耐水性能差，加载时，胶层易发生蠕变。聚醋酸乙烯酯广泛地用于室内木材胶合，尤其是室内实木胶合。

5）苯酚-间苯二酚甲醛树脂：苯酚-间苯二酚甲醛树脂（phenol-resorcinol formaldehyde，PRF），是用间苯二酚对酚醛树脂进行改性，以克服一般酚醛树脂固化温度高和固化时间长的缺点，主要由间苯二酚（$C_6H_6O_2$）、苯酚（C_6H_5OH）、甲醛（HCHO）缩合而成。间苯二酚改性酚醛树脂成本比间苯二酚甲醛树脂低，可室温固化，也可加热或加催化剂加速固化，耐水性优越，胶合性能好。目前，主要应用于室外结构材和部分难胶合木材的胶合。

6）水性高分子异氰酸酯：水性高分子异氰酸酯（emulsion polymer isocyanate，EPI）初期胶合力强，能够在短时间内完成加压，可冷压、热压及高频胶合，是一种快速胶合胶黏剂，适用于非结构材及结构材用集成材等的拼板胶合。另外，水性高分子异氰酸酯具有较高的胶合强度，一般胶合后放置 6h，可进行切削加工，在胶合后 7 天可达最高强度。此外，水性高分子异氰酸酯胶黏剂固化后具有良好的耐热性、耐水性和耐溶剂性能，且无有机挥发物释放。但是，水性高分子异氰酸酯存在陈化时间过长、成本高等缺点。

目前，胶黏剂对胶合性能影响的研究主要集中在具体胶合工艺的探讨，如张彦娟等（2008）以 200 目山核桃粉为添加剂的水性高分子异氰酸酯胶黏剂，研究了单位压力、涂胶量、添加剂用量、涂胶方法等对人工林杉木集成材胶合性能的影响。钱俊等（2005）以脲醛树脂为胶黏剂，研究了涂胶方式、涂胶量、侧压压力、正压力、胶合时间、热压温度对杉木集成材胶合性能的影响。肖忠平和陆继圣（2001）以添加了树脂型阻燃剂的脲醛树脂胶为胶黏剂，研究了热压压力、热压时间、涂胶量和热压温度对杉木胶合层积材胶合性能的影响。

（五）胶合工艺

胶合工艺包括涂胶量、单位压力、加压时间、胶合温度、胶合面纹理组合和混合树种胶合等，直接影响胶合性能。其中，涂胶量受木材、胶黏剂类型和胶合环境温湿度影响较大，胶层厚度在 20～50μm 为宜。涂胶量不足，出现缺胶现象，影响胶合性能（Ozarska，2003）；涂胶量也不易过多，易造成浪费，还会影响胶层性能（顾继友，1999）。胶合时单位压力，可促进胶黏剂流动、抑制变形等，但压力过大易将胶黏剂挤出胶层，造成缺胶，同时还会增加木材压缩率，浪费材料。胶合温度因胶黏剂种类而异，主要作用是保证胶黏剂固化，也有用加热缩短固化时间（Sellers et al.，1988）。常用的加热方法主要有（Sellers et al.，1988；Ozarska，2003）：热平板（heated platen）、热棒（heated bar）、高频电场、加温室（heated chamber）。加压时间以保证胶黏剂固化为准，过长会增大压缩率、使胶层老化等（Ozarska，1999）。

受木材原木制材加工方法的影响，制得的板材按端面纹理分成径切板（quarter sawn）和弦切板（flat sawn）两类，如图 1-3 所示。其中，径切板指在板材端头作板材厚度方向上的中心线，再作年轮的切线，这两条直线的夹角大于 60°。弦切板则是指这两条直线的夹角小于 30°时的板材。不同纹理方向的木材胶合在一起，受各向异性的影响，在温湿度等环境条件的变化下，其干缩湿胀程度不同，从而影响胶合材的尺寸稳定性（Sellers et al.，1988）。木材胶合通常是上述径切板与弦切板的随机组合。目前，国内外关于木材纤维方向对胶合强度影响的研究表明，在相同胶合工艺下，不同组合间胶合性能有差异。基材的纤维方向对胶合性能的影响显著，基材纤维方向平行时的胶合强度比呈一定角度时要高。随着纤维方向角度的增加，胶合材的胶合强度逐渐下降。当纤维方向互相垂直胶合时，其胶合强度最低，与纤维方向互相平行时相比，胶合强度仅为其 1/4～1/3（程瑞香和顾继友，2004）。当胶合材用作结构材或有特殊要求的集成材时，一般不选用径切板与弦切板组合；当用作承重结构时，板面纹理组合应采用弦切板与弦切板的组合方式（Chow，1971）。

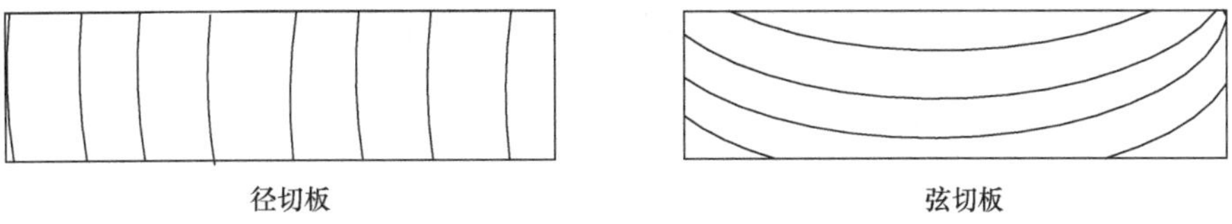

图 1-3　板材的纹理类型

层积（以板材的宽面为胶合面）和侧拼（以板材窄面为胶合面）是实木胶合的主要方式。胶合通常是上述三种板材的随机组合，在相同胶合工艺下，不同组合间胶合性能有差异，并且当胶合材用作结构材或有特殊要求的集成材时，一般不选用 flat-quarter 组合，当用作承重结构时，应以 flat-flat 为主（Sellers et al.，1988；Chow，1971）。

胶合陈放时间是指完成胶接后，陈放一段时间，才投入使用，主要是由于胶合过程中胶黏剂还未反应完全等原因。胶黏剂胶合陈放时间与胶黏剂特征有关，各厂家间有差异，但多数为 24h。

二、实木胶合性能的改进措施

木材胶合是发生在木材表面和胶黏剂间的表面现象，开展胶合面的改性研究是改善胶合性能的关键。人工林木材胶合面粗糙度和机械弱界面层（MWBL）的改善、胶合面抽提物的处理和润湿性的改进、胶合工艺的优化等是提高胶合性能的有效方法。

随着科学研究的深入及各学科间的相互交融，近些年来出现了改善润湿性、提高胶合质量的新方法。选择一些适当化学药剂对木材进行表面处理，以排除老化表面的污染物和抽提物来提高木材的润湿性，或使木材表面发生氧化、酸化、碱化或引发自由基作用，来提高木材的表面自由能，从而改善胶合质量。采用电晕放电使木材表面产生的物理和化学作用而改善木材的润湿性，提高胶合质量。木材材料经电晕处理后，能使液体很好地润湿表面，并促进与极性分子的胶合作用，再者电晕放电后氧化了的木材表面产生了羟基、羰基和氨基等极性基团，这些有利于表面润湿，从而改善胶合质量。

（一）降低胶合面粗糙度与机械弱界面层

正确的机械设计参数、锋利的刀具，是保证加工光滑、平整胶合面的有效方法。此外砂光表面可有效降低粗糙度，提高胶合性能。但应注意选用 100 粒或更细的砂带，用 20～80 粒砂光会磨碎表面和近表面的几层细胞，导致强度降低（Sellers et al.，1988）。同时胶合前应清理干净砂光后遗留的渣滓（Vick，1999）。

Stehr 等（1999）和 Stehr 和 Johansson（2000）用激光烧蚀技术（laser ablation）处理木材表面，发现激光波长在 248～1064nm 内能有效地蚀刻 MWBL，改善木材表面润湿性能。波长越短，MWBL 蚀刻量越大，但是低于 248nm 时，能量过大使木材表面产生裂纹，降低木材强度。当波长大于 1064nm 时，蚀刻量很少，同时会加剧 MWBL 的破坏程度，降低剪切强度（Stehr and Johansson，2000；Stehr and Sören，2000）。此外，Haller 等（2000）也用激光烧蚀技术处理木材发现蚀刻量与木材结构有关，早材薄壁细胞比晚材厚壁细胞容易蚀刻，空隙率高的松木比空隙率低的桦木容易蚀刻。

（二）抽提物的处理

抽提物的存在和迁移可使木材的润湿性和胶合性发生明显的变化，抽提物覆盖于木质材料表面，阻碍着胶液与木材表面接触，使树脂早期固化，使木质材料表面不能良好地润湿。木材经抽提后，木材的弥散力、极性力和总表面自由能增加，因此能改善润湿性，有利于胶合。

机械加工或化学处理木材表面，都可改善抽提物对胶合性能的影响。其中胶合前砂光木材表面是最快、最经济地去除胶合面抽提物的方法（Sernek et al.，2002；Nguyen and Johns，1979）。胶合前轻微刨光木材表面，不仅可除去抽提物，而且还可以提供一个具有极性的、最有效的胶合面（Hse and Kuo，1988；Sernek et al.，2002）。化学处理改善胶合面性能的研究主要有三类：一是丙酮、苯醇及其他中性有机溶剂处理木材表面，去除抽提物（Chen，1970；Kuo et al.，1984；Hancock，1963）；二是用NaOH、$Ca(OH)_2$、HNO_3等溶液处理木材表面（Hse and Kuo，1988；Sernek，2002），不仅可以去除抽提物，而且对于低pH的木材，用1% NaOH处理，可提高木材表面的pH（Nguyen and Johns，1979；Roffael and Rauch，1974；Sernek，2002；Hernández，1994）；三是用盐类溶液处理，如用硫酸铁、碳酸钠和硼酸钠等处理表面，可有效提高木破率（Sernek，2002）。但是，Kuo等（1984）研究白栎树（white oak）和红栎树（red oak）木材胶合特征时，发现使用1% NaOH溶液浸泡5min处理抽提物的木材胶合性能虽有所提高，但木破率仍较低，分别为35%和39%；Sellers等（1988）也指出这些方法改进后的木破率仍小于40%。此外，Hancock（1963）研究发现，单板在干燥前进行抽提处理的胶合性能比干燥后抽提处理的要好。

木材的缓冲容量是指木材水抽出物所具有的缓冲能力，这种缓冲作用的大小也可以表征树木在生长期间和木材及其制品的储存、加工或使用期间，对外界酸或碱的平衡或抵制能力（鲍甫成等，1998）。通过木材表面的酸化或碱化处理，可以改变木材表面的酸碱状况，从而改善木材表面的胶合性能。研究表明，强酸或强碱会降低胶合强度。Chen（1970）分别用10%的氢氧化钠溶液、丙酮以及乙醇和苯，对表面经过加工的8种热带材进行处理，试验证明，胶合强度通过各种处理后获得改善。萃取物的去除处理可以改善润湿性，提高木材的pH（Kollmann，1984）。桉树木材整体的pH在3.3～5，呈酸性和弱酸性。不同的桉树树种，其木材的pH和缓冲容量不同，但不同桉树木材的酸缓冲容量相差不明显（赵荣军，2002）。木材的pH与木材的胶合密切相关，而木材的缓冲容量对制定胶合工艺和预测胶合质量有显著的影响作用。

抽提物污染了木质材料界面，木质材料界面特性对于木材胶合性能的好坏影响极大。抽提物改变了木质材料界面的极性和可湿性，抽提物的存在降低了木材的表面自由能，减少了木材的极性和可湿性，由此导致胶合状况恶化，常常是胶合强度低和耐久性差（陆文达，1989）。

（三）胶合面润湿性改善

用等离子体技术（plasma treatment）（Rehn and Viöl，2003）、电晕技术（corona treatment）（Podgorski et al.，2000）和火焰离子化技术（flame ionization）（Winfield et al.，2001）等处理木材表面，可改善润湿性能。Rehn和Viöl（2003）研究不同类型的等离子处理松木木材表面，改变了木材的润湿性能，结果表明氦、氮、氩和低温空气等离子体处理 1～50s，木材表面极性增强，用 CH_4 的 C_2H_2 等离子体处理时，木材表面变成疏水性。大气压下低温等离子体处理后的润湿性能是最好的，处理 20s 后木材吸水性能可以提高 22 倍，用三聚氰胺树脂胶黏剂胶合时，等离子体处理松木比未处理材的剪切强度提高了 68%。Winfield 等（2001）发现火焰离子化氧化活化木材表面性能与树种有关，阔叶材处理效果优于针叶材。Podgorski 等（2000）和杜官本等（1998）用微波等离子体处理木材表面，通过检测接触角，发现处理后木材的润湿性能显著提高。此外，Sernek（2002）研究指出，低温干燥、不同含水率木材分开干燥、干燥前对木材进行化学处理（抽提处理）等措施可有效地改善木材的润湿性，提高胶合性能。

（四）选用适宜的胶黏剂

醛类树脂（PF、RF、PRF、MUF 等）、烯类高聚物胶黏剂（如 PVAc）和聚氨酯类胶黏剂（如 EPI）等胶合低密度木材时性能好，而胶合高密度木材时性能差，并且适合胶合高密度木材的胶黏剂很少（Moody et al.，1999；Sellers et al.，1988；Hanifi et al.，1999；Steven and Criner，2000）。开发新品种胶黏剂，或对现有胶黏剂进行改性，是胶合高密度木材集成材迫待解决的问题。

胶黏剂中加入新成分可改善胶合性能。Vázquez 等（2003）在 PF 中加入松树树皮提炼的丹宁酸，胶合桉树胶合板时发现可降低涂胶量（从 $400g/m^2$ 降至 $250g/m^2$），同时提高胶合强度和木破率。Sernek（2002）指出将非水溶性溶剂加入胶黏剂中，溶剂可以通过疏水性层将胶黏剂分子运送到木材细胞壁中。

（五）优化胶合工艺

探索胶合时单位压力、涂胶量、胶合温度、混合树种等胶合因子对胶合性能影响规律，优化胶合工艺，是提高胶合性能的重要方法。Castro 和 Paganini（1999；2003）通过比较 1 种杨树和 4 种桉树混合胶合的单板层积材（LVL），与桉树、杨树各自单独胶合的 LVL 的抗弯强度、弹性模量、剪切强度，发现混合胶合 LVL 的剪切强度超过欧洲标准 EN 386：2001 *Glued Laminated Timber* 中规定值（最低 6MPa）；混合 LVL 的弹性模量的结构有效性值（LVL 的弹性模量与密度的比值）比桉树、杨树单独胶合的要高。

第三节　指接胶合的意义

一、扩大人工林木材的利用范围

第八次全国森林资源清查结果显示我国人工林面积居世界首位，达 6933 万 hm^2。但是，我国人工林木材存在以下问题：①大部分人工林木材径级小、幼龄材的比率高；②低密度的人工林木材材质疏松、密度低、材质变异大、耐腐性和机械加工性差；③高密度的人工林树种生长应力大、含有脆心材、尺寸稳定性和机械加工性能差等。目前，我国人工林木材主要用作纤维用材、农村住宅用材以及粗加工产品用材（如包装用材、一次性筷子和火柴等），对木材的利用率低。随着社会经济对林产品需求的不断上升和天然林木材供应的锐减，工业人工林的经营和开发利用迫在眉睫，如何高效增值利用人工林木材，已成为我国木材工业亟待解决的问题。

开展人工林木材实木胶合利用的研究，提高其经济附加值，取代天然林以满足实木木材产品需求的日益增长，不仅有利于我国森林资源的合理利用，而且可促进我国木材加工工业的持续发展。

杉木人工林面积达 911 万 hm^2，占全国人工用材林面积的 30.4%，是我国南方重要的造林树种（雷加富，2005）。杉木工业利用的主要产品有单板层积材（徐咏兰和金菊婉，2001）、集成材（胡育辉，2002）、混凝土模板（宋孝全和叶忠华，2003）、竹木复合板（钱俊等，1999）、制浆造纸（李贵祥，2003），以及轻质刨花板、定向刨花板和低密度纤维板等。

杨树营林面积 600 多万 hm^2，超过世界其他国家杨树人工林面积的总和，是我国北方主要的速生丰产人工林树种（马丽娜，2003）。杨树木材属散孔材，结构细、颜色浅，材质松软、密度低（基本密度约 0.35g/cm^3），多应力木、尺寸稳定性差，并且大部分树种单板旋切起毛。目前主要用于包装、农村住宅建材、火柴、一次性筷子和人造板生产中，产品附加值较低（叶克林和王金林，2003）。随着杨树培育和木材加工技术的进步，以及市场对工业用材量的增加，树木材的用途将不断扩大，应用于胶合板、刨花板、中密度纤维板、细木工板、单板层积材、人造装饰薄木，以及制浆造纸生产中（鲍甫成等，1998；赵喜龙等，2004）。

樟子松是我国三北地区优良的人工林造林树种。樟子松木材的纹理直，质地较好，但是，它有着松科木材中较为普遍的节子多、树脂含量高等特点，这些都会对樟子松木材的加工利用产生不良影响（卢军和李凤日，2007）。特别是在刨花板、胶合板、纤维板等人造板的生产中，由于木材内部树脂含量高，这就会对产品的胶合性能产生影响，同时会污染和腐蚀刀具，而对材料进行脱脂处理又会极大地增加产品的生产成本。节子的存在不仅不利于进行切削加工，也会对胶合质量产生影响，特别是在胶合板生产中，单板中存在的大量死节和漏节会增加修补环节的难度。所以，目前人造板企业很少利用樟子松木材生产人造板产品。而如果将其用作指接材的生产原料，在备料过程中截除节子以消除其对后续工序的影响，指接过程中树脂的影响也基本上可以忽略。在将指接材加工成大幅面的板方材时，也只需对其胶合面进行处理以避免树脂对胶合质量的影响。所以利用樟子松木材生产指接材是一种合理利用途径。

桉树在我国引种栽培已有 100 多年，种植面积达 154 万 hm^2，已成为我国南方速生树种中生长最快、发展最迅速、创汇最多的树种。桉树木材基本密度随树龄的增大而增大，成熟材与幼龄材之间差别显著，分别为 0.60～0.90g/cm^3 和 0.40～0.80g/cm^3（殷亚方等，2001）。目前我国可利用的桉树木材多为幼龄材，并且树干含有脆心材，立木砍伐时心材易开裂。板材干燥时易翘曲、皱缩和产生裂纹。木材附物纹孔较多渗透性差。受桉树木材特征的影响，其加工利用以木片出口为主，年出口量达 300 万 t；制浆造纸已有生产，广西已有 4 家中型造纸厂，并且国家规划在广东湛江建立大型桉树木浆厂；胶合板、刨花板和纤维板的生产都取得了一定的成功，但因桉树木材自身加工利用难的特点，而未能得到大规模的发展和生产；用于制作粗加工家具和建筑门窗；部分经防腐等处理，用作电线杆、铁道木和桥梁等（彭彦和罗建举，1999）。

由此可见，我国人工林杉木、杨树、樟子松和桉树木材的实木胶合利用较少，未充分利用木材的优点。如桉树木材结构致密、花纹美丽、材色为红色或深粉红色等特点，少用于家具、室内装饰、雕刻及耐久性的结构用材和建筑用材。因此开展杉木、杨树和桉树人工林木材实木胶合研究，可为人工林木材的实木胶合利用提供参考，并扩大其应用潜力。

二、提高人工林木材的利用率

开展人工林木材实木胶合研究，用人工林木材胶合生产结构或非结构用材，可提高利用率，实现增值利用（Moody et al.，1999；Panshin and Zeeuw，1980）。实木胶合具有适应小径材为主的原料供应，可接长、拼宽生产大尺寸材料，可改进工艺提高性能，以及保持木材天然纹理审美性好和环境友好性等优点。

随着社会对林产品需求的增加和木材行业加工技术的改进，开始探索人工林木材的实木胶合利用，扩展人工林木材的应用范围，提高利用率。例如，福建等地用杉木胶合生产集成材，产品远销意大利、美国和日本等。目前我国杉木、杨树和桉树人工林木材利用附加值低，开展胶合研究生产集成材等，可提高产品附加值前景好（胡育辉，2002）。因此，开展杉木、杨树和桉树人工林木材实木胶合研究，开发人工林木材的实木利用价值，可提高利用率，实现增值利用。

近年来，我国人工林木材实木胶合生产已有一定规模，但仍有亟待解决的问题，主要有以下几个方面。

胶合面的加工质量差。加工质量决定胶合面的粗糙程度、比表面积和胶合面纤维（或细胞）的破坏程度（Slaats，1979），进而影响胶合性能（Vázquez et al.，2003）。主要表现为胶合时影响胶黏剂在木材表面正常地润湿、流动和渗透；胶合破坏时，由于表层细胞强度降低，胶合破坏多产生于表层细胞与胶黏剂的接合处，降低胶合强度（Bruce，1977）。高密度的桉树木材（如柠檬桉和窿缘桉等），由于密度大、硬度高、纹理扭曲等，加工光滑平整的胶合面较困难。

木材 pH、抽提物含量等对胶合性能的影响显著。抽提物堆积在胶合面上污染胶合面，影响胶黏剂的润湿与流动（Ozarska，1999）。酸性抽提物可降低 PF 胶的 pH，使 PF 胶黏剂出现固体沉析现象，胶合性能降低（Nguyen，1974）。此外，抽提物影响胶黏剂固化速度，UF 固化时间随着木材的 pH 和缓冲量的增大而延长（李大刚，1996）。我国大部分桉树人工林木材，如柠檬桉、窿缘桉等，富含抽提物，胶合较困难（张玉萍和傅峰，2005）。

具体树种适宜的胶合工艺研究较少。这在一定程度上制约着人工林木材胶合的发展，开展胶合工艺及性能研究，探索人工林木材适宜的胶合工艺，可促进人工林木材胶合利用。

主要参考文献

鲍甫成, 江泽慧, 刘盛全. 1998. 人工林杨树木材性质与单板和胶合板质量关系的研究. 林业科学, 34(6): 83-92.

程瑞香, 顾继友. 2001. 间伐材和小径木的高效利用. 建筑人造板, (4): 30-32.

程瑞香, 顾继友. 2004. 落叶松木材 EPI 胶粘剂胶合面胶接强度的差异. 林业科学, 40(4): 157-161.

杜官本, 华毓坤, 王真. 1998. 微波等离子体处理对杉木表面性能的影响. 木材工业, 12(6): 17-20.

顾继友. 1999. 胶粘剂与涂料. 北京: 中国林业出版社.

郝金城. 1992. 木材指接强度性能影响因素的分析. 林产工业, (3): 8-12.

郝金城. 1994. 新型木材指接设备. 林业科技, 19(6): 53-56.

郝金城. 2000. 集成材制造技术. 哈尔滨: 东北林业大学出版社.

郝金城, 何林, 赵丹, 等. 1991. 短齿榫铣刀齿形参数优化试验. 东北林业大学学报, 19(3): 62-67.

胡育辉. 2002. 我国集成材现状和发展南方速生杉木集成材的探讨. 木材加工机械, (2): 29-30.

蒋兴兵, 向洪文, 邝共房. 2005. 高性能集成材拼板胶的研制. 中国胶粘剂, 14(7): 21-23.

雷加富. 2005. 中国森林资源. 北京: 中国林业出版社.

李赐生. 2001. 速生小径材在家具上的开发利用. 木材工业, 15(4): 35-36.

李大刚. 1996. 杨树木材 pH 值及其对脲醛树脂胶固化时间的影响. 林产工业, 21(1): 12-14.

李贵祥. 2003. 杉木绒毛浆的生产实践. 中华纸业, 24(10): 26-30.

李黎. 1996. 胶合成材. 木材工业, 10(3): 24-25.

李丽霞. 1995. 集成材用胶粘剂. 国外林业, 25(1): 104-109.

李琳, 何林. 2003. 脲醛树脂胶指接材强度性能. 中国木材, (5): 26-27.

李志高. 1998. 指接集成材不能再盲目发展. 建筑人造板, (4): 35-36.

刘铜宾, 申世杰. 2006. 浅谈集成材用胶粘剂及其发展趋势. 中国人造板, (7): 10-13.

刘艳, 鹿振友. 2004. 指接集成材力学性能的探讨. 木材加工机械, (4): 15-17.

刘艳, 鹿振友, 左春丽. 2004. 浅谈结构集成材用胶粘剂的现状及发展趋势. 人造板通讯, (12): 8-10.

卢军, 李凤日. 2007. 樟子松人工林的节子寿命及年轮丢失数. 林业科学, 47(12):16-21.

陆文达. 1989. 木材抽提物与木材胶合性能浅析. 林业科技, 65(5): 37-38.

马丽娜. 2003. 人工林杨树木材密度变异规律的研究. 安徽农业大学学报, 30(4): 410-413.

孟令辉, 邢玉清, 张宝山. 1996. 集成材用胶粘剂的研制. 化学与黏合, (3): 144-145.

聂涛. 1992. 指接集成材特点及生产工艺的研究. 建筑人造板, (2): 28-31.

欧阳明八. 1987. 指接——合理利用木材的一项重要技术. 木材工业, (4): 29-31.

彭彦, 罗建举. 1999. 我国桉树人工林材性和加工利用研究现状与发展趋势. 桉树科技, (2): 1-6.

钱俊, 马灵飞, 俞友明, 等. 2005. 热压法制备速生杉木集成材工艺. 林业科技开发, 19(5): 22-24.

钱俊, 叶良明, 金永明. 1999. 杉木厚度变化对竹杉复合板性能的影响. 林业科技开发, 13(3): 24-26.

冉全印, 叶素, 叶伯蕙. 1997. 水基聚氨酯胶粘剂在集成材生产中的应用. 林产工业, 24(4):

宋克祥, 张国强, 王瑞雪, 等. 2001. 集成材拼接胶粘剂的研制. 化学与粘合, (1): 10-13.

宋孝全, 叶忠华. 2003. 酚醛浸渍纸贴面杉间伐材水泥模板制造工艺. 林业科技开发, 17(1): 42-44.

王放, 张卉. 2003. 使用指接铣床加工长材应注意的两个问题. 林业机械与木工设备, 31(12): 40.

王庆祥. 1995. 指接材技术工艺分析. 中国木材, (5): 31-32.

肖忠平, 陆继圣. 2001. 阻燃杉木胶合层积材的制造工艺. 木材工业, 15(6): 16-18.

徐晓沐, 高科达. 2007. 水性高分子异氰酸酯(EPI)胶黏剂在集成材加工中的应用和参数控制. 化学与黏合, 29(2): 134-136.

徐咏兰, 金菊婉. 2001. 杉木小径材制造单板层积材技术的研究开发. 林业科技开发, 15(2): 27-29.

叶克林, 王金林. 2003. 人工林杨树木材的加工利用. 木材工业, 17(1): 5-7, 10.

殷亚方, 姜笑梅, 吕建雄, 等. 2001. 我国桉树人工林资源和木材利用现状. 木材工业, 15(5): 3-5.

张金菊, 申世杰. 2006. 集成材概况. 木材加工机械, (2): 43-47.

张彦娟, 俞友明, 马灵飞. 2008. 人工林杉木结构集成材胶合工艺的研究. 木材工业, 22(4):7-9, 12.

张玉萍, 傅峰. 2005. 我国人工林难胶合木材研究现状. 木材工业, (12): 4-6.

赵荣军. 2002. 澳大利亚桉树木材性质与加工工艺对胶合板质量影响的探讨. 北京: 中国林业科学研究院博士后出站报告.

赵喜龙，傅峰，张海升. 2004. 人工林杨树胶合工艺及不同纹理方向胶合性能研究. 内蒙古农业大学学报，25(2): 91-94.

郑国群，危力全，何玉珍. 1995. 硬质合金单片指接刀在木材指接上的应用. 木材加工机械, (4): 31-32.

朱焕明，鲍加芬. 1994. 间伐小径木指接技术研究. 林业科学, 30(3): 259-265.

Abe I, Akimoto N. 1976. The inhibitory effect of kapur wood extractives on the curing reaction of the resol. Japan Wood Research Socialty, 22(3): 191-196.

Ayarkwa J, Hirashima Y, Sasaki Y. 2000. Effect of finger geometry and end pressure on the flexural properties of finger-jointed tropical African hardwood. Forest Products Journal, 50(11/12): 53-63.

Bruce H R. 1977. Glues and gluing. Fine Woodworking, 2(1): 28-32.

Bustos C, Beauregard R, Mohammad M, et al. 2003. Structural performance of finger-jointed black spruce lumber with different joint configurations. Forest Products Journal, 53(9): 72-76.

Castro G, Paganini F. 1999. Poplar-eucalyptus glued laminated timber//Proceedings of the Euro Wood Technical Workshop on Industrial end-uses of fast-grown species, May 31-June 1, Florence, Italian.

Castro G, Paganini F. 2003. Mixed glued laminated timber of poplar and *Eucalyptus grandis* clones. Holz als Roh-und Werkstoff, 61(4): 291-298.

Chen C M. 1970. Effect of extractive removal on adhesion and wettability of some tropical woods. Forest Products Journal, 20(1): 36-41.

Chow S Z. 1971. Determining veneer surface inactivation by a reflectance calorimeter. Forest Products Journal, 21(2): 19-24.

Christine B, Caroline V, Christine G, et al. 1997. Experimental assessment of the effect of length on the tensile strength of structural finger-jointed lumber. Forest Products Journal, 47(10): 94-100.

Freeman H A. 1959. Relation between physical and chemical properties of wood and adhesion. Forest Products Journal, 9(12): 451-458.

Haller P, Beyer E, Wiedemann G, et al. 2000. Experimental study of the effect of a laser beam on the morphology of wood surfaces// Proceedings of world conference on timber engineering, Whistler, British Colombia, Canada.

Hancock W V. 1963. Effect of heat treatment on the surface of Douglas-fir veneer. Forest Product Journal, 13(2): 81-88.

Hanifi T, Ayhan Ö, Musa A, et al. 1999. Shear and bending strength of some end to end grained joints prepared from Scotch pine. Turkish Journal of Agriculture and Forestry, 23(6): 621-625.

Hernández R E. 1994. Effect of two wood surfacing methods on the gluing properties of sugar maple and white spruce. Forest Products Journal, 44(7/8): 63-66.

Hse C Y, Kuo M L. 1988. Influence of extractives on wood gluing and finishing: A review. Forest Products Journal, 38(1): 52-56.

Janowiak J J, Kessler K R, Manbeck H B, et al. 1944. Compression strength properties for two hardwood glulam materials. Forest Products Journal, 44(2): 52-64.

Jessome A P. 1965. Research in Canada on end joints for laminated timbers. International Symposium on Joints in Timber, London, England.

Kaiserlik J H, Pellerin R F. 1977. Stress wave attenuation as an indicator of lumber strength. Forest Products Journal, 27(6): 39-43.

Kollmann F F P. 1984. 木材学与木材工艺学原理(人造板). 北京:中国林业出版社.

Kuo M L, DiCarlo D, Hse C Y. 1984. Influence of extractives on bonding properties of white and southern red oak. Journal of Adhesion, 16(1): 257-278.

Luxford R F, Krone R H. 1961. End joints of various types in Douglas-fir and white oak compared for strength. Forest Service Forest Products Laboratory Report, U.S.

Marian J E, Stumbo D A. 1962. Physical-chemical surface phenomena and the thermodynamic approach to adhesion. Holzforschung, 16(6): 168-181.

Moody R C, Hermandez R, Liu J Y. 1999. Glued structural members-wood handbook: wood as an engineering material. Forest Products Laboratory, USDA Forest Service, Madison, U.S.

Nguyen D. 1974. Effect of Wood Extractives on cure of Phenolic Resin. Corvallis: Oregon State University.

Nguyen T, Johns W E. 1979. The effect of aging and extraction on the surface free energy of douglas-fir and redwood. Wood Science and Technology, 12(1): 29-40.

Noren B. 1965. End joints in laminated timber. International Symposium on Joints in Timber, London, England.

Norman W A. 1955. The use of small cuttings in manufacturing millwork. Forest Products Journal, 5(3): 39-40.

Oberg J C. 1961. The new vs. the old in finger joints. Wood and Wood Products, (5): 35.

Ozarska B. 2003. A manual for decorative wood veering technology. Melbourne: Australian Government Forest & Wood Products Research & Development Corporation.

Ozarska B. 1999. A review of the utilisation of hardwoods for LVL. Wood Science and Technology, 33(3): 341-351.

Panshin A J, Zeeuw C. 1980. Textbook of Wood Technology. New York: McGraw-Hill Inc.

Podgorski L, Chevet B, Onic L, et al. 2000. Modification of wood wettability by plasma and corona treatments. International Journal of Adhesion and Adhesives, 20: 103-111.

Properzi M, Pizzi A, Uzielli L. 2001. Honeymoon MUF adhesives for exterior grade glulam. Holz als Roh-und Werkstoff, (59): 413-421.

Rehn P, Viöl W. 2003. Dielectric barrier discharge treatments at atmospheric pressure for wood surface modification. Holz als Roh-und Werkstoff, 61(2): 145-150.

Richards D B, Goodick F E. 1959. Tensile strength of scarf joints in Southern pine. Forest Products Journal, 9(6): 177.

Roffael V E, Rauch W. 1974. Extractives of oak and their influence on the gluing with alkaline phenol-formaldehyde resins. Holz als Roh-Werkstoff, 32(5): 182-187.

Ronald W J. 1981. Finger-jointed wood products. Research Paper FPL 382, USDA, Forest Products Laboratory, Madison, U.S.

Scoville C R. 2001. Characterizing the durability of PF and PMDI adhesive wood composites through fracture testing. Blacksburg: Virginia Polytechnic Institute and State University.

Sellers T J, McSween J R, Nearn W T. 1988. Gluing of eastern hardwood a review. General Technical Report SO-71, Southern Forest Experiment Station, Forest Service, Department of Agriculture, U.S.

Sernek M. 2002. Comparative analysis of inactivated wood surfaces. Blacksburg: Virginia Polytechnic Institute and State University.

Sernek M, Kamke F A, Glasser W G. 2002. Comparative analysis of inactivated wood surfaces. Blacksburg: Virginia Polytechnic Institute and State University.

Shupe T F, Hse C Y, Wang W H. 2001. An investigation of selected factors that influence hardwood wettability. Holzforschung, , 55(5): 541-548.

Slaats M A. 1979. Glue bond quality in wood. International Journal of Furniture Research, (3): 24-26.

Stehr M, Johansson I. 2000. Weak boundary layers on wood surfaces. Journal of Adhesion Science and Technology, 14(10): 1211-1224.

Stehr M, Seltman J, Johansson I. 1999. Laser ablation of machined wood surfaces: Effect on end-grain gluing of Pine(*Pinus silvestris* L.)and Spruce(*Picea abies* Karst.). Holzforschung, 53(1): 93-103.

Stehr M, Sören Ö. 2000. An investigation of the crack tendency on wood surfaces after different machining operations. Holzforschung, 54(4): 427-436.

Sterley M, Blumer H, Walinder M. 2004. Edge and face gluing of green timber using a one-component polyurethane adhesive. Holz Roh Werkst, 62: 479-482.

Stevens N D, Criner G K. 2000. Economic analysis of fiber-reinforced polymer wood beams. Maine Agricultural and Forest Experiment Station, U.S.

Strickler M D. 1967. Impression finger jointing of lumber. Forest Products Journal, 17(10): 23-28.

Vázquez G, Gonzalez A J, Lopez S F, et al. 2003. Effect of veneer side wettability on bonding quality of *Eucalyptus globulus* plywoods prepared using a tannin-phenol-formaldehyde adhesive. Bioresource Technology, 87: 349-353.

Vick C B. 1999. Adhesive bonding of wood materials. Wood handbook: Wood as an engineering material. Madison: Forest Products Laboratory.

Winfield P H, Harris A F, Hutchinson A R. 2001. The use of flame ionization technology to improve the wettability and adhesion properties of wood. International Journal of Adhesion & Adhesives, 21: 107-114.

第二章　人工林木材性质与胶黏剂

木材性质主要包括木材材质性质、木材化学性质和木材加工性质。木材材质性质主要包括木材的硬度、耐磨性等各种力学强度，木材的结构和组成成分，木材的微观构造，木材的内含物种类，木材纹理及其他木材性质等；决定木材材质性质的因素主要有不同树种的性质及立地条件带来的差异。木材化学性质主要包括木材的组成成分、木材中的侵填体成分、木材的灰分、木材的酸碱性等；决定木材化学性质的因素主要有不同的树种性质、不同的立地条件、木材中的内含物等。木材的加工性质包括木材的切削性能、木材表面性能（表面耐磨、表面润湿性、表面粗糙度、表面纹理、表面质量）、木材加工的不同方向、木材表面浸润性等；影响木材加工性质的因素主要有不同的树种、木材自身的质量状况、木材的内含物种类、木材含水率、木材硬度、加工工具等。

用于木材胶合的胶黏剂种类较多，通常用于实体木材胶合的胶黏剂品种有脲醛树脂、酚醛树脂、三聚氰胺树脂、间苯二酚甲醛树脂、异氰酸酯、聚醋酸乙烯酯等胶黏剂（李和平，2008）。胶黏剂的种类、pH、固体含量、固化时间、组成成分、添加剂种类等影响胶黏剂的使用性能。

胶合是木材加工过程中一个极其重要的环节，涉及木材性质、胶黏剂种类和性能及胶合工艺条件、胶合过程等各方面因素（Tayelor et al.，1975）。因此，木材性质和所选择的胶黏剂对木材胶合有重要影响，尤其是木材材性、木材的化学成分和木材的加工的表面状况对胶合性能影响巨大，研究发现，木材性质不同，对木材的加工工艺、胶合工艺、胶合性能的影响也不同；木材的化学成分不同对胶黏剂的表面吸收有较大影响，从而影响木材的胶合性能；木材的表面加工状况也对木材胶合影响较大，因此人们从改进木材表面状况来改善木材的胶合性能。胶黏剂种类对木材胶合影响主要表现在胶合木材的使用场合和使用时限的不同。

本章从几种常用人工林木材的材性特征、化学成分、物理力学性质等方面展开讨论，提出木材材性可能影响木材胶合的具体原因；并对 4 种常用的木材胶合用胶黏剂展开描述，结合 4 种胶黏剂的技术参数开展试验研究，通过干状和湿状剪切强度结果的分析，寻找出最适宜的木材集成胶合使用的胶黏剂种类。

第一节　人工林木材的主要性质

本节人工林木材主要性质的试验用试材包括有窿缘桉、柠檬桉、尾巨桉、巨桉、杨树和杉木 6 种人工林木材。试材采集按照国家标准 GB/T 1927—2009《木材物理力学试材采集方法》进行。窿缘桉、柠檬桉、尾巨桉和巨桉试材采自广西南宁成大木业有限公司，位于北纬 22°，东经 107°；人工林杨树（I-214）采伐于辽宁省国营新民市机械林场，位于北纬 41°，东经 124°；人工林杉木采伐于江西省分宜县亚林中心，位于北纬 27°，东经 114°。试材基本概况详见表 2-1。

表 2-1　6 种人工林木材的试材概况

树种	树龄/年	株数/株	树高/m		枝下高/m		胸径/cm	
			平均值	标准差	平均值	标准差	平均值	标准差
柠檬桉	37	10	30.67	1.2455	16.57	3.1816	28.68	1.9395
窿缘桉	27	10	19.96	1.6548	10.76	2.1925	26.05	1.4401
尾巨桉	14	10	31.08	0.8929	20.26	3.9376	24.77	2.0122
巨桉	13	10	27.49	2.5049	12.04	4.6198	24.60	5.5987
杨树	15	5	20.44	0.9813	10.96	2.3082	26.72	1.9110
杉木	33	6	29.70	2.5659	7.28	1.3834	21.38	2.1498

本节以 6 种人工林木材为对象，主要介绍木材解剖、木材物理、木材力学和木材化学性质。

一、木材解剖性质

（一）柠檬桉（*Eucalyptus citriodora*）

柠檬桉心边材区别明显，心材呈暗黄褐色，干燥后呈棕褐色或深褐色，边材灰褐色。木材有光泽；无特殊气味和滋味。生长轮略明显，轮界呈深色带；每厘米 0.2～1.2 轮。柠檬桉木纤维细胞的排列不与树轴平行而呈螺旋状生长，树干表面可见纹理大多呈螺旋状纹理，锯解后在弦径面上常呈两种状态，靠近径面部分为斜带状交错纹理，随着距髓心的距离增加，交错纹理越严重（滕通濂等，1994）。柠檬桉木材属散孔材，由导管、木纤维、木射线、环管管胞和轴向薄壁细胞组成，生长轮不明显，管孔卵圆形及圆形，多数为复管孔（普遍由 3～9 个）呈径列。单穿孔，导管内厚壁侵填体丰富并伴有沉积物，几乎将导管胞腔完全充满；木射线同形，单列和双列，多数木射线细胞内充满沉积物；木纤维细胞壁甚厚而胞腔极小。导管间纹孔式互列，纹孔口、纹孔室内具附物和瘤状物，为典型附物纹孔。从上述构造特征来讲，柠檬桉木材的液体及气体的流动通道被大量堵塞，渗透性较差，机械加工中不易切削，在实施胶合时会严重影响胶黏剂的渗透，从而可能会引起胶合强度下降等问题。

（二）窿缘桉（*Eucalyptus exserta*）

窿缘桉心边材区别明显，边材黄白色，宽 1～2cm，富韧性、较不耐腐；心材褐色、易开裂变形，材质略脆，较耐腐。心、边材均不易干燥，浸注困难。材质致密，硬重、强度高；其年轮界限不清，纹理交错（胡慕任和刘淑兰，1998）。窿缘桉木材属散孔材，生长轮不明显，管孔为圆形，主要为单管孔，多为斜列或呈“之”字形排列，管孔较密集而分布均匀。导管分子间为单穿孔，导管胞腔内偶见薄壁侵填体；木射线同形，多为单列，射线细胞内偶见沉积物；木纤维细胞壁甚厚而腔极小。导管管间纹孔式互列，纹孔口具附物，导管与环管管胞均为附物纹孔。从上述构造特征来看，窿缘桉木材，由于其侵填体和沉积物较少，液体及气体的流动通道较畅通，相对于柠檬桉木材，可能具有较好的渗透性和胶合性。

（三）尾巨桉（*Eucalyptus urophylla*×*E. grandis*）

尾巨桉边材黄色、黄褐色，与心材区别较明显；宽2～3cm。心材暗黄褐色。木材有光泽，无特殊气味和滋味。生长轮不明显；散孔材，管孔为单管孔，明显，略小至中，肉眼下可见，大小基本一致，斜列；侵填体可见。尾巨桉导管横切面为卵圆形及圆形，以单管孔为主；斜列或略呈“之”字形。单穿孔，穿孔板略倾斜。管间纹孔式互列，圆形或多边形，系附物纹孔。环管管胞常见，位于导管周围，常与薄壁细胞混杂，具缘纹孔圆形，明显，也为附物纹孔。轴向薄壁组织环管束状及星散、星散-聚合状。木纤维壁薄至厚，具缘纹孔较少。木射线非叠生；单列射线为主。

（四）巨桉（*Eucalyptus grandis*）

巨桉边材黄褐色，与心材区别明显；宽3～4cm。心材暗黄褐色至红褐色。木材有光泽；无特殊气味和滋味。生长轮不明显；散孔材，管孔为单管孔，明显，肉眼下可见，大小基本一致，斜列；侵填体可见。轴向薄壁组织与环管管胞混杂，似环管束状。木射线中至密；极细至略细。胞间道未见，纹理直或斜。巨桉导管横切面为卵圆形及圆形，以单管孔为主；呈“之”字形或斜列。导管内侵填体较丰富，壁薄；螺纹加厚不见。单穿孔，穿孔板略倾斜。管间纹孔式互列，圆形或多边形，系附物纹孔。环管管胞常见，位于导管周围，与薄壁细胞混杂，具缘纹孔圆形，也为附物纹孔。轴向薄壁组织环管束状及星散、星散-聚合状。木纤维壁薄至厚，具缘纹孔较少。木射线非叠生；单列射线为主。

（五）杨树（*Populus*×*canadensis*）

杨树在我国从北纬28°左右的洞庭湖、鄱阳湖平原和钱塘江下游到北纬47°的松嫩平原，从东经75°的新疆喀什地区到东经135°的三江平原，地跨北亚热带、暖温带和温带三条气候带和湿润、半湿润、半干旱和干旱4个干燥地区，从滨海平原到海拔3000～4000m的青藏高原，都有大面积的杨树丰产林（赵天钧和陈章水，1994）。杨树心材灰褐色或浅红褐色，边材黄白色或浅黄褐色；略有光泽；无特殊气味和滋味；纹理直；生长轮略明显，轮间呈深色带；散孔或至半环孔材。管孔略多至甚多，略小，在放大镜下明显；径列复管孔及单管孔，分布不均匀，径列；心材管孔内侵填体未见。轴向薄壁组织不见。木射线中至略密；在放大镜下横切面可见，比管孔小；在肉眼下材身上不见，径切面上射线斑纹通常不见。波痕及胞间道缺如（成俊卿，1985；江泽慧和彭镇华，2001）。

（六）杉木[*Cunninghamia lanceolata*（Lamb.）Hook]

杉木是我国南方最重要的人工林和造林树种，其垂直分布在东部为海拔700m以下、西部海拔 1800m 以下、云南海拔 2600m 以下的酸性土山地。杉木多为人工林，栽培历史悠久。杉木心边材区别明显，心材浅栗褐色，边材浅黄褐色或浅灰褐色微红；木材有光泽；香气浓厚；无特殊滋味。生长轮明显，轮间晚材带色深（紫黄褐色）；宽度不均匀或均匀，每厘米 1～3 轮；常有假年轮出现（双轮或复轮）；早材带较晚材带宽 3～8 倍，管胞在放大镜下略明显；晚材带甚狭窄；早材至晚材渐变。轴向薄壁组织量多；星散状及弦向排列（呈褐色斑点），在边材中放大镜下易见，有时在肉眼下亦可得见；在纵切面上呈褐色纵线。木射线稀至中；极细至甚细，在放大镜下横切面上明显；在肉眼下径切面上有射线斑纹。树脂道缺如（成俊卿，1985；鲍甫成和江泽慧，1998）。

二、木材物理特性

木材在使用中的物理特性与其化学组分、纤维素的细微结构及其构造有关（Oliviera，2000）。不同树种、晚材与早材、正常材与应力木间，纤维细胞壁的厚度均不同。细胞壁次生壁的中间层中微纤丝相对细胞纵轴呈螺旋线排列，该微纤丝倾角的变化对木材物理性质变化有较大影响。高度木素化的胞间层对木材干缩的限制作用也许要比次生壁中的木素的作用大（Hillis and Brown，1990）。

以桉树木材为例，桉树的边材宽度为 1.5～2.5cm，速生树种的边材宽度较大，但在某些情况下，年轮数仍仅为 4～6 个（Fuwape，2000）。桉树的边材或早或晚均要转变为粉红色或浅棕红色。在心材的所有细胞中均可发现浸出物，以射线薄壁组织和导管尤为明显，存在于细胞壁和细胞腔中。这些浸出物可在不同工艺过程中对液体的运动起阻碍作用。桉树木材基本质量的纤维管胞的类型随不同树种组而变化。桉树木材的纤维细胞均带有明显具缘纹孔。纤维壁厚对木材的强度和加工性能等均有重要影响。在桉树木材中可看到螺旋纹理，交错纹理等非正常纹理。导管对木材在浸渍、干燥、胶合、油漆、切削加工及其他加工过程有重要作用（Crompton，2000）。不同树种间纤维、导管和薄壁组织间的体积比例相差很大，同一树种内这种比例也存在变化。

桉树木材纹理交错，结构细而均，甚重，质硬，干缩大，强度高。图 2-1 描述了桉树木材的主要缺陷。桉树木材由于木材解剖结构特征，导致渗透性差，在高温干燥中，细胞容易产生异常收缩或易被压扁，所以干燥速度慢或很慢（Vermaas，2000）。此外，

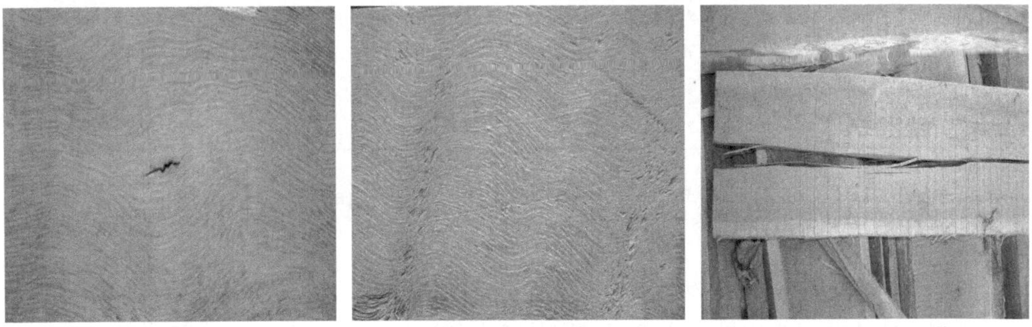

扭纹和孔眼　　波浪纹和板面蹦痕　　应力释放和板材开裂

图 2-1　桉树木材的主要缺陷照片

由于木材斜纹理以及幼龄材比例大，径向密度和含水率变异大，且木材干缩率亦大，容易出现扭曲、端裂、表裂和内裂等缺陷，所以桉树实木加工利用的技术关键是木材干燥技术、机械精加工和胶合技术（Ozarska，2000）。

三、主要力学和化学性质

（一）力学性质

6 种人工林木材的主要力学性能如表 2-2 所示。

表 2-2　人工林木材的主要力学性能

树种	抗弯强度/MPa	抗弯弹性模量/GPa	顺纹抗压强度/MPa	冲击韧性/（kJ/m^2）
柠檬桉	162.0	20.2	77.0	168.7
窿缘桉	141.0	17.3	74.2	97.1
尾巨桉	118.1	17.9	62.3	79.8
巨桉	123.4	12.7	57.0	74.4
杨树	68.2	8.9	35.7	22.8
杉木	60.0	9.5	33.6	16.8

（二）化学性质

木材的酸碱性质是木材的重要化学性质之一，其中包括存在于细胞腔、细胞壁中的物质经水抽提后所得到的抽出液所呈现出来的 pH，即木材的酸碱度。木材中含有微量的碱金属和碱土金属，它们与木材中的有机酸形成相应的盐类（成俊卿，1985），因此，木材的水抽出液对酸碱具有一定是缓冲性能，该性能用缓冲容量表示。木材的 pH 和缓冲容量对决定木材的使用范围具有重要意义，因为木材的 pH 与缓冲容量与木材的胶合密切相关，而木材的缓冲容量对制定胶合工艺和预测胶合质量有显著的影响作用。

4 种人工林木材的主要化学性能如表 2-3 所示（成俊卿，1985；鲍甫成和江泽慧，1998；祁述雄，2002）。

表 2-3　人工林木材的化学成分表（%）

树种	灰分	冷水抽提物	热水抽提物	苯醇抽出物	1% NaOH 抽出物	纤维素	综纤维素	木素	聚戊糖
柠檬桉	0.15	1.24	2.98	1.63	14.46	46.70	80.78	19.45	22.87
窿缘桉	0.43	1.35	3.72	0.90	12.53	44.90	73.40	27.30	18.31
杨树	0.76	9.73	2.94	1.40	20.68	46.06	—	22.68	24.50
杉木	0.23	1.04	3.77	2.90	11.80	—	62.33	34.18	10.93

第二节　胶黏剂种类和主要参数

胶合要求胶黏剂具有流动性和润湿性，能通过溶剂蒸发、溶解，或催化剂催化、加热处理等，产生化学反应转化成坚硬的固体，并在使用过程中保持强度（顾继友，1999）。目前市场上大部分胶黏剂都能达到这种要求，表 2-4 介绍了几种常用胶黏剂。

表 2-4　木材胶合常用胶黏剂

胶黏剂	合成原料及胶黏剂特点	主要应用	存在的问题
脲醛树脂	尿素[CO（NH_2）$_2$]、甲醛（HCHO）；无色或乳白色热固性树脂、成本低、产量最大；加热酸性固化或催化剂催化固化；产品用于温、湿度变化小的环境中	地板、胶合板、刨花板、纤维板生产	释放游离甲醛有毒；耐水性能和耐老化性能差
三聚氰胺树脂	三聚氰胺（$C_3H_6N_6$）、甲醛（HCHO）；无色热固性树脂、催化热固化；耐水、热和化学腐蚀性好；树脂保存性差、且成本高	装饰贴面板、集成材梁、集成材端接	胶层脆；树脂保存期短、成本高
酚醛树脂	苯酚（C_6H_5OH）、甲醛（HCHO）；热固性树脂，产量仅次于 UF；固化时间长、温度高；胶合强度高，耐沸水、热、气候性好	胶合板、装饰胶合板、纤维板、木材层积塑料、定向刨花板等	成本高、毒性大；胶层脆；初黏性低、渗透性强、耐碱性差
间苯二酚甲醛树脂	间苯二酚（$C_6H_6O_2$）、甲醛（HCHO），颜色深；冷或热固化，加热或加催化剂加速固化；耐水性优越；胶合性能好，尤其适用于难胶合的树种	LVL、纤维板、造船用板、户外家具及有特殊性能要求的板方材等	成本最高
聚醋酸乙烯酯	醋酸乙烯酯（PVAc）等；白色乳液；冷固化，固化后有一定弹性；热塑性树脂；耐水性能差；加载时，易发生蠕变	建筑、家具木工胶合	耐热性和耐水性能差
间苯二酚改性酚醛树脂	深色树脂、室温固化；成本低于 RF；加热或加催化剂加速固化；耐水性优越；胶合性能好，尤其适用于难胶合的树种	LVL、纤维板、户外家具及一些有特殊性能要求（耐水性等）的板方材-集成材	成本高
水性高分子异氰酸酯	胶合固化后无甲醛等有毒挥发物；可胶合含水率较高的木材；胶合低密度木材性能好	结构用或木质品用集成材	开口陈化时间过长，木破率低；成本高

不同树种的木材其胶接强度、胶接难易程度和胶合耐久性在某种程度上受被胶接材的物理、化学及解剖学性质影响。例如，龙脑树材，使用脲醛树脂胶接时难以胶接，而使用酚醛树脂胶接时可获得良好的胶接性能（Kollmann，1984）。

大量资料显示，寻找适宜的试验用胶黏剂是非常重要的，是顺利完成试验的前提条件，由于本研究将来产品定位于指接集成材，这就要求选择对层积材、实体木材的黏接性能良好的胶黏剂，应具有优良的耐水性和一定的耐候性，因此选择脲醛树脂（UF）、酚醛树脂（PF）、聚醋酸乙烯酯（PVAc）乳液、水性高分子异氰酸酯（EPI）乳液胶黏剂等 4 种，在相同工艺下分别进行木材胶合试验，旨在比较和选择较适宜的胶黏剂。4 种常用胶黏剂的主要特性如下：EPI 胶黏剂时一种室温固化型胶黏剂，具有固化速度快，耐水性好，胶合后的胶层无有害物质释放的优点；PF 是高温固化型胶黏剂，具有良好的耐水性，胶合强度优于 UF 胶黏剂；UF 也是一种广泛应用于木材行业的高温固化型胶黏剂，其价格低廉，具有良好的耐冷水性能，占木材工业胶黏剂使用总量的 80%；PVAc 乳液的应用广泛，是一种室温固化型胶黏剂，在没有施加固化剂的情况下，固化需要很长的时间，但 PVAc 乳液的耐水性很差，湿状态测试的木材剪切强度和木破率均为零。

第三节　常用胶黏剂的胶合性能

胶黏剂是影响木材胶合性能的重要因素之一，胶合要求胶黏剂具有流动性、润湿性，能通过溶剂蒸发、溶解，或催化剂催化、加热处理等，产生化学反应转化成坚硬的固体。

在有特殊要求的场合使用时，要求胶黏剂在使用过程还应保持较高的强度。

木材胶合中木材性质对胶合有较大影响，不同树种、不同部位和不同含水率的木材对胶黏剂的适应性不一样（Sellers et al.，1988）。木材的解剖特征、物理力学性质和化学性质，以及机械加工性质都影响胶黏剂在木材表面的流动、渗透和固化。此外，我国人工林树种丰富且分布广，树种间和同一树种内不同区域的材质变异大（鲍甫成和江泽慧，1998）。因此，本节通过研究以不同胶黏剂胶合同一树种的人工林木材，以期得到该种木材实木胶合适宜的胶黏剂。

木材特征、胶黏剂和胶合工艺是影响胶合性能的主要因素（Sellers et al.，1988；顾继友，1999），研究结果表明，木材特征中密度是影响木材胶合性能的重要因素（Sellers et al.，1988；Freeman，1959）。因此，试验将 6 种人工林木材按密度分为低、中、高三类，分别是低密度杉木（*Cunninghamia lanceolata*）和杨树（*Populus×canadensis* cv. ‘I-214’），中等密度的巨桉（*Eucalyptus grandis*）和尾巨桉（*Eucalyptus urophylla*×*E. grandis*），高密度的柠檬桉（*Eucalyptus citriodora*）和窿缘桉（*Eucalyptus exserta*）。试材采集回运后，根据制材方案，将原木锯成厚 20～50mm、宽 55mm、长 500mm 的板材，存放于气干棚中，留备试验用。

为了避免心、边材抽提物含量差异对胶合性能的影响，所选试材均为边材。试验前将试材加工成尺寸为 250mm×50mm×20mm 的板材，并根据国家标准《木材物理力学性能检测方法》检测其含水率和气干密度，检测结果见表 2-5。

表 2-5　试材的气干密度和含水率

树种	密度/（g/cm^3）	c.v./%	含水率/%	c.v./%	样本数/个
杉木	0.362（0.032）	8.874	9.7（0.42）	4.2	30
杨树	0.339（0.011）	3.164	8.7（0.33）	3.3	30
巨桉	0.629（0.019）	3.070	10.3（0.22）	1.8	30
尾巨桉	0.676（0.001）	1.349	10.3（0.33）	2.8	30
柠檬桉	1.007（0.024）	2.420	10.5（0.35）	2.6	30
窿缘桉	1.098（0.042）	3.789	10.5（0.43）	3.3	30

注：表中“c.v.”为变异系数；括号数据为对应项的标准偏差

目前我国室内胶合用胶黏剂主要是 UF 和 PVAc，室外以 PF 为主。由于 UF 有游离甲醛释放，并且耐水性差，PVAc 的蠕变性和较差的耐久性，以及 PF 的颜色污染等缺点，部分厂家开始用冷固化、白色、无公害、胶合耐久性好的水性高分子异氰酸酯胶黏剂（EPI），胶合结构或非结构用材。因此，本节选用 EPI、PF、UF 和 PVAc 4 种胶黏剂，研究其对木材胶合性能的影响。这 4 种胶黏剂均从市场上购得，相关技术参数见表 2-6。

一、胶合工艺与性能检测

（一）胶合工艺

在初步试验结果的基础上，初步设定了 6 种人工林木材的胶合工艺（表 2-7）。胶合时采用单面涂胶，涂胶后闭合陈化 5min。胶合卸压陈放 24h 后检测性能。试验采用单因子试验设计，每种条件重复 3 次，样本数为 12 个。

表 2-6　4 种胶黏剂的技术参数

胶黏剂	厂家	类型	颜色	状态	固体含量/%	pH	黏度/mPa·s
EPI	上海太尔	主剂：8000A	白色	乳状液体	63	7.5	6750
		交联剂：800H	红褐色	黏稠液体	—	—	220
PF	北京太尔	普通	红棕色	透明液体	46	12.4	370
UF	北京太尔	普通	白色	乳状液体	51	8.0	44
PVAc	北京大郊亭	BT-09	白色	乳状液体	30	4.5	5000

注：表中胶黏剂黏度检测温度为 25℃；胶合前，EPI 主剂与交联剂按 100∶15 的质量比调制；表中 PF 胶黏剂的固化温度是 140℃；表中 UF 胶黏剂胶合前加入 1.0%质量比的 NH_4Cl 溶液调胶，UF 固化温度是 115℃

表 2-7　4 种胶黏剂的木材胶合试验设计

树种	胶黏剂	单位压力/MPa	涂胶量/（g/m²）	加压时间/min	压板温度/℃
杉木 杨树	EPI	1.0	250	50	25
	PF	1.0	250	25	140
	UF	1.0	250	25	115
	PVAc	1.0	250	60	25
巨桉 尾巨桉	EPI	1.5	200	50	25
	PF	1.5	200	25	140
	UF	1.5	200	25	115
	PVAc	1.5	200	60	25
柠檬桉 窿缘桉	EPI	2.0	150	50	25
	PF	2.0	150	25	140
	UF	2.0	150	25	115
	PVAc	2.0	150	60	25

（二）胶合性能检测

由于 EPI 和 PF 胶合耐久性比 UF 和 PVAc 好，故采用日本农业标准中结构用集成材标准（JAS SE-9）和非结构用集成材标准（JAS SE-8）分别检测 EPI 和 PF、UF 和 PVAc 的常态和老化处理后的剪切强度和木破率。图 2-2 为 JAS 中剪切强度的标准试件，图 2-3 为胶合破坏后的剪切面样本。表 2-8 是各种胶黏剂湿状剪切强度条件，式（2-1）是 JAS 中剪切强度的计算公式。

$$剪切强度/\mathrm{MPa}=\frac{最大破坏载荷/\mathrm{N}}{剪切面积/\mathrm{mm}^2} \tag{2-1}$$

二、影响胶合性能的因子分析

4 种胶黏剂胶合 6 种木材的剪切强度和木破率见表 2-9。对 6 种木材的剪切强度和木破率进行方差分析，结果见表 2-10。从表中可知胶黏剂、树种以及胶黏剂和树种的交互作用都显著影响 6 种木材的胶合性能，这与前人研究结论相同（顾继友，1999；Sellers et al.，1988）。

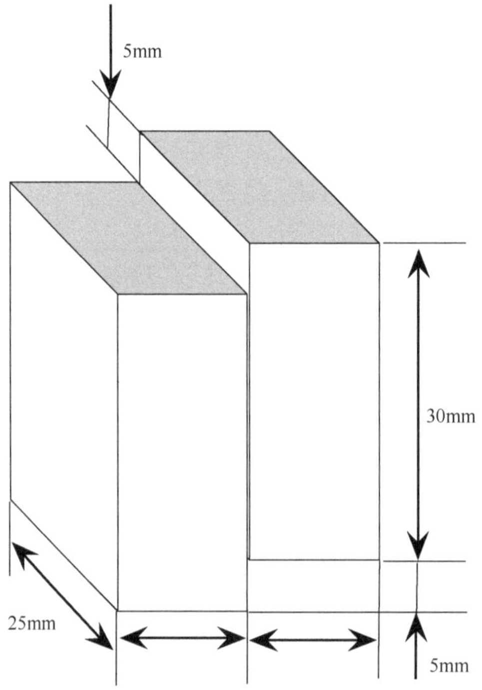

图 2-2 JAS 胶合剪切试件

图 2-3 胶合剪切破坏面

表 2-8 不同胶黏剂的湿状剪切强度条件

胶黏剂	处理方法	标准编号
EPI	沸水煮 4h，20℃冷水中浸泡 1h，70℃±3℃通风条件下烘干 24h	JAS SE-9
PF	沸水煮 4h，20℃冷水中浸泡 1h，70℃±3℃通风条件下烘 24h	JAS SE-9
UF	沸水煮 4h，20℃冷水中浸泡 1h，70℃±3℃通风条件下烘干 18h	JAS SE-8
PVAc	20℃冷水中浸泡 6 h，40℃±3℃通风条件下烘干 18h	JAS SE-8

表 2-9 不同胶黏剂胶合性能试验结果

树种	条件	常态检测						老化处理后检测					
		剪切强度/MPa			木破率/%			剪切强度/MPa			木破率/%		
		平均值	标准差	c.v.[a]	平均值	标准差	c.v.	平均值	标准差	c.v.	平均值	标准差	c.v.
杉木	EPI	8.36	1.04	12.4	100	0	0.0	6.55	2.82	43.0	63	28	44.8
	PF	8.38	1.86	22.2	97	9	9.2	6.25	0.90	14.5	70	32	45.6
	UF	8.23	1.98	24.0	87	18	20.5	2.57	1.86	72.5	2	3	195.0
	PVAc	7.33	1.33	18.1	91	12	13.7	2.67	2.19	82.3	19	26	140.2
	实木	8.06	1.27	15.8				7.59	0.66	8.7	（冷水老化）[b]		
								4.88	0.97	20.0	（沸水老化）[c]		
杨树	EPI	8.68	1.65	19.0	95	11	11.3	7.53	2.07	27.5	77	22	28.5
	PF	10.73	0.96	8.9	100	1	1.4	6.98	3.05	43.8	100	0	0.0
	UF	6.90	2.76	39.9	97	5	4.6	4.90	3.31	67.6	26	24	93.7
	PVAc	9.44	1.34	14.2	97	8	8.1	0.27	0.91	341.5	2	3	180.0
	实木	10.70	2.15	20.1				10.91	0.77	7.0	（冷水老化）		
								7.96	2.73	34.3	（沸水老化）		
巨桉	EPI	14.51	2.63	18.1	96	7	7.3	7.41	3.03	40.9	81	0	0.0
	PF	13.08	1.29	9.9	99	4	4.4	10.23	2.08	20.4	43	0	0.0
	UF	9.92	3.55	35.8	96	10	10.4	0.00	0.00	0.0	0	0	0.0
	PVAc	13.09	0.86	6.6	93	16	16.7	3.30	2.14	64.8	0	3	6.7
	实木	23.22	5.07	21.8				27.53	1.51	5.5	（冷水老化）		
								18.21	5.22	28.7	（沸水老化）		
尾巨桉	EPI	15.38	1.77	11.5	90	12	13.1	9.86	4.61	46.8	90	24	26.1
	PF	16.61	2.01	12.1	88	12	13.5	13.79	1.82	13.2	64	45	70.2
	UF	15.00	1.93	12.8	95	10	10.5	0.00	0.00	0.0	0	0	0.0
	PVAc	15.92	1.79	11.3	77	15	19.5	6.67	6.23	93.4	12	17	142.8
	实木	20.32	3.27	16.1				18.93	1.17	6.2	（冷水老化）		
								18.12	1.96	10.8	（沸水老化）		
柠檬桉	EPI	19.73	3.06	15.5	18	24	132.8	0.65	0.00	0.0	18	4	21.6
	PF	17.62	8.91	50.6	36	42	114.5	0.93	1.84	198.7	36	0	0.0
	UF	11.15	5.58	50.1	3	6	173.2	0.00	0.00	0.0	3	0	0.0
	PVAc	14.68	2.46	16.8	0	0	0.0	0.00	0.00	0.0	0	0	0.0
	实木	22.69	8.82	38.9				23.70	5.03	21.2	（冷水老化）		
								17.25	3.60	20.9	（沸水老化）		
窿缘桉	EPI	17.75	4.41	24.9	5	6	114.5	0.09	0.00	0.0	14	19	132.3
	PF	16.08	5.81	36.1	34	35	102.0	3.90	7.65	196.2	0	0	0.0
	UF	11.14	4.14	37.2	8	7	82.8	0.00	0.00	0.0	0	0	0.0
	PVAc	14.98	2.36	15.8	0	0	0.0	0.00	0.00	0.0	0	0	0.0
	实木	22.84	5.06	22.2				22.22	5.93	26.7	（冷水老化）		
								15.74	7.12	45.2	（沸水老化）		

a 表示变异系数，单位为%；b 表示实木检测条件与 PVAc 老化处理条件相同；c 表示检测条件与 EPI、PF 和 UF 老化处理条件相同

表 2-10 不同胶黏剂对胶合性能影响的方差分析表

条件	变异来源	剪切强度			木破率		
		自由度	*F* 值	显著性	自由度	*F* 值	显著性
常态检测	胶黏剂	4	35.55	***	3	14.41	***
	树种	5	69.06	***	5	370.13	***
	胶黏剂×树种	20	4.74	***	15	3.55	***
	误差	330			264		
	总计	359			287		
老化处理后检测	胶黏剂	5	340.1	***	3	124.05	***
	树种	5	50.09	***	5	51.92	***
	胶黏剂×树种	25	24.55	***	15	14.06	***
	误差	396			264		
	总计	431			287		

注："***"表示 α=0.001 水平下显著

三、胶黏剂对几种木材胶合性能的影响

（一）对杉木木材胶合性能的影响

从表 2-9 中可知，常态检测 4 种胶黏剂的剪切强度差异不明显，并且与相同检测条件的实木剪切强度相当，强度为 7.33～8.38MPa。4 种胶黏剂的木破率比较中，UF 胶黏剂的木破率最低（87%），与 PF 和 PVAc 差异不显著，但明显比 EPI 100%的木破率要低。4 种胶黏剂的常态剪切强度和木破率均达到 JAS SE-9 的要求。分析原因可知，杉木木材密度低，约 0.362g/cm^3（MC=9.7%），材质疏松、空隙率高，胶黏剂在木材表面润湿、流动和渗透性好，胶合较容易，胶合破坏产生在基材中，常态胶合强度主要由木材强度决定，因此常态剪切强度与实木强度差异不明显，胶黏剂间的胶合强度差异也不明显。

处理后检测 EPI、PF 的剪切强度和木破率的差异不显著，UF 和 PVAc 的剪切强度和木破率的差异不显著，EPI 与 PF 的剪切强度和木破率都显著高于 UF 和 PVAc。与相同处理条件后的实木剪切强度相比，EPI、PF 的处理后剪切强度与实木的差异不显著，而 UF 和 PVAc 的处理后强度显著低于相同处理条件的实木，甚至比沸水处理后的实木强度还低。此外，处理后 EPI 和 PF 的木破率平均值为 63%和 70%，比常态检测时的 100%和 97%低，胶合剪切破坏为混合破坏，但仍以基材破坏为主。根据 JAS SE-9 可知，处理后 EPI 和 PF 的性能仍能达到标准的要求，表明胶合杉木的胶合性能较好。UF 和 PVAc 的木破率下降至 2%和 19%，胶合剪切破坏大部分为胶层破坏，表明这两种胶的胶合耐水性和稳定性差。分析原因可知，处理后 4 种胶黏剂间性能的差异主要是由胶黏剂的特征决定，其中 EPI 与 PF 的具有较好的耐水性，而 UF 和 PVAc 的耐水性较差。

（二）对杨树木材胶合性能的影响

从表 2-9 中可知，常态检测时 EPI、PF 和 PVAc 3 种胶黏剂的剪切强度与实木剪切强

度差异不显著，分别为 8.68MPa、10.73MPa 和 9.44MPa，显著高于 UF 的 6.90MPa；4 种胶黏剂的木破率差异不显著，接近 100%；4 种胶黏剂剪切强度和木破率都超过了 JAS SE-9。分析原因可知，杨树属散孔材，加上密度低（MC=8.7%时，约 0.339g/cm^3），材质疏松、空隙率高，胶黏剂在木材表面润湿、流动和渗透性好，胶合较容易，胶合破坏在基材，木破率高。

处理后检测 EPI、PF 和 UF 的剪切强度差异不显著，但是三者的木破率差异显著，其中 UF 的最低。PVAc 的剪切强度和木破率急剧下降至 0.27MPa 和 2%，并且明显低于其他 3 种胶黏剂。与相同处理条件的实木强度相比，EPI 和 PF 的剪切强度与实木的差异不显著，分别为 7.53MPa 和 6.98MPa，并且木破率大于 70%，能达到 JAS SE-9 的要求。PVAc 和 UF 的剪切强度显著低于相同处理条件下的实木强度，不能达到 JAS SE-8 要求。表明 EPI 和 PF 胶合杨树木材性能良好；而 PVAc 和 UF 耐水性能差，处理后胶合性能显著降低，不能达到标准要求，胶合性能有待改进。

（三）对巨桉木材胶合性能的影响

从表 2-9 中可知，4 种胶黏剂的常态检测剪切强度显著低于实木强度，EPI、PF 和 PVAc 3 种胶黏剂的剪切强度和木破率的差异不显著，强度达到 JAS SE-9 要求。PF、PVAc 和 UF 3 种胶黏剂间差异不显著，UF 胶合强度明显比 EPI 的要低，不能达到 JAS SE-9 要求。

处理后，4 种胶黏剂的剪切强度和木破率都显著下降，EPI 与 PF 的剪切强度的差异不显著，EPI 的木破率明显高于 PF。PVAc 和 UF 的剪切强度和木破率差异不显著，剪切强度接近零。与相同处理条件的实木剪切强度相比，4 种胶黏剂老化处理后的剪切强度都低，说明 4 种胶黏剂的胶合试件的胶合耐久性差，有待改进。

（四）对尾巨桉木材胶合性能的影响

从表 2-9 中可知，常态检测时 4 种胶黏剂的剪切强度差异不显著，但是都显著低于实木强度。4 种胶黏剂的木破率比较中，EPI、PF 和 UF 3 种差异不显著，PF、PVAc 和 EPI 3 种差异不显著，UF 显著高于 PVAc。4 种胶黏剂胶合尾巨桉时常态剪切强度和木破率都达到 JAS SE-9 要求。

处理后，4 种胶黏剂的剪切强度和木破率都显著下降，EPI、PF 的剪切强度和木破率的差异不显著，PVAc 的强度比 EPI 和 PF 要低，但比 UF 要高。UF 的剪切强度和木破率降到零，呈完全剥离状态，胶合耐久性能差。4 种胶黏剂的强度比相同处理条件的实木要低，表明 4 种胶黏剂胶合尾巨桉的工艺有待改进。

（五）对柠檬桉木材胶合性能的影响

从表 2-9 中可知，4 种胶黏剂常态剪切强度比较中，EPI、PF 和 PVAc 3 种胶黏剂差异不显著，PF、UF 和 PVAc 3 种胶黏剂间差异不显著，但 EPI 显著高于 UF。木破率比较中，EPI 与 PF 的差异不显著，UF 和 PVAc 的差异不显著，EPI 与 PF 的木破率显著高于 PVAc 和 UF 的。4 种胶黏剂的强度都比实木强度低。

综合比较 4 种胶黏剂的剪切强度和木破率可知，4 种胶黏剂在胶合柠檬桉时木破率低，分析原因与柠檬桉木材特征有关。柠檬桉木材密度高（本试验检测时，MC=10.7%，气干密度为 1.007g/cm^3），空隙率低，胶黏剂在木材表面的渗透性差。另外，柠檬桉木材的物理力学强度高，其中祁述雄（2002）根据国家标准检测平均树龄约 13 年的木材的弦向和径向顺纹抗剪强度，以及端面、弦向和径向硬度分别为 5.8MPa、13.1MPa、82.1MPa、80.2MPa、85.6MPa，因而其机械加工困难，胶合面的加工质量差，粗糙度高，并且表层细胞破坏程度高。此外，柠檬桉木材含有大量的抽提物，祁述雄（2002）检测平均树龄约 13 年的木材的冷水、热水、1% NaOH 和苯醇抽提物含量分别为 2.16%、3.99%、15.8% 和 2.27%。大量的抽提物污染胶合面，影响胶黏剂和在木材表面的润湿、流动和渗透，同时还影响胶黏剂的固化速度。

处理后 4 种胶黏剂的剪切强度和木破率显著下降，分析原因主要有两方面，一是上述讨论到的柠檬桉木材胶合困难，二是柠檬桉木材的尺寸稳定性差。祁述雄（2002）调查结果中，柠檬桉木材的弦向、径向和体积干缩系数都较高，分别为 0.388、0.317 和 0.732。在老化处理过程中，胶合试件的基材中表层细胞壁等的膨胀与收缩，产生表面张力等，破坏了胶黏剂与木材表层细胞间的接合，从而导致胶层剥离。

（六）对窿缘桉木材胶合性能的影响

从表 2-9 中可知，常态检测时 4 种胶黏剂的剪切强度比较中，EPI、PF 和 PVAc 三者间差异不显著，PF、UF 和 PVAc 三者间差异不显著，EPI 显著高于 UF。木破率比较中，PF 的木破率较其他 3 种要高。与实木剪切强度相比，EPI 的剪切强度与实木的相当，其他 3 种胶黏剂的剪切强度明显比实木低。结合 JAS SE-9 可知 4 种胶黏剂在胶合窿缘桉时，剪切强度较高，木破率低，分析原因与窿缘桉木材特征有关。

窿缘桉木材密度高（本试验检测得 MC=10.5%时，窿缘桉木材的气干密度是 1.098g/cm^3），空隙率低，加上附物纹孔的影响，胶黏剂在其表面的渗透性差，而机械胶合理论认为胶合是由胶黏剂能渗透到木材中形成胶钉产生的，因此窿缘桉木材较高的密度影响其胶合性能。另外，窿缘桉木材的力学强度高，祁述雄（2002）研究表明树龄 11 年的窿缘桉木材弦向和径向顺纹抗剪强度分别为 15.0MPa 和 14.0MPa，加上窿缘桉的纹理扭曲，因而加工光滑平整的胶合面较困难，使得胶合面上的粗糙度较高和细胞的破坏程度增大，影响了胶合强度。此外，窿缘桉富含抽提物，检测平均树龄约 11 年的窿缘桉木材的冷水、热水、1% NaOH 和苯醇抽提物含量分别为 3.27%、5.26%、14.30%和 2.09%。如前所述抽提物污染胶合面，影响胶黏剂木材表面的润湿、流动和渗透，同还影响胶黏剂的固化速度。

处理后检测时 4 种胶黏剂的剪切强度和木破率几乎为零，呈完全剥离状态，分析原因与窿缘桉木材胶合困难和木材尺寸稳定性差等特征有关。祁述雄（2002）研究表明平均树龄为 11 年的窿缘桉木材的弦向、径向和体积干缩系数及弦径干缩比分别为 0.380、0.251、0.667 和 1.513。较高的尺寸稳定性和较大的弦径向干缩性差异，使得在老化处理过程中胶合试件的基材干缩湿胀的各向异性，产生内应力，破坏了胶黏剂与木材间形成的复合层的结构，进而胶层出现剥离现象，胶合强度降低。

（七）树种间胶合性能的影响

6 种木材以 4 种胶黏剂胶合的性能聚类分析结果见图 2-4。图 2-4 的聚类分析过程中，为避免各项性能的单位差异对数据分析结果的影响，对 6 种木材的 4 种胶黏剂两种检测条件下的剪切强度和木破率进行了数据标准化处理。聚类分析的显著水平为 0.05，根据最短距离法计算类间距离。从图 2-4 可知，杉木与杨树单独聚为 1 类、巨桉与尾巨桉聚为 1 类、柠檬桉与窿缘桉另外聚 1 类，分析原因主要与 6 种木材材质特征有关。综合分析 6 种木材的材质特征可知，杉木与杨树密度分别为较为接近，约在 $0.35g/cm^3$ 左右，同属于低密度木材；巨桉和尾巨桉密度约在 $0.65g/cm^3$ 左右，属于中等密度木材；柠檬桉与窿缘桉密度约在 $1.00g/cm^3$，属于高密度木材，而密度是影响木材胶合性能的重要因素之一。此外，柠檬桉与窿缘桉都富含抽提物，纹理扭曲，硬度大，加工高质量的胶合面困难。

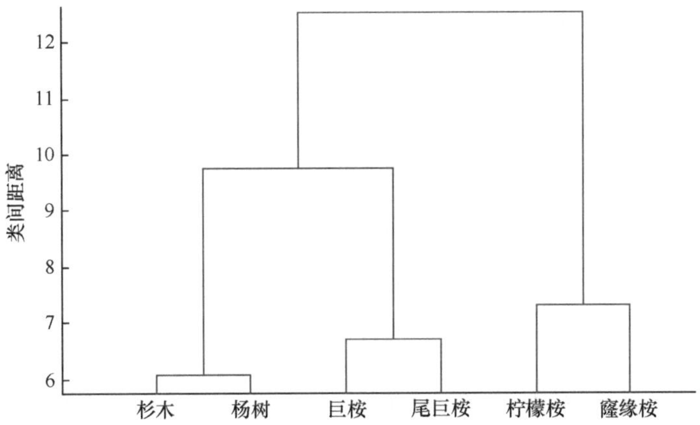

图 2-4　6 种木材 4 种胶黏剂胶合性能的聚类分析图

图 2-5 是 Matlab 程序分析 6 种木材的 4 种胶黏剂剪切强度的箱形图，图中每一个箱形上、中、下横线为样本 75%分位数、中值和 25%分位数，箱形向上或向下延伸的直线端值在无异常值时为最大和最小值，异常值用“+”表示（苏金明等，2004）。综合观察图 2-5 可知，6 种木材的剪切强度随着杉木与杨树、巨桉与尾巨桉、柠檬桉与窿缘桉有增大然后减小的趋势；且柠檬桉和窿缘桉剪切强度的离散性明显高于其他 4 种木材。

用相同的方法分析 6 种木材的木破率（图 2-6）可知，6 种木材的剪切强度沿着杉木与杨树、巨桉与尾巨桉、柠檬桉与窿缘桉有下降趋势；杉木、杨树、巨桉、尾巨桉的木破率较高，柠檬桉和窿缘桉特别低，接近于 0。分析原因可知：①杉木、杨树、巨桉、尾巨桉、柠檬桉和窿缘桉 6 种木材密度差异显著，而木材密度与胶合强度有正比关系（顾继友，1999；Sellers et al.，1988），但是柠檬桉和窿缘桉富含抽提物且纹理扭曲等造成胶合较困难，故 6 种木材胶合强度有增大然后减小的趋势；②杉木、杨树为低密度木材，材质均匀、抽提物含量低，胶合较容易（Sellers et al.，1988）；③巨桉和尾巨桉密度中等，选择适当的胶合工艺，胶合性能仍能达到要求（Sellers et al.，1988）；④柠檬桉和窿缘桉

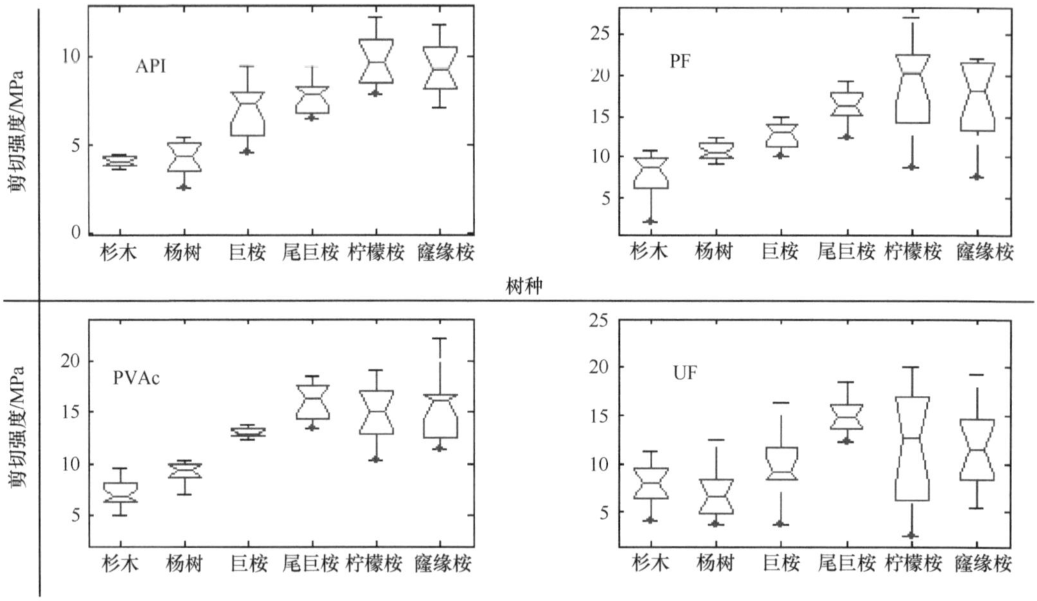

图 2-5　6 种木材 4 种胶黏剂的常态剪切强度

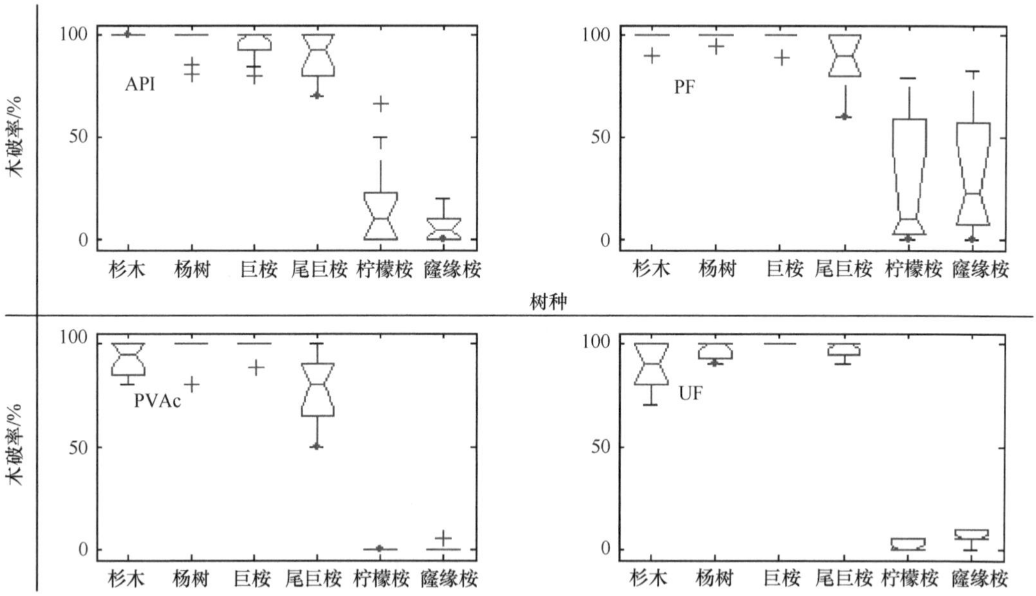

图 2-6　6 种木材 4 种胶黏剂的常态木破率

两种木材密度高、富含抽提物，硬度大且纹理扭曲，胶合面加工质量差，造成木破率低，而高木破率是密度高的木材良好胶合性能的表现（顾继友，1999；Sellers et al.，1988；张玉萍和傅峰，2005），因此两种木材胶合性能差。

对 4 种胶黏剂（EPI、PF、UF 和 PVAc）分别胶合 6 种人工林木材时的胶合性能进行了研究，结果表明：胶黏剂、树种和胶黏剂×树种交互因子，都显著影响 6 种木材的胶合性能；4 种胶黏剂分别胶合杉木和杨树时，常态剪切强度和木破率达到 JAS SE-9 的要求，老化处理后 EPI 和 PF 的胶合性能能达到标准，UF 和 PVAc 的不能达到标准；胶合巨桉和尾巨桉时，4 种胶黏剂常态剪切强度和木破率间差异不显著，老化处理一次后的 EPI 和 PF 的剪切强度和木破率较明显比 UF 和 PVAc 的高；4 种胶黏剂分别胶合柠檬桉时，EPI 与 PF 的常态剪切强度稍低于实木强度，UF 和 PVAc 的强度显著低于实木强度；胶合窿缘桉时，EPI 常态剪切强度与实木相当，其他 3 种胶黏剂的剪切强度显著低于实木强度；老化处理后柠檬桉和窿缘桉的 4 种胶黏剂的剪切强度明显低于相同条件下的实木强度，并且木破率较低；6 种木材以 4 种胶黏剂胶合时的性能聚类分析结果表明 6 种木材聚为 3 类，分别是杉木与杨树、巨桉与尾巨桉、柠檬桉与窿缘桉；6 种木材的 4 种胶黏剂的剪切强度，随着杉木与杨树、巨桉与尾巨桉、柠檬桉与窿缘桉的密度有先增大后减少的趋势，木破率则呈递减趋势。

主要参考文献

鲍甫成，江泽慧. 1998. 中国主要人工林树种木材性质. 北京：中国林业出版社.

成俊卿. 1985. 木材学. 北京：中国林业出版社.

顾继友. 1999. 胶粘剂与涂料. 北京：中国林业出版社.

胡慕任，刘淑兰. 1998. 窿缘桉的材性及抗弯构件试验. 桉树, (11): 102-114.

江泽慧，彭镇华. 2001. 世界主要树种木材科学特性. 北京：科学出版社.

李和平. 2008. 木材胶粘剂. 北京：化学工业出版社.

祁述雄. 2002. 中国桉树. 北京：中国林业出版社.

苏金明，张莲花，刘波，等. 2004. MATLAB 工具箱应用. 北京：电子工业出版社.

滕通濂，周明，王怀军. 1994. 速生桉树材加工利用若干应用基础问题的研究. 林产工业, 21(4): 7-9.

赵天钧，陈章水. 1994. 中国杨树集约栽培. 北京：中国科学技术出版社.

张玉萍，傅峰. 2005. 我国人工林难胶合木材的研究现状. 木材工业, (12): 4-6.

Crompton H. 2000. Eucalypt research for products to benefit small business enterprises. IUFRO Proceedings, Tasmania, AU.

Freeman H A. 1959. Relation between physical and chemical properties of wood and adhesion. Forest Products Journal, 9(12): 451-458.

Fuwape A. 2000. Eucalyptus wood utilization in Nigeria: The future of Eucalypts for wood products. IUFRO Proceedings, Tasmania, AU.

Hillis W E, Brown A G. 1990. 桉树培育与利用. 王豁然译. 北京：中国林业出版社.

Kollmann F F P. 1984. 木材学与木材工艺学原理(人造板). 北京：中国林业出版社.

Oliviera J. 2000. Eucalyptus wood characterization for construction in Brazil. IUFRO Proceedings, Tasmania, AU.

Ozarska B. 2000. Product performance requirements for wood products for high-value appearance end-uses. IUFRO Proceedings, Tasmania, AU.

Sellers T J, McSween J R, Nearn W T. 1988. Gluing of eastern hardwood a review: General Technical Report SO-71, Southern Forest Experiment Station, Forest Service, USDA.

Tayelor F A, Eng P, Chow S. 1975. Wood and adhesives problems—A look at the future. Wood and Fiber Science, 7(1): 55-62.

Vermaas H. 2000. A review of drying technology for young fast-grown eucalypts. IUFRO Proceedings, Tasmania, AU.

第三章　指接参数的确定

指接参数主要包含有开齿速度、指榫嵌合度、指接涂胶量和指接端压，其中指接端压是指沿指接件长度方向在指接件的端部施加的压力，是影响指接强度的最关键因素。适宜的端压大小是保证指接质量的重要因素。端压不足，造成指榫不能完全压密，留有较大的指顶隙，使指接强度大大下降；端压太大，造成指顶过度地压入指谷，使指劈裂，也会使指接强度降低。适宜的端压大小要根据指榫的几何形状、木材的软硬、木材的抗劈裂性质、外观等因素而定（何林和李琳，1994）。本章采用压入试验，通过分析不同类型的载荷-位移曲线，为人工林木材指接选出适宜的指接端压范围，为以后的工艺参数优化提供依据。

第一节　指型和铣齿

一、指榫的接合与加工

指榫接合方式是影响指接材强度的首要因素，根据铣齿时是否放入底刀可以将指榫接合方式分为三种：羽型、翼型和嵌入型（图 3-1）。三种接合方式的强度性能差异显著，其中羽型接合强度最高，嵌入型次之，翼型最低（Bustos et al.，2003）。从木破率角度看，三种指榫接合方式的接合强度都较好，破坏多数发生在指接部位。因为羽型接合方式的指榫两侧无榫肩，具有更大的有效胶合面积，因此羽型指接材具有最高的弹性模量、抗弯强度和极限抗拉强度，一般用于生产结构用指接材，作为木结构承载构件时，安全性更高。

指榫加工可分为两种形式：垂直型和水平型。垂直型指榫加工是在工件宽度方向见指榫的开齿方式，垂直型指榫加工时，工件厚度面作为基准面，刀具厚度大，使用片铣刀数量多，指接后加工的切削余量小，木材的损失少，通常用于结构用指接材的生产。水平型指榫加工以宽面为基准面，刀具厚度小，使用片铣刀数量少，指榫加工时，要求工件厚度偏差小，否则指接后指接条的切削余量较大，加大了木材的损失；在指接胶合时，指榫的根部也易产生裂纹。

二、铣齿刀的安装与组合

铣齿刀是木材加工普遍使用的刀具，加工指接榫的铣刀分为整体式成形铣刀（图 3-2）和组合式单片铣刀两种（图 3-3）。整体式指接铣刀和单片式指接铣刀的工作原理都是铣刀在旋转工作时，包络出木材的指接齿形。

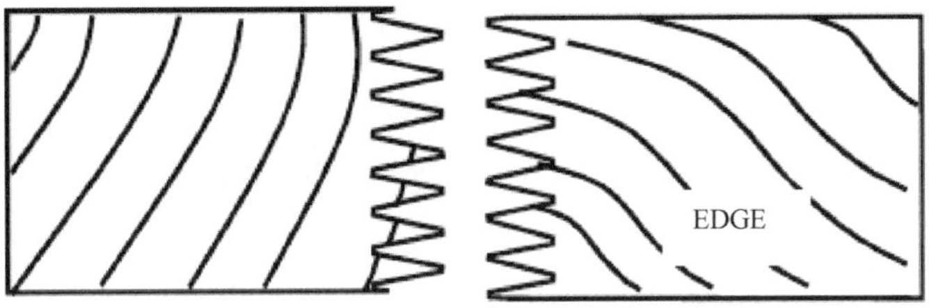

（羽型）

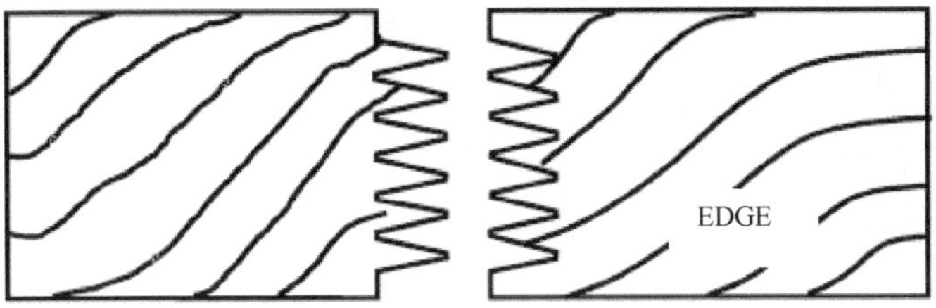

（嵌入型）

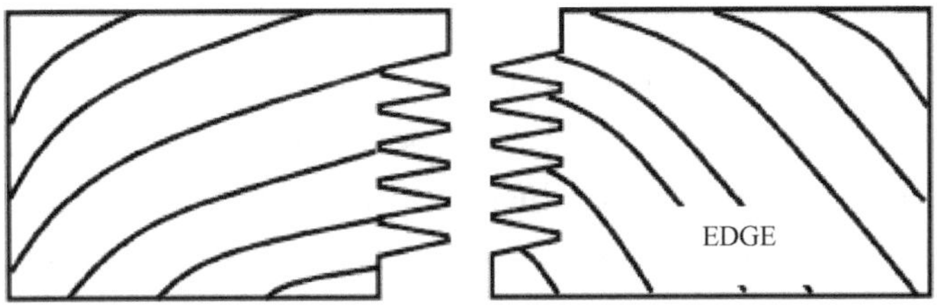

（翼型）

图 3-1　指榫接合方式

图 3-2　整体式成形铣刀

整体式成形铣刀采用成形刀体配以多指成形刀片，一次性铣出木方指接部分的顶、侧、底，然后反向拼接。这种加工方式的优点是操作上简便易行，刀具的生产容易。缺点是切削过程中振动大、噪声高，刀具容易损坏；木材的指侧面容易发黑、刀具表面容易积炭；使用过程灵活性差，指接的松紧不能任意调整；指距不能低于 5mm，否则刀具加工困难，切削效果不理想；并且一个齿损坏将导致整个刀具报废。

图 3-3 组合式单片铣刀

我国木材加工行业目前大量应用的是组合式单片铣刀。组合式单片铣刀是多个刀片依次参与切削，切削力均匀，切削轻快且噪声低，即使手工送料也几乎感觉不到振动；很少有木材发黑和刀片积炭发生；可以任意增减刀片数量以加工不同宽度的材料；可以通过控制切削深度方便调整指接松紧程度；指距由刀体厚度决定，可以做到很小，常见的有 3.5mm、4.0mm、4.5mm 和 5.0mm；由于刀片是组合式的，所以损坏一齿更换一齿，大大节约了刀具的开销。

组合式单片铣刀一般有两种组合方式。一种是由边片刀和中片刀组合在一起加工指接材，采用这种组合方式加工时，对接木方的两端都按同一种方法加工。加工时木材先用圆锯片截齐端头，然后用铣刀加工成形。在指接时将木方一头翻转后刷胶、插接、加压指接成形。该加工方法工艺简单方便，目前国内加工指接材大量采用此方法。另一种是全部由中片刀组合，这种组合方式使得指接后木材边缘很薄，精加工时刨削余量小，但当指接精度不高时容易出现毛茬，因此在非结构指接材加工中应用较少。组合式单片铣刀多采用错齿伞状装刀方式，可有效减少切削阻力和提高制品的表面光洁度。

指榫铣刀的加工精度对指接强度有显著影响。铣刀指长不一致，造成有的指榫长，有的指榫短，指接时形成较大的指顶隙，致使应力集中而折断；指榫几何形状不一致，致使部分指接面松离而减少了有效胶合面积，指榫强度显著下降。指顶宽的设计也要合理，太薄的指顶宽在铣刀铣削过程中很快就发生过热，导致刀片变钝或永久性损坏。因此，指形铣刀不但其几何形状要设计合理而且其加工精度和磨损性更为重要。

三、指榫参数

指榫结合质量的高低决定了指接材产品的好坏，指榫结合质量最能反映加工工艺水平。在国外，客户选购指接材最敏感的就是指榫结合质量，因此，指榫参数的几何形状直接影响指接材的质量。指榫参数包括齿长（L）、齿顶宽（b_1）、齿距（t）和斜度（α），它们之间关系为：$\mathrm{tg}\alpha=(t-2b_1)/2L$。

指接材按照指接长度可分为长指榫指接材和短指榫指接材，其中指接长度4～15mm、齿顶宽度 0.2～0.4mm 的指接为短指榫指接；指接长度 15～60mm、齿顶宽度 0.4～2.7mm 的指接为长指榫指接。国内用非结构指接材指榫长一般 10～12mm，结构用指接材指榫长一般在 12mm 以上；而日本和德国等则区别较细，详见表 3-1。目前国内外普遍采用微型指接（指榫长度 8～15mm），其优点是：材料损失少、可采用大压力、指接强度高且稳定、节省动力能源。

表 3-1　日本、德国的优化指榫参数

国别	齿长/mm	齿距/mm	齿顶宽/mm	斜度	b_1/t
日本	11.25	4	0.6	1/7.5	0.15
	18.63	6	0.8	1/8.1	0.13
	15.35	6	1.2	1/8.1	0.20
	14.25	4	0.6	1/9.5	0.15
	12.35	4	0.8	1/9.5	0.20
	26.22	6	0.8	1/11.4	0.13
	23.94	6	1.2	1/11.4	0.17
德国	7.5	2.5	0.2	1/7.6	0.08
	10	3.7	0.6	1/7.6	0.16
	20	6.2	1.0	1/8	0.16
	50	12	2.0	1/8	0.17
	60	15	2.7	1/8	0.18

指榫参数是互相关联、互相影响的，应从指接材强度、加工精度、刀具寿命等方面综合考虑。关于指榫几何形状各主要参数对指接强度的影响，国内外大量的研究指出，保持指顶宽尽可能小以便获得最大强度是很重要的。因为钝的指端呈对接，不能传递应力；指榫顶端陡然变化会引起应力集中，导致木材破坏时的载荷低于预期破坏载荷。综合有关指榫几何形状对指接强度的影响研究，主要结论为：指接材的拉伸强度随着斜率的减小而增加，但是增加的比例随着斜率的减小而减小；当斜率和指顶宽保持一定时，胶合强度随着指距的增大而增大，但增大的比例是下降的；胶合强度和有效的胶合面积之间有很好的相关性；假如前三个条件满足的话，指顶宽成为胶合强度的决定因素，指顶较小则强度较高。

四、指接参数

（一）开齿速度

胶合面的平整度、胶合件的厚度公差等加工精度，以及胶合面洁净、无异物等也是保证胶合质量的重要因素。表面平整度和厚度公差对密度较高的阔叶树材胶合尤为重要。工件的进给速度对指榫的表面粗糙度和齿距精度有影响，一般随着每齿进给量的增加，指榫的齿距精度下降。

4 种桉树根据其密度范围的不同可分为两组，窿缘桉、柠檬桉为第一组，尾巨桉、巨桉为第二组。密度较高的窿缘桉、柠檬桉分别以 5.0m/min、7.5m/min、10.0m/min 的速度开齿，而密度相对低的尾巨桉、巨桉分别以 5.0m/min、10.0m/min、15.0m/min 的速度进行开齿。根据在开齿过程中的难易程度，以及开齿之后指形参数的准确度、指榫的表面光洁度情况（表 3-2）对不同开齿速度所得的指接条进行直观评价，最后确定不同组最佳的开齿速度。

表 3-2　不同树种在不同开齿速度下指榫情况

组号	速度/（m/min）	开齿难易程度	指榫参数准确程度	指榫表面光洁性
第一组（窿缘桉、柠檬桉）	5.0	易	准确	好
	7.5	较难	不准确	一般
	10.0	难	不准确	差
第二组（尾巨桉、巨桉）	5.0	易	准确	好
	10.0	较易	准确	良好
	15.0	难	不准确	一般

根据表 3-2 的结果，综合考虑开齿后指榫参数的准确程度、指榫表面光洁度和生产效率，在以后的试验中窿缘桉、柠檬桉以 5.0m/min 的进料速度开齿，尾巨桉、巨桉以 10.0m/min 的进料速度开齿。

（二）嵌合度

嵌合度是指榫的指顶宽与指底宽之差，是影响指接强度的主要因素。在实际生产中嵌合度应取正值，以保证接合压力有效地作用在指榫的斜面上，通常在 0.1～0.3mm 范围内选取。嵌合度为零或负值时，齿榫结合松，作用于齿榫斜面上的压力小，指接强度低；嵌合度过大，齿榫加压时易使齿榫底部产生裂纹，且压力解除后，由于木材弹性，齿榫回弹，结合变松，同样降低指接强度。树种不用，嵌合度取值也不同，通常情况下，硬阔叶材应取值大些，软阔叶材和针叶材应取值小些。

嵌合度是通过调节指接铣床上的圆锯片与指榫铣刀的相对位置来实现的。树种改变、更换刀片或铣刀刃磨后，都要严格重新调整嵌合度。在指接生产中，嵌合度的测量较困难，通常采用测量指接榫间隙的办法，即先加一组对接的指接榫，用手压合这两个指接榫，检查其间隙，一般指接榫间隙不超过指榫长的 3%。

目前常用的指接铣床多为单机加工出端榫后再指接成长条材待用，这样指接产品加工后容易出现木条侧弯、嵌合度缺陷等问题，严重影响指接制品的质量，致使制品降等甚至报废。嵌合度选取不合适时，容易出现针眼和劈裂现象。针眼就是木材指接后其齿顶和齿底间的缝隙。解决针眼的问题，一般先检查指接机的压力，正常的压力范围在 0.45～0.6MPa，出现针眼一般是压力太小，这时可以增加指接机的压力。如果压力合适，应调整铣齿机上圆锯片和铣刀之间的相对距离，增加齿长。一般在加工好一对齿榫后用手压合两齿榫，齿底和齿顶之间的间隙在 0.5～1.0mm 为合适的齿榫长。劈裂是指在木材接合成长条后，在指接部位有木纤维撕裂，一般易出现在软阔叶材或针叶材中。劈裂的出现一般是嵌合度取值太大，而指接机的接合压力偏大。解决劈裂的方法是先将指接机的接合压力调小，但不能低于 0.4MPa，同时，调整铣齿机上锯片与铣刀之间的距离，调整方向与解决针眼的调整方向相反。

（三）涂胶量

为了使对接的指榫牢固地接合在一起传递应力必须将适量的胶黏剂均匀地施加于指榫的表面，适宜的涂胶量是保证指接强度的因素之一。涂胶量过多，不但浪费胶液，增加了产品成本，而且被挤出的胶液易污染指接木材表面，加速刨削刀刃变钝，还会使拼接机上积存胶黏剂使其运转受损。涂胶量不足，使指榫表面不能形成一层均匀的、一定厚度的胶层，以致胶接强度下降。

（四）端压

端压是指沿指接件的长度方向在指接件的端部施加的压力，是影响指接强度的最关键因素。为了使指接材获得良好的指接胶合性能，必须在指接榫接长过程中施加均匀且足够大的端压。适宜的端压大小是保证指接质量的重要因素。端压不足，造成指榫不能完全压密，留有较大的指顶隙，同时指接过程中多余的胶液无法挤出，导致胶层厚度大，使指接强度大大下降；端压太大，造成指顶过度地压入指谷，使指榫劈裂，或指榫面产生缺胶现象，也会使指接强度降低。

第二节 嵌合度端压曲线分析

指榫的加压过程中，准确地确定适宜的指接端压是非常困难的，适宜的指接端压要根据指榫的几何形状、木材的软硬、木材的抗劈裂性质、外观等因素而定（何林和李琳，1994）。目前国内外学者对最适宜的压力大小仍有明显分歧。一般来说，高密度的木材应采用较大的压力，而低密度的木材宜采用较低的压力。本节采用压入试验，通过分析不同类型的载荷-位移曲线，为人工林木材指接选出适宜的指接端压范围，为以后的工艺参数的优化提供依据。

一、非结构指接材的端压确定

（一）材料和方法

本试验所用的人工林杉木和 EPI 胶黏剂相关信息详见第二章。

基于该研究针对的是装饰用非结构指接材，所以选用如图 3-4 所示的指接外观，即增加外边齿顶宽度。该齿形产品表面美观，无毛刺、沟痕，避免层板刨削时齿形外露，影响产品装饰质量。

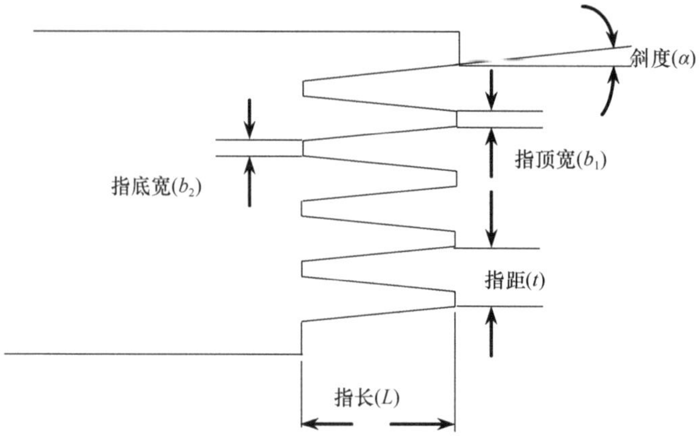

图 3-4　非结构指接材的指形参数

在高、中、低密度分组抽取加工待用的标准杉木板条（520mm×50mm×20mm），分别以嵌合度 0、0.1mm、0.5mm，用非结构用铣齿刀以 10.0m/min 的进料速度在铣齿机上开 V 型齿，指榫参数见表 3-3。将开齿后的板条依次截断成 60mm 长的小试件，按照相同嵌合度进行组合，分别称取两个试件的重量，然后在一个试件的指面进行手工涂胶，涂胶量为 250g/m^2，将涂胶后的试件对接，使两个试件的胶合面充分浸润，然后在万能力学试验机上进行压入试验。为了避免试件之间的差异对结果产生影响，在铣齿时每一个 520mm 长的板条截取三种嵌合度的小试件各两个，剩余部分截取 110mm 长作为对照试件。加压后的试件擦除挤出的多余胶液，称取重量，计算出实际所用胶黏剂的用量。

表 3-3　指榫参数

嵌合度/mm	指长/mm	指顶宽/mm	指距/mm	相对胶接面积
0	11.0	0.6	3.8	5.79
0.1	10.6	0.7	3.8	5.58
0.5	8.9	1.1	3.8	4.68

指接材压入试验的加载速度为 2mm/min，方法参照图 3-5 指接材端压测试方法（Hideo et al.，1986）进行。为避免试件之间的差异对结果产生影响，在铣齿时每一个板条截取三种嵌合度的小试件各两个，剩余部分截取 110mm 长作为对照试件。

（二）不同嵌合度端压曲线的分析

日本学者通过分析日本柳杉的端压曲线，将指接端压曲线以不同的指接嵌合度划分成 A、B、C、D 和 E 5 种类型，见图 3-6（Hideo et al.，1986），其中嵌合度为 0、0.1mm 和 0.5mm 的指接端压所对应的曲线类型分别为 A 型、B 型和 D 型（林兰英和傅峰，2008）。

试验通过传感器记录了加压过程中的载荷和上下两个压头中间位置位移之间的变化关系，通过分析压入试验中不同嵌合度的载荷-位移曲线，可将杉木的载荷-位移曲线划分为 B 型和 D 型两种。

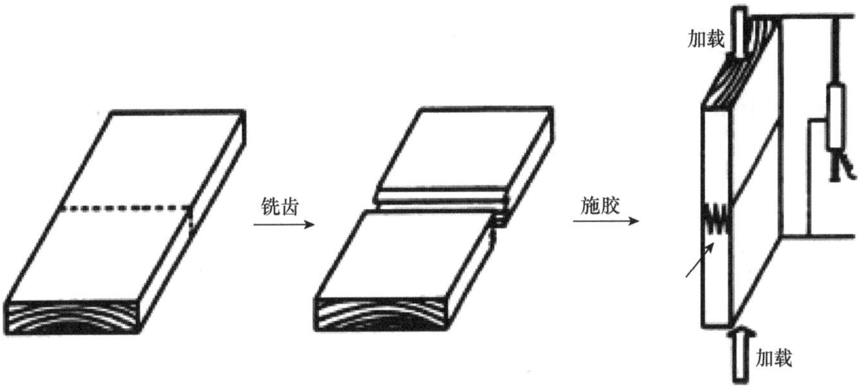

图 3-5 指接材端压测试方法

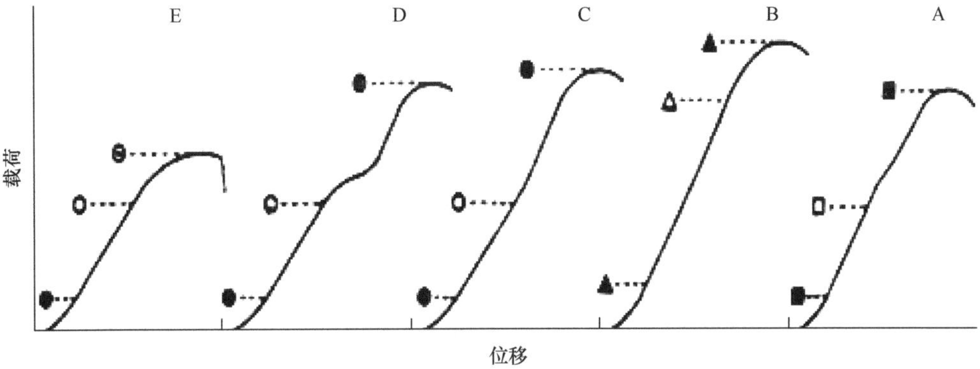

图 3-6 5 种典型的载荷-位移曲线

图 3-7 表示的是嵌合度为 0 时的载荷-位移曲线。通过分析图 3-7 曲线的变化规律可知，该曲线属于典型的 B 型载荷-位移曲线。在曲线的初始阶段，位移呈指数关系迅速增加，而载荷增加较小，该阶段认为是两指榫对接压入，端压的增加表示指榫侧面相互接触过程中的摩擦力；随着两指榫侧面摩擦力的增加，载荷增加到 F_1 时，表示指榫的指尖接触到指谷，之后载荷迅速增加，而位移变化较小；当端压迅速达到 F_2 时，指榫的指尖压入指谷，造成指尖压溃，指谷压劈。

本试验人工林杉木的压入试验结果与日本学者研究结果（图 3-6）有显著差异。日本的研究结果指出嵌合度为 0 时，对应的压入曲线为 A 型。这主要是因为本试验的人工林杉木材质较软，在压入的初始阶段，指顶很快地接触到指谷，并在较小的压入载荷下指顶压溃，这较小位移的变化淹没在指榫相互接触的摩擦过程中，表现在压入曲线为 B 型。

在指接嵌合度为 0.1mm 的条件下，对应的指接端压曲线类型也为 B 型（图 3-8）。从曲线的变化趋势看，与嵌合度为 0 时的载荷-位移曲线一样，在加载的初始阶段，载荷随位移变化缓慢，该过程为指榫逐渐嵌合阶段。由于存在嵌合度，指榫齿顶宽大于齿底宽 0.1mm，即齿榫在完全嵌合的状态下不能到达齿底。为了使齿榫完全嵌合，必须继续施加载荷，使齿顶木材产生一定的压缩量，对应载荷-位移曲线的状态即在到达载荷 F_1 之前，载荷随位移变化增大。当载荷达到 F_1 值时，齿榫完全嵌合。继续施加载荷时，指榫底部逐渐产生裂隙，且载荷随位移变化加快。当载荷达到 F_2 值时，指榫底部裂纹已发生扩展，继续加载将导致试材被压溃，载荷随位移变化逐渐缓慢。与嵌合度为 0 时不同的是，嵌合度为 0.1mm 时的压入位移大于嵌合度为 0 时的压入位移，压入位移所对应的端压 F_1 也略大于嵌合度为 0 是的端压，对应的破坏载荷 F_2 也高于嵌合度为 0 时的破坏载荷。

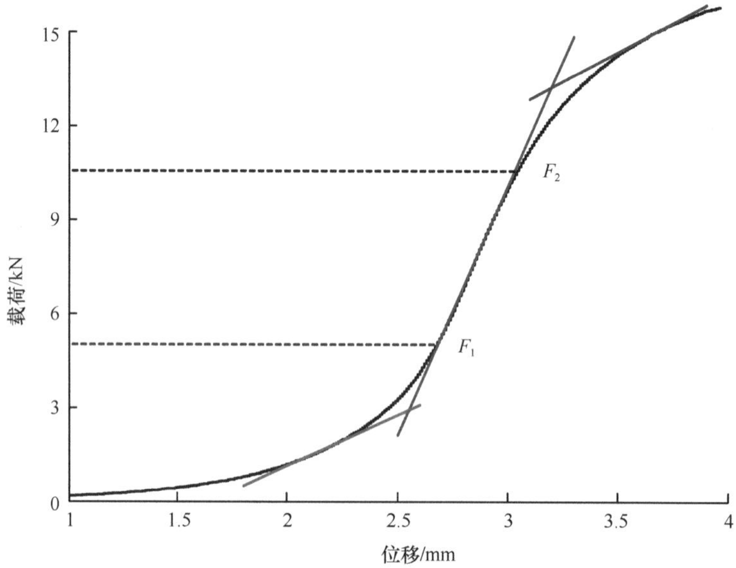

图 3-7　嵌合度为 0 时的载荷-位移曲线

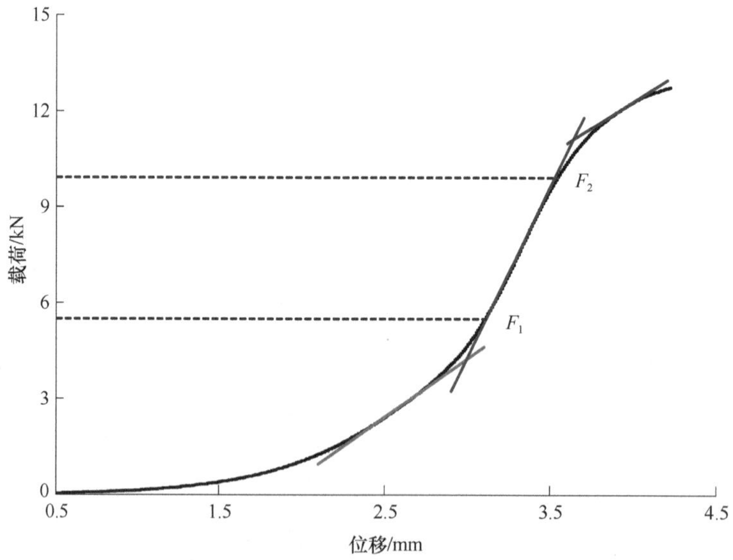

图 3-8　嵌合度为 0.1mm 时的载荷-位移曲线

在嵌合度为 0.5mm 的条件下，对应的指接端压曲线类型为 D 型（图 3-9）。它与嵌合度为 0 和 0.1mm 条件下的曲线有着较大的差别。由于指榫嵌合度较大，齿顶宽大于齿底宽 0.5mm，在初始加载阶段，与前两种曲线类型相似，为指榫嵌合阶段，载荷随位移变化缓慢。当载荷达到 F_1 值时，指榫顶部接触与之对接的指榫侧面，距离齿底有较大间隙。随着加载的继续进行，指榫顶部与指榫侧面相互挤压，产生压缩变形，载荷随位移变化速率有所增加。当载荷达到 F_2 时，指榫顶部受挤压后产生破坏，与之对接的另一指榫也在底部产生裂纹，指榫之间接近完全嵌合。当载荷增大到 F_3 时，进入指榫之间的无隙压缩阶段，此时指榫完全嵌合，载荷随位移变化继续加快，同时指榫底部裂纹逐渐扩展延伸，当载荷达到 F_4 时，试材已接近被压溃，继续加载将使试材完全压溃，载荷随位移变化逐渐缓慢。

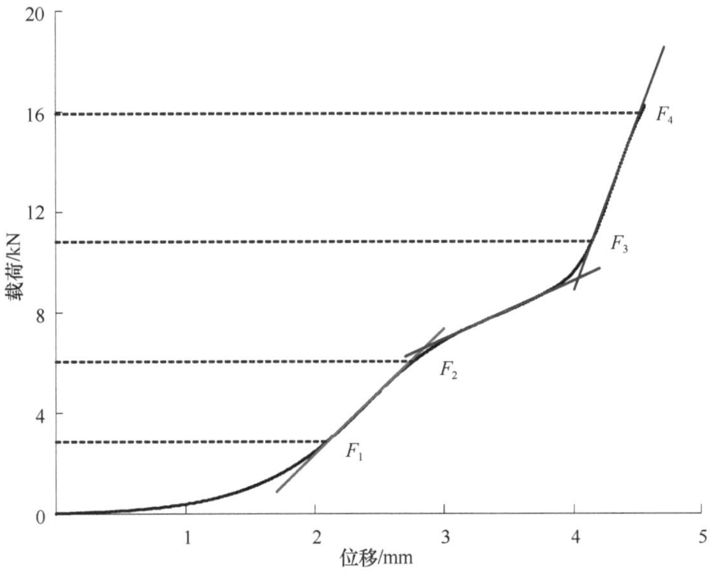

图 3-9　嵌合度为 0.5mm 时的载荷-位移曲线

(三) 指接端压范围的确定

试验也进行了不同密度组合端压测试，经对不同嵌合度和密度组合所对应载荷-位移曲线的分析，得到如图 3-10、图 3-11 和图 3-12 所示的试验结果。

图 3-10 和图 3-11 分别是嵌合度为 0 和 0.1mm 时压入曲线的临界载荷。由图 3-10 和图 3-11 可知，嵌合度为 0 时的临界载荷 F_1 约为 4.40kN，临界载荷 F_2 约为 10.34kN；嵌合度为 0.1mm 时的临界载荷 F_1 约为 7.36kN，临界载荷 F_2 约为 12.54kN。对于不同密度组合的压入曲线，临界载荷变化趋势基本相同。对于密度组合为高密度-高密度（H-H）所对应的临界载荷略低于其他组合，这是因为在嵌合度为 0 和 0.1mm 时，密度较高的指榫更容易使齿底被压溃变形，在压入曲线中较早地表现出来。

图 3-12 是嵌合度为 0.5mm 时压入曲线的临界载荷。由图 3-12 可知，嵌合度为 0.5mm 时的临界载荷 F_1 约为 2.17kN，临界载荷 F_2 约为 4.69kN，临界载荷 F_3 约为 9.54kN，临界载荷 F_4 约为 12.87kN。不同密度组合的压入曲线的临界载荷变化趋势基本相同。与嵌合度为 0 和 0.1mm 时的临界载荷曲线不同，密度组合为低密度-高密度（L-H）所对应的临界载荷略低于其他组合，这是因为密度较低的指榫在嵌合度为 0.5mm 时，榫肩更容易被高密度指榫两侧压溃变形，在压入曲线中较早地表现出破坏。

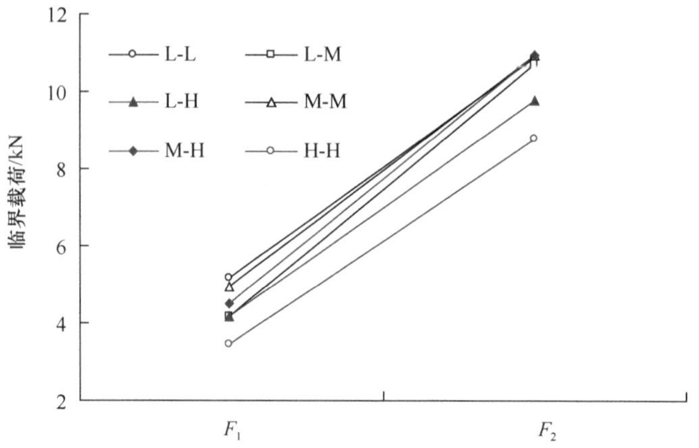

图 3-10　嵌合度为 0 时的临界载荷

L-L 为低密度-低密度；L-M 为低密度-中等密度；L-H 为低密度-高密度；M-M 为中等密度-中等密度；M-H 为中等密度-高密度；H-H 为高密度-高密度

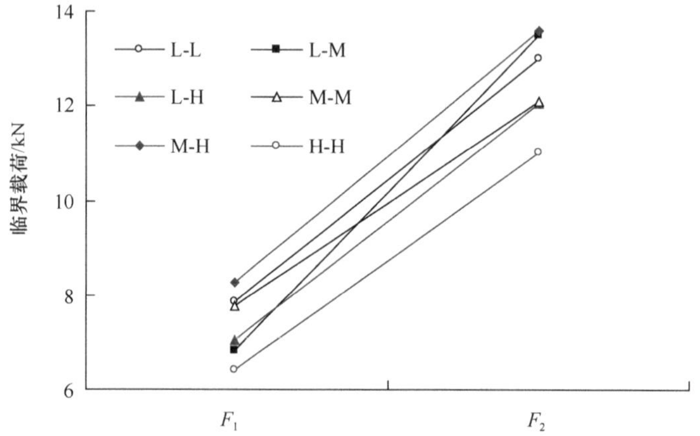

图 3-11　嵌合度为 0.1mm 时的临界载荷

L-L 为低密度-低密度；L-M 为低密度-中等密度；L-H 为低密度-高密度；M-M 为中等密度-中等密度；M-H 为中等密度-高密度；H-H 为高密度-高密度

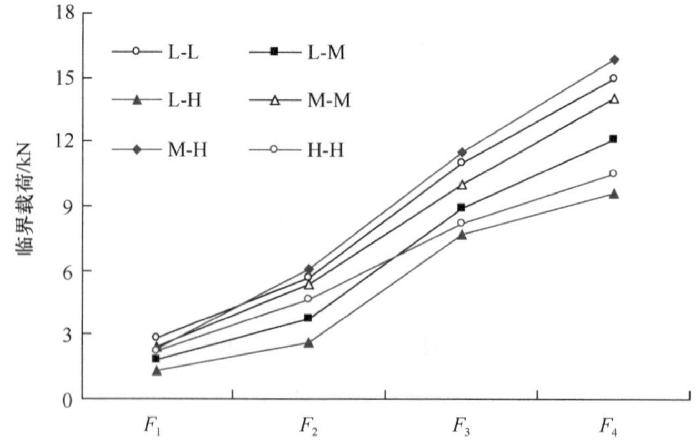

图 3-12　嵌合度为 0.5mm 时的临界载荷

L-L 为低密度-低密度；L-M 为低密度-中等密度；L-H 为低密度-高密度；M-M 为中等密度-中等密度；M-H 为中等密度-高密度；H-H 为高密度-高密度

前人通过非线性断裂力学和有限元法得出，如果一个指榫上有缺陷，在指接过程中就相当于每个指榫上都有一个相同大小的缺陷（Erik et al.，1997）。即不管其中哪个指榫破坏，整个指接材就视为破坏；若其中一个指榫的可靠性低，则视为整个指接材可靠性低。因此，每个指榫的强度高低直接影响整个指接材产品。根据这一点我们可以认为载荷-位移曲线中的F_1和F_2所对应的值即指接端压的理论临界值，因为当端压超过分F_2时，指榫或指榫的周围就将出现微小的压溃或劈裂现象。通过分析以上3种嵌合度和6种密度组合的载荷-位移曲线，将指接端压范围归纳如表3-4所示。

表3-4 不同嵌合度下的端压范围

嵌合度/mm	P_{min}/kN	P_{max}/kN	平均值/kN
0	4.40	10.34	7.37
0.1	7.36	12.64	10.00
0.5	2.17	4.69	3.43

表3-4中的P_{min}是某一嵌合度下指接临界端压的最小值，P_{max}为指接临界端压的最大值。通过分析3种嵌合度和6种密度组合的载荷-位移曲线，人工林杉木指接端压范围为2.17～12.64KN，即为1.8～10.5MPa。

（四）涂胶量范围的确定

指接胶合是指接材生产过程中的一个极其重要的工序，胶合的成功与否往往决定产品质量的优劣和最终用途（李黎，1996）。要生产出合格的指接材产品，就要十分注意涂胶这个工序。为了使对接的指榫牢固地结合在一起传递应力，必须将适量的胶黏剂均匀地施加于指榫的表面。与木材胶合一样，影响指接材胶合质量的因素很多，除了木材木身固有的性质和胶黏剂的影响外，还有在胶合过程中涂胶量的多少。涂胶量过多，不但浪费胶液，增加了产品成本，而且被挤出的胶液污染指接木材表面，加速刨削刀刃变钝，还会使拼接机上积存胶黏剂使其运转受损；涂胶量不足，使指榫表面不能形成一层均匀的一定厚度的胶层，以致胶接强度下降（郝金城，1992）。

试验在端压试验过程中记载了加压前后的涂胶量和实际用胶量。加压前按照涂胶量为250g/m^{2}进行施胶，根据指榫形状计算理论涂胶量。表3-5是不同嵌合度加压前涂胶量与加压后实际用胶量的对比。

表3-5 加载前后胶黏剂用量比较

嵌合度/mm	试验号	涂胶量/g	实际用胶量/g	实际单位涂胶量/（g/m^2）
0	1	1.32	1.00	181
	2	1.32	1.02	
	平均值	1.32	1.01	
0.1	1	1.28	0.95	183
	2	1.26	1.01	
	平均值	1.27	0.98	
0.5	1	1.06	0.78	171
	2	1.06	0.78	
	平均值	1.06	0.78	

试验结果表明，在相同的涂胶量（250g/m^2）情况下，在加载之后的实际用胶量差异不显著。根据以上结果分析，涂胶量过多，在加压过程中多余的胶液将被挤出，因此指接材涂胶量只需保证在指榫表面形成一层均匀的胶层即可；增大指接的涂胶量，指接实际用胶量几乎没有提高。在后续的指接试验中，200g/m^2 的涂胶量即可满足人工林杉木的指接要求。

二、结构指接材的端压确定

（一）材料和方法

本试验所用的人工林樟子松和 EPI 胶黏剂相关信息详见第二章。

随机挑选樟子松试材 30 根，经齐边加工后以嵌合度 0、0.1mm 和 0.3mm 在铣齿机加工三种 V 型齿形试材各 10 根，指榫参数见表 3-6。铣齿后将试材截成 200mm 小段，按照相同的嵌合度进行组合。经手工涂胶后对接，在力学试验机上以 2mm/min 的加载速度纵向加压，至材料发生破坏后停止加载。试验过程参照图 3-5 执行。

表 3-6 指榫参数

嵌合度/mm	指长/mm	指顶宽/mm	齿距/mm
0	25.0	1.2	8.2
0.1	23.7	1.3	8.2
0.3	21.0	1.5	8.2

（二）不同嵌合度端压曲线的分析

在本试验研究中，嵌合度为 0、0.1mm 和 0.3mm 条件下载荷-位移曲线分别对应三种曲线类型，分别为 A 型（图 3-13）、B 型（图 3-14）和 D 型（图 3-15）。

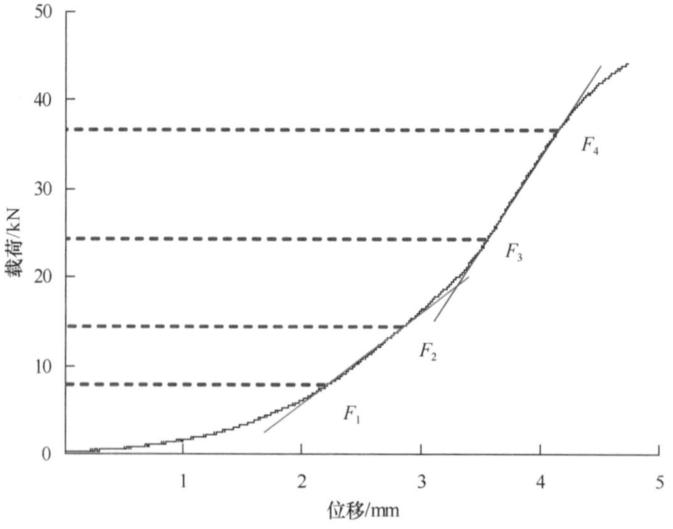

图 3-13 A 型载荷-位移曲线

在嵌合度为 0 的条件下，对应的指接端压载荷-位移曲线为 A 型，如图 3-13 所示。从曲线的变化趋势可以看出，在加载的初始阶段，载荷随位移变化缓慢。由于指榫嵌合度为 0，齿顶宽和齿底宽相同，在载荷达到 F_1 之前为指榫嵌入阶段，当指榫完全嵌合，载荷达到 F_1。继续加载时，指榫底部压力迅速增大，而位移变化较小，当载荷达到 F_2 时，指榫底部开始出现裂纹。当载荷继续增大至 F_3～F_4 范围内时，指榫顶部逐渐被压溃，进入指接木材的实木压缩阶段，指榫底部裂纹不断扩展延伸。当载荷超过 F_4 时，木材因裂纹的不断扩展而被压溃，载荷随位移增长缓慢。

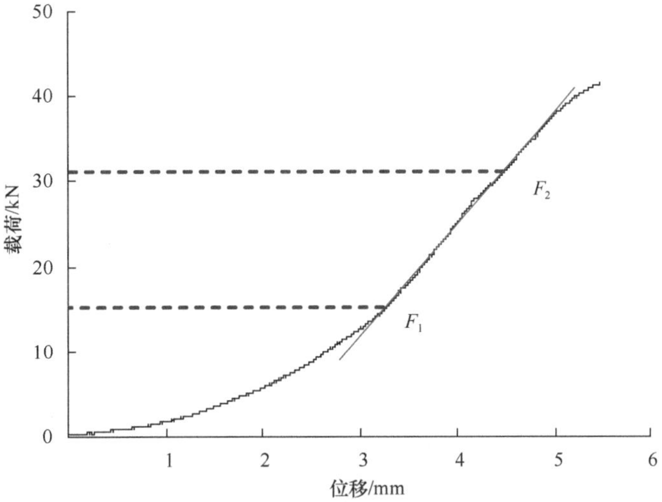

图 3-14　B 型载荷-位移曲线

在指接嵌合度为 0.1mm 的条件下，对应的指接端压曲线类型为 B 型，如图 3-14 所示。从曲线的变化趋势看，与 A 型曲线一样，在加载的初始阶段，载荷随位移变化缓慢，该过程为指榫逐渐嵌合阶段。与嵌合度为 0 的状态有所不同的是，由于存在嵌合度，指榫齿顶宽比齿底宽大 0.1mm，即齿榫在完全嵌合的状态下不能到达齿底。为了使齿榫完全嵌合，必须继续施加载荷，使齿顶木材产生一定的压缩量，对应载荷-位移曲线的状态即在到达载荷 F_1 之前，载荷随位移变化增大。当载荷达到 F_1 时，齿榫完全嵌合。继续施加载荷时，指榫底部逐渐产生裂隙，且载荷随位移变化加快。当载荷达到 F_2 时，指榫底部裂纹已发生扩展，继续加载将导致试材被压溃，载荷随位移变化逐渐缓慢。

在嵌合度为 0.3mm 的条件下，对应的指接端压曲线类型为 D 型，如图 3-15 所示。它与嵌合度为 0 和 0.1mm 条件下的曲线有着较大的差别。由于指榫嵌合度较大，齿顶宽比齿底宽大 0.3mm，在初始加载阶段，与前两种曲线类型相似，为指榫嵌合阶段，载荷随位移变化缓慢。当载荷达到 F_1 时，指榫顶部接触与之对接的指榫侧面，距离齿底有较大间隙。随着加载的继续进行，指榫顶部与指榫侧面相互挤压，产生压缩变形，载荷随位移变化速率有所增加。当载荷达到 F_2 时，指榫顶部受挤压后产生破坏，与之对接的另一指榫也在底部产生裂纹，指榫之间接近完全嵌合。当载荷增大到 F_3 时，进入指榫之间的无隙压缩阶段，此时指榫完全嵌合，载荷随位移变化继续加快，同时指榫底部裂纹逐渐扩展延伸。当载荷达到 F_4 时，试材已接近被压溃，继续加载将使试材完全压溃，载荷随位移变化逐渐缓慢。

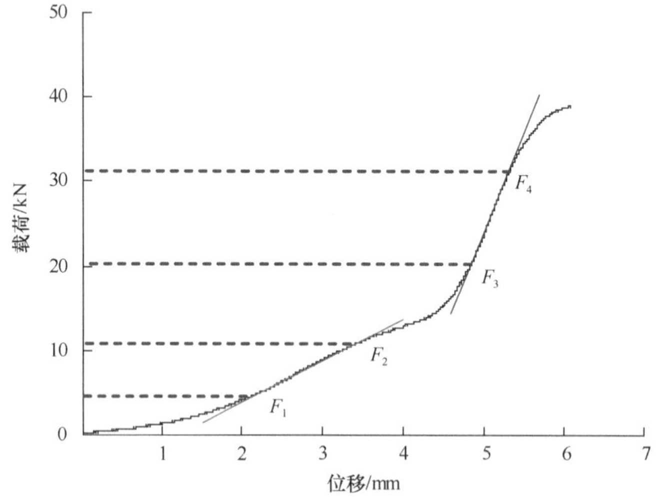

图 3-15　D 型载荷-位移曲线

根据材料截面尺寸，将指接端压试验得到的载荷-位移曲线对应的载荷临界值换算成压力值，如表 3-7 所示。从表 3-7 中可以看出，载荷-位移曲线类型并不是严格按照指榫嵌合度来划分的。如当齿榫嵌合度为 0.1mm 时，曲线类型包括 A 型和 B 型两种。这主要是由于樟子松木材密度较低时，材质较为松软，指榫齿顶在受到挤压时易产生压缩变形，特别是当嵌合度较小时（0.1mm），指榫齿顶在载荷作用下的变形导致齿顶宽与齿底宽基本相同，齿榫容易在较小载荷作用下即达到嵌合状态，这与嵌合度为 0 时指榫的受载状态基本相同，载荷-位移曲线类型也趋于相同。

表 3-7　结构用指接材指接端压临界值

嵌合度/mm	曲线类型	P_1/MPa	P_2/MPa	P_3/MPa	P_4/MPa
0	A	2.5	5.9	8.4	14.2
	A	2.3	4.8	9.4	17.5
	A	3.5	6.8	10.8	17.3
	A	2.1	4.9	7.3	13.8
	A	2.8	7.3	11.0	21.0
0.1	B	6.3	14.5	/	/
	B	6.1	12.7	/	/
	B	6.1	13.2	/	/
	B	5.5	13.9	/	/
	A	2.1	5.5	8.2	16.5
0.3	D	2.4	6.2	8.9	17.6
	D	2.7	5.7	8.6	14.6
	D	3.2	8.0	10.6	14.5
	D	2.2	5.1	9.3	14.4
	D	2.5	6.0	9.5	16.2

根据结构用指接材指接载荷-位移曲线分析结果，指榫嵌合度 0.1mm 条件下的 B 型曲线对应的指接端压上限值应为 P_1，而嵌合度为 0 和 0.3mm 条件下对应的指接端压上限值应为 P_2，超过指接端压上限值时指榫底部会开始产生裂纹。当指接材接合部位存在裂纹时，会导致材料强度的下降。特别是对于结构用指接材而言，强度是最主要的考核指标，因此不允许有影响指接材强度的裂纹存在。在确定指接端压时，不应超过其上限值。而压力下限值应不低于 A 型及 D 型曲线中的 P_1。通过以上分析可以得出结论：樟子松结构用指接材的平均指接端压范围为 2.6～5.7MPa。

主要参考文献

郝金城. 1992. 木材指接强度性能影响因素的分析. 林产工业, (3): 8-12.

何林, 李琳. 1994. 速生针叶材指接加工条件的分析. 林业科技, 19(6): 51-52.

李黎. 1996. 胶合成材. 木材工业, 10(3): 24-25.

林兰英, 傅峰. 2008. 短榫指接端压和嵌合度参数分析. 北京林业大学学报, 30(2): 138-142.

Bustos C, Beauregard R, Mohammad M, et al. 2003. Structural performance of finger-jointed black spruce lumber with different joint configurations.Forest Products Journal, 53(9): 72-76.

Erik S, Hans J, Perjohan G. 1997. Influence of defects on the strength of finger-joints. Proceedings of the 5th World Conference on Timber Engineering: 854-855.

Hideo H, Hisayoshi K, Makoto I. 1986. Strength properties of structural finger-jointed lumber (Ⅱ). Report of the Hokkaido Forest Products Research Institute.

第四章　指接工艺与性能

影响指接材强度的因素较多，为探求较佳的工艺条件，在指接端压试验确定的非结构和结构用指接材端压范围内选取三个压力水平，与选取的三个指接材嵌合度水平进行两因素三水平的全因子试验，讨论各因子对指接材强度性能的影响，通过测试指接后材料的性能和指接试件的外观质量进行综合评估，确定指接材的最佳指接工艺参数。

第一节　非结构指接材的工艺与性能

一、材料和方法

试材制备和胶黏剂选择等同第三章。指接端压根据第三章的试验结果在端压范围内取三个水平。三个水平的选取既要考虑到不同嵌合度下适宜的端压值，又要考虑到不同密度组合对端压的影响。端压的三个水平选定详见表 4-1 的试验因子水平表。

表 4-1　试验因子水平表

水平	嵌合度/mm	端压/MPa
1	0	2.3
2	0.1	5.3
3	0.5	8.3

随机选取杉木试材 270 根，按照嵌合度为 0、0.1mm 和 0.5mm 要求在铣齿机上加工成 V 型齿，每种嵌合度试材各 90 根。根据试验设计表的安排，每组试验加工指接材 15 根。指接采用手工单面涂刷胶黏剂，涂胶量以在指榫表面形成一层均匀的胶层为宜。指接的端压按照表 4-1 进行。将指接好的板条在室温下养护 48h 后截断，截断时尽量保证指接接头在试件中间位置，然后在平压刨上将试件加工成截面尺寸为 58mm×17.5mm 的标准试件。

按照 GB/T 11916—1989《指接材物理力学性能试验方法》测试指接材的密度和含水率，参照日本农业标准 JAS MAFF，Notification NO.590 测量指接材的弹性模量和静曲强度（图 4-1）。通过对比不同嵌合度和指接端压条件下指接材的弹性模量、抗弯强度，分析确定杉木指接材生产最佳的嵌合度和端压值。

二、杉木非结构指接材的性能

表 4-2 是杉木非结构指接材弯曲性能的测试结果。从组内 *T* 检验结果来看，端压的三个水平对指接材的抗弯弹性模量（MOE）的影响无差异，平均抗弯弹性模量为

10.00GPa；端压的三个水平对指接材的抗弯强度（MOR）的影响有显著差异，其中端压为 5.3MPa 时，所制备的指接材的抗弯强度最高，为 30.13MPa。嵌合度的三个水平对指接材的弹性模量和抗弯强度影响均无差异性影响。

图 4-1　指接材弹性模量和静曲强度测试过程

表 4-2　杉木指接材性能测试结果

因素	水平	试验次数	MOE/GPa		MOR/MPa	
			平均值	标准偏差	平均值	标准偏差
端压/MPa	2.3	24	10.16 A	1.57	26.09 A	7.37
	5.3	71	9.88 A	0.97	30.13 B	4.32
	8.3	21	9.97 A	0.97	28.35 AB	5.77
嵌合度/mm	0.0	24	9.96 A	0.91	30.46 A	4.34
	0.1	68	10.03 A	1.21	28.39 A	6.32
	0.5	24	10.06 A	1.04	29.12 A	3.80

注：表中平均值后的字母为 *T* 检验结果，相同字母表示统计上无差异，不同字母表示统计上有差异

表 4-3 是杉木指接材弯曲性能的方差分析。从表 4-3 结果可知，端压和嵌合度对人工林杉木指接材的抗弯弹性模量均没有显著影响，嵌合度对抗弯强度影响不显著，端压对抗弯强度有显著性影响。

图 4-2 和图 4-3 分别是端压和嵌合度对人工林杉木指接材抗弯弹性模量和抗弯强度的影响。结果表明，随着端压的增加，指接材的抗弯弹性模量变化较小，但抗弯强度随着端压从 2.3MPa 增加到 5.3MPa，抗弯强度增大，当端压进一步增加到 8.3MPa 时，抗弯强度降低。这是因为当端压增加到 5.3MPa 时，指接材的指榫结合紧密，有着较好的胶合

质量，但随着端压进一步增加，指尖压入指谷，出现指接材在指根处发生顺着纹理方向的劈裂现象。对于不同嵌合度的指接材，相同端压情况下抗弯弹性模量几乎没有差异，见图 4-2 和表 4-2。

表 4-3　杉木指接材弯曲性能的因素方差分析

指标	来源	自由度	*F* 值	显著性	指标	来源	自由度	*F* 值	显著性
MOE	端压	2	0.25	/	MOR	端压	2	5.28	***
	嵌合度	2	0.08	/		嵌合度	2	0.67	/
	误差	111				误差	111		
	合计	115				合计	115		

注：“/”表示无显著性影响；“***”表示在 0.01 水平下显著

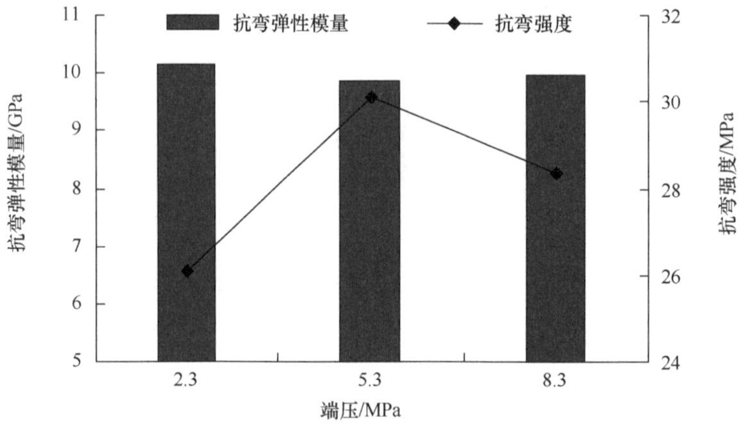

图 4-2　端压对弹性模量和抗弯强度的影响

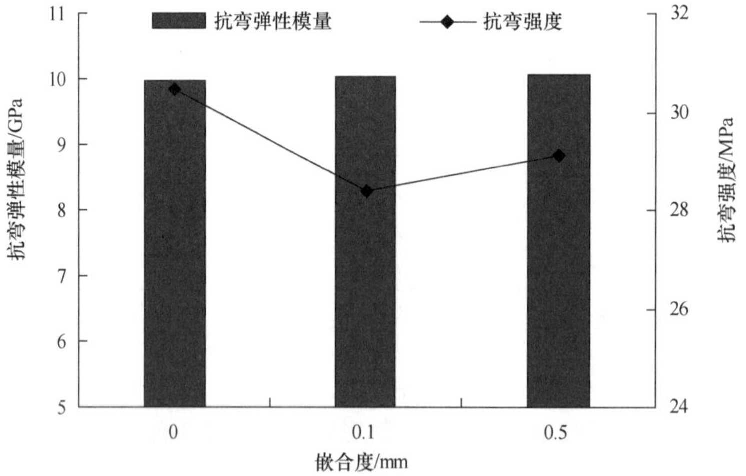

图 4-3　嵌合度对弹性模量和抗弯强度的影响

本节针对的是非结构用杉木指接材，因此，指接材的表面美观是影响产品质量的关键因素。图 4-4、图 4-5 和图 4-6 分别是嵌合度为 0、0.1mm 和 0.5mm，端压为 5.3MPa 条件下制备的指接材指接处的图片。

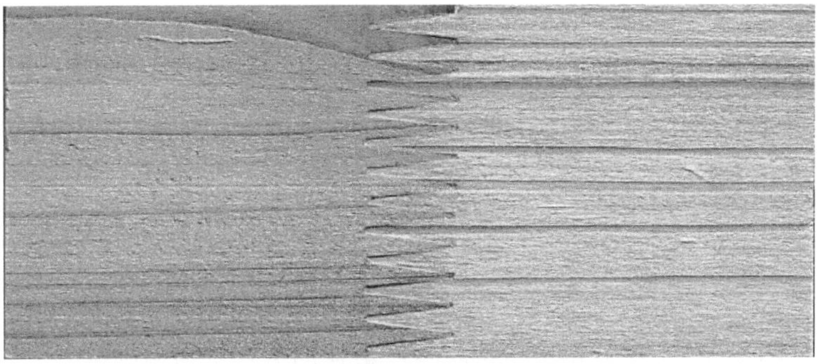

图 4-4　嵌合度为 0 的指接图片

图 4-5　嵌合度为 0.1mm 的指接图片

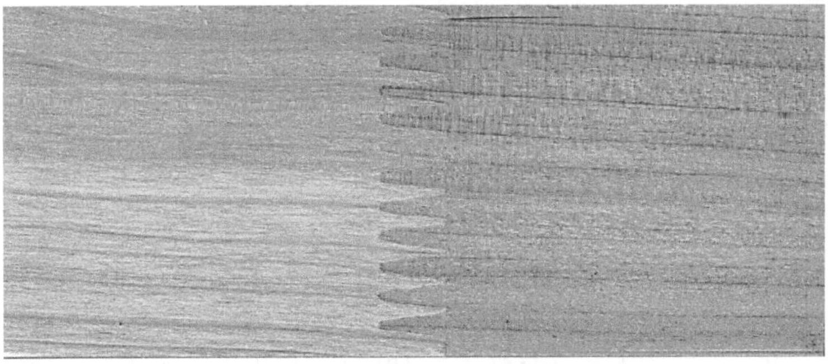

图 4-6　嵌合度为 0.5mm 的指接图片

由以上三图可见，嵌合度为 0 的指接材有明显的指尖压溃现象，破损率为 21%；嵌合度为 0.5mm 的指接材多在边缘处出现指谷劈裂现象，破损率为 54%；而嵌合度为 0.1mm 的指接材指榫完整，指接质量较好。综合以上工艺参数对指接材性能的影响和表面质量的评估，对于人工林杉木 V 型非结构指接材最佳的端压和嵌合度分别为 5.3MPa 和 0.1mm。

第二节　结构指接材的工艺与性能

一、材料和方法

试材制备和胶黏剂选择等同第三章。以端压范围上限值指接部分樟子松结构用指接材，选取 2.6MPa、3.5MPa 和 4.4MPa 三个压力水平进行指接全因子试验，因子水平表见表 4-4。试验随机选取试材 270 根，按照嵌合度为 0、0.1mm 和 0.3mm 要求在铣齿机上加工试材各 90 根。根据试验设计表的安排每组试验加工指接材 15 根，指接完成后养生 48h，然后再进行测试试件加工。按照 GB/T 11916—1989《指接材物理力学性能试验方法》测试指接材的密度和含水率，参照日本农业标准 JAS MAFF，Notification NO.590 测量指接材的弹性模量和静曲强度。按照 ANSI/AITC A190.1—2007 标准检测指接材的顺纹抗拉强度。通过对比不同嵌合度和指接端压条件下指接材的弹性模量、抗弯强度和顺纹抗拉强度，分析确定樟子松结构用指接材生产最佳的嵌合度和端压值。

表 4-4　试验因子水平表

水平	嵌合度/mm	端压/MPa
1	0	2.6
2	0.1	3.5
3	0.3	4.4

二、樟子松结构指接材的性能

表 4-5 是樟子松结构用指接材的弹性模量、抗弯强度和顺纹抗拉强度的测试结果，从测试结果可以看出，指接后材料的各项性能与对照组材料性能差异很小，说明指接有效率较高。其中抗弯弹性模量的整体指接有效率达到 97.7%，抗弯强度指接整体有效率达到 90.8%，而抗拉强度整体指接有效率达到 85.1%。

表 4-5　樟子松结构用指接材性能测试结果

端压/MPa	嵌合度/mm	数量	MOE/GPa		MOR/MPa		顺纹抗拉强度/MPa	
			平均值	标准差	平均值	标准差	平均值	标准差
2.6	0	6	12.28	1.28	64.95	12.73	26.03	2.52
	0.1	6	12.95	0.73	69.15	12.56	28.16	1.72
	0.3	6	11.27	2.01	68.30	11.35	23.58	3.05
3.5	0	6	13.42	3.05	68.40	5.99	26.42	3.72
	0.1	6	14.40	2.14	75.90	13.81	29.21	4.45
	0.3	6	13.19	1.67	69.60	7.14	28.11	4.51
4.4	0	6	11.53	0.62	59.45	9.05	28.82	0.13
	0.1	6	11.75	0.98	67.00	12.55	26.47	1.31
	0.3	6	11.57	1.16	62.45	10.43	24.29	5.92
空白样		6	12.79	3.40	74.00	1.23	31.48	1.64

从樟子松结构用指接材性能的显著性检验结果（表 4-6）可以看出，指接端压对材料的抗弯弹性模量、抗弯强度影响显著，而嵌合度及端压与嵌合度的交互作用对抗弯弹性模量、抗弯强度影响均不显著；嵌合度对顺纹抗拉强度的影响显著，而端压及端压与嵌合度的交互作用对材料的顺纹抗拉强度影响不显著。

表 4-6 指接材性能影响因素的显著性分析结果

变异来源	自由度	MOE		MOR		顺纹抗拉强度	
		F 值	显著性	*F* 值	显著性	*F* 值	显著性
端压	2	7.16	***	2.62	*	1.55	/
嵌合度	2	1.68	/	1.58	/	2.64	*
端压×嵌合度	4	0.36	/	0.11	/	1.73	/

注："/" 表示在 0.1 水平下不显著；"*" 表示在 0.1 水平下显著，"***" 表示在水平下显著

从樟子松结构用指接材性能的 *T* 检验结果（表 4-7）可以看出，不同端压条件下樟子松结构用指接材的抗弯弹性模量差异显著，而抗弯强度及顺纹抗拉强度均差异不显著；不同嵌合度条件下抗弯弹性模量、抗弯强度及顺纹抗拉强度均差异不显著。

表 4-7 指接材性能 T 检验结果

因素	水平	性能指标		
		MOE/GPa	MOR/MPa	顺纹抗拉强度/MPa
端压	2.6	12.165 B	67.467 A	25.924 A
	3.5	13.671 A	71.300 A	27.915 A
	4.4	11.618 B	62.967 A	26.524 A
嵌合度	0.0	12.411 A	64.267 A	27.089 A
	0.1	13.032 A	70.683 A	27.946 A
	0.3	12.010 A	66.783 A	25.328 A

注：表中组内平均值后字母相同表示相互差异不显著，字母不同表示差异显著

图 4-7 是端压和嵌合度对结构指接材抗弯弹性模量影响的结果。从图 4-7 可以看出，在指接端压为 3.5MPa，嵌合度为 0.1mm 的条件下，指接材的抗弯弹性模量最大。从材

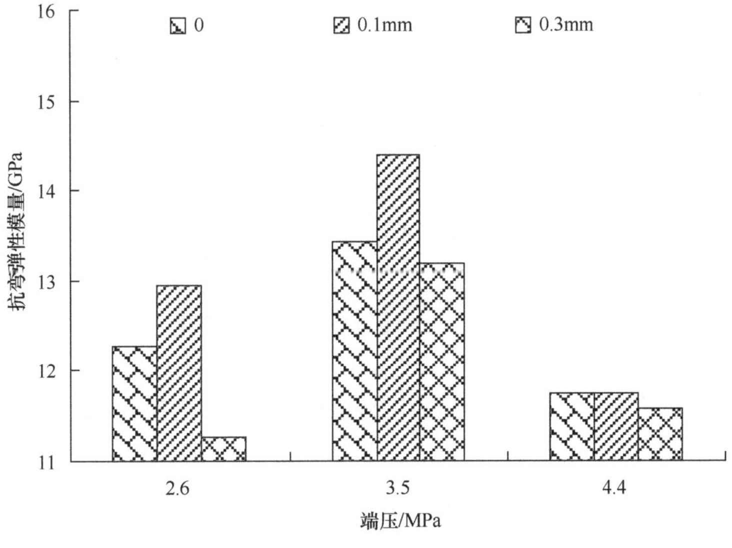

图 4-7 端压和嵌合度对指接材抗弯弹性模量的影响

料学角度来看，抗弯弹性模量可视为衡量材料产生弹性变形难易程度的指标，其值越大，使材料发生一定弹性变形的应力也越大，即材料刚度越大，在一定应力作用下，发生弹性变形越小。从指接材生产工艺来看，当指接端压或嵌合度过大时，齿榫底部产生破坏，在载荷作用下易产生弹性变形，因此指接材的弹性模量值下降。而当指接材端压或嵌合度过小时，指榫接合不牢，同样会导致指接材刚度的下降。

图 4-8 是端压和嵌合度对指接材抗弯强度影响的结果。从图 4-8 同样可以看出，指接端压为 3.5MPa，嵌合度为 0.1mm 条件下，指接材抗弯强度最大。这是因为抗弯强度是材料抵抗弯曲而不产生断裂的能力。所以当指接过程中端压或嵌合度过大时，由于指榫底部产生裂隙，在加载过程中会导致裂隙的扩展，材料的抗弯强度下降明显。而当端压过小或嵌合度过小时，虽然齿榫底部未产生裂纹，但指接材会因接合强度较低而易在指接部位产生破坏，导致材料抗弯强度的降低。

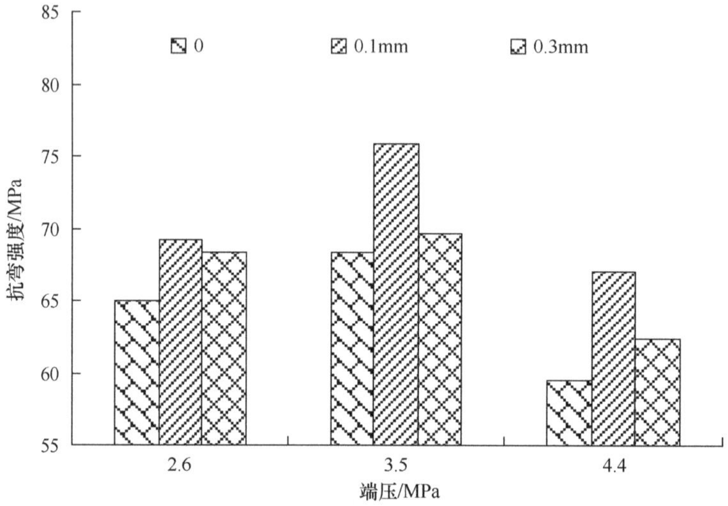

图 4-8 端压和嵌合度对指接材抗弯强度的影响

图 4-9 是端压和嵌合度对指接材顺纹抗拉强度影响的结果。从图 4-9 可以看出，不同试验条件下的指接材顺纹抗拉强度并无显著差异。这是因为影响指接材顺纹抗拉强度的主要因素是指接材的接合部位强度。当指榫因端压或嵌合度过大而导致齿榫底部产生裂纹时，裂纹并不会因为其纵向加载而不断延伸发展，因此对其最终强度也不会有很大影响。

综合以上的试验分析结果可知，在指接材端压为 3.5MPa、嵌合度为 0.1mm 时，材料强度最高，即两者为樟子松结构用指接材生产的最佳工艺参数值。

通过全因子试验确定樟子松结构用指接材最佳生产工艺参数后，根据该参数进行一组验证试验，以指接端压 3.5MPa、嵌合度 0.1mm 作为指接材生产工艺参数，利用异氰酸酯和间苯二酚两种胶黏剂生产一批樟子松结构用指接材。试验材料和性能测试方法与指接全因子试验相同。将该试验结果与全因子试验结果进行对比，验证全因子试验确定的最佳工艺参数的正确性。表 4-8 所示为验证试验的测试结果。将验证试验的测试结果与全因子试验的测试结果进行比较可知，在相同的加工工艺条件下，全因子试验测试结果与验证试验测试结果基本吻合。如材料的弹性模量测试结果，全因子试验中为14.40GPa，而验证试验中为14.07GPa，两者偏差为2.3%。同样，抗弯强度和顺纹抗拉强度方面，两组试验测试结果的偏差分别为1.4%和2.8%。均在试验允许的误差范围内。由此说明，该验证试验结果有效，同时验证了全因子试验测试结果的正确性。

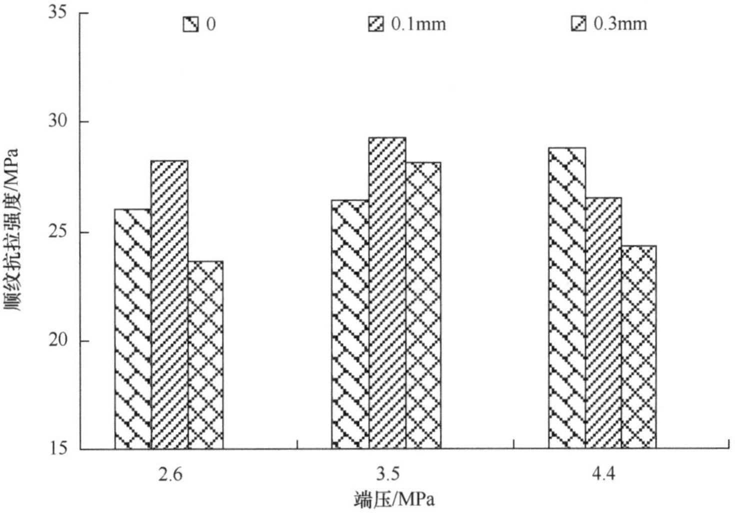

图 4-9　端压和嵌合度对指接材顺纹抗拉强度的影响

表 4-8　验证试验测试结果

胶种	端压/MPa	嵌合度/mm	MOE/GPa	MOR/MPa	顺纹抗拉强度/MPa
异氰酸酯	3.5	0.1	14.07	76.93	28.40
间苯二酚			14.21	76.47	30.83

此外，由于胶种对指接材生产工艺的选择没有影响，所以，通过试验可以同时获得利用间苯二酚胶生产的樟子松结构用指接材在最佳工艺条件下的性能。

第三节　胶种对指接材性能的影响

指接材良好的胶合强度必须要有好的胶黏剂配合，指接胶黏剂的选择要根据产品的最终用途来决定。用途规定使用环境、强度要求，因而也规定了对胶黏剂性能的要求。如何研制出适合指接生产的胶黏剂一直是许多研究工作者研究的方向，它不仅需要考虑指接后材料的强度问题，同时还要根据用途及性能要求加以区分与使用（李丽霞，1995）。指接用胶黏剂很多，常见的有聚醋酸乙烯酯（PVAc）、脲醛树脂（UF）、酚醛树脂（PF）、间苯二酚甲醛树脂（RF）、水性高分子异氰酸酯（EPI）等。通过前面的试验结果分析，用聚醋酸乙烯酯（PVAc）乳液胶黏剂进行指接后的指接材弯曲性能虽然达到了国标GB/T 21140—2007《指接材　非结构用》所要求的标准，但通过分析指接材抗弯强度试验的破坏形式和破坏曲线，发现指接材破坏发生的位置多在胶层处，属于第一、二类破坏形式，并且 PVAc 胶黏剂生产的指接材耐水性较差。

EPI 胶黏剂是以水性高分子、乳液、填料为主要成分的主剂和以多官能度异氰酸酯化合物为主要成分的交联剂所构成，两者配合产生三维交联结构。EPI 是随着指接材的发展而产生的新型胶黏剂，它在常温条件下可以快速固化，常温固化 1h 左右，可获得良好的胶合性能。它是水溶性胶黏剂，不使用有机溶剂，所以操作简单。胶层具有良好的抗热性、抗蠕变性和抗溶剂性能。它属于非甲醛系列，不产生有害气体。在中性条件下固化，不污染与损伤木材，不损伤切削刀具或砂带，可延长刀具或砂带的使用寿命。因此，本节针对非结构用指接材，对比 PVAc 和 EPI 两种无醛的冷固化型胶黏剂对指接材性能的影响。

一、材料和方法

PVAc 和 EPI 两种胶黏剂的技术参数详见表 4-9。其中，EPI 胶黏剂的主剂和固化剂的配比为 100∶15，混合后人工搅拌不少于 2min 使用，闭合陈化不超过 10min 为宜。

表 4-9　两种胶黏剂的技术指标

胶种	型号	固含量/%	pH	黏度/cps
PVAc	BT-09	25.7	4.4	8740
EPI	DYNOLINK-8000G	63.8	6.6	6750

4 种桉树试材信息详见第二章。将加工待用的 4 种桉树试件（520mm×60mm×20mm 的标准试件）两端在铣齿机上加工出嵌合度为 0.1mm 的 V 型指榫，每个试件的一端进行单面手工涂刷胶黏剂，涂胶量以在指榫上均匀的涂刷一层胶层为宜。然后每 6 个试件为一组，在指接机上指接。指接的端压为第三章第二节测得的最佳端压值。指接后的试件在室温条件下养护 48h，然后等长截断，经平刨和压刨将试件加工成截面尺寸为 58mm×17.5mm 的标准试件。

加工好的标准试件首先按照 GB/T 21140—2007 指接材质量评定标准检测指接材的表面质量和含水率，然后参照日本农业标准 JAS MAFF，Notification NO.590 标准在力学试验机上测量指接材的弹性模量和静曲强度。

二、胶种对指接材性能的影响

图 4-10 和图 4-11 分别是不同胶种的指接对抗弯弹性模量和抗弯强度的影响。如图 4-10 和图 4-11 所示，不同胶种的指接对抗弯弹性模量上没有差异，但胶种对抗弯强度的影响有显著差异。

EPI 胶指接材的抗弯强度明显高于 PVAc 指接材的抗弯强度，尤其是对于高密度、抽出物含量较高的柠檬桉，抗弯强度由 36.346MPa 提高到 57.691MPa。这是因为 EPI 主剂中含有多种活性基团，而木材本身也含有酚羟基、脂肪族羟基等活性基团，主剂中的活性基团与木材的活性基团反应，生成交联的立体网络结构，产生强力的胶接。

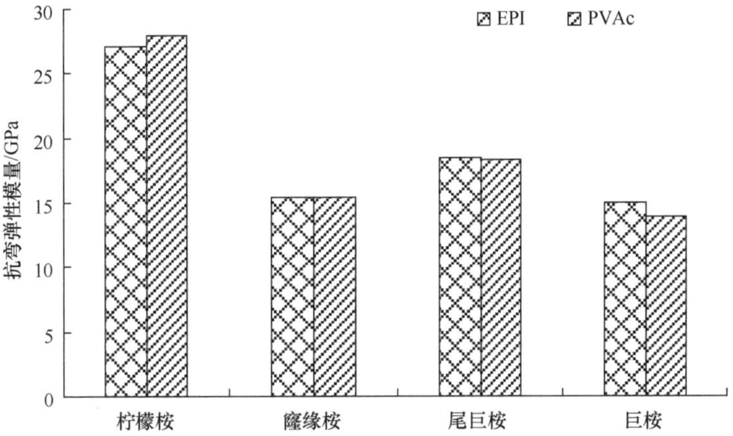

图 4-10　EPI 和 PVAc 指接材抗弯弹性模量的对比

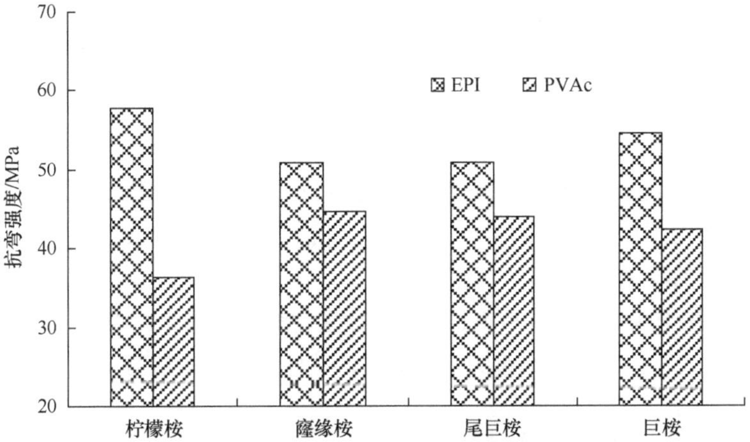

图 4-11　EPI 和 PVAc 指接材抗弯强度的对比

第四节　指型对指接材性能的影响

按照指接与板面的关系，指接材可以分为两种形式（图 1-2）：垂直型指接（V 型）和水平型指接（H 型）。垂直型指接（V 型）是以工件厚度面作为基准，刀具厚度大，使用片铣刀的数量多，铣削指榫所需的动力大；指榫加工时，沿垂直木纹理方向切削，指榫外形变化小，精度高；指接后指接条加工的切削余量小，减少木材的损失。水平型指接（H 型）是以工件宽度面作为基准，刀具厚度小，使用片铣刀数量少，铣削指榫所需要的动力小；针叶材胶合加压时，指榫根部易产生裂纹；指榫加工时，要求工件的厚度偏差小，否则指接后指接条加工的切削余量大，增加木材损失；针叶材指接加工时，指榫的加工精度低。垂直型指接和水平型指接的指接强度几乎相同，但根据实际生产试验的数据，垂直型指接的强度比水平型指接的强度大 5%左右（Janowiak et al.，1994）。

一、材料和方法

胶黏剂为双组分的水性高分子异氰酸酯（EPI），其技术参数详见表 4-9。4 种桉树试材信息详见第二章。将 4 种桉树试件按照 LY/T 1351—1999《指接材》材质标准分别挑选（表 4-10），每个树种各挑选 12 个试件。

表 4-10　试件按不同密度分组

树种	密度		含水率	
	平均值/（g/cm^3）	变异系数/%	平均值/%	变异系数/%
巨桉	0.609	8.867	9.43	4.56
窿缘桉	0.943	8.590	11.48	2.18
柠檬桉	1.014	3.057	9.80	5.51
尾巨桉	0.675	4.889	9.52	3.78

H 型铣齿刀采用德国蓝帜（Leitz）公司生产的可拆装式短齿铣刀，其指形参数与开 V 型齿的铣齿刀相同。该种铣刀可根据试件的端面尺寸进行拆装组合。由于加工待用试件的端面尺寸为 60mm×20mm，根据铣齿刀的参数，确定试件端面只能铣削出三个横齿。

将备用试件按照已经得到的最佳开齿工艺开嵌合度为 0.1mm 的 H 型齿，开齿后进行单面涂刷双组分的异氰酸酯乳液。涂胶后每 6 个试件为一组，在指接机上进行指接。端压以最优的指接工艺为准。指接后将长条试件放置室温下进行养护 48h，然后将试件等长截断、刨切成标准试件。为了与 V 型齿进行对比，试件尺寸与本章第三节尺寸保持一致。

二、指型对指接材性能的影响

图 4-10 和图 4-11 分别是不同指型的指接材抗弯弹性模量和抗弯强度的比较。由图 4-12 和图 4-13 所示，不同指型的指接对抗弯弹性模量和抗弯强度的影响均无显著性差异。试验结果表明，V 型指接材的弯曲强度略小于 H 型指接材。这是因为在试件截面尺寸为 60mm×20mm 时，开三个 H 型齿后产生的指肩面积小于开 V 型齿产生的指肩面积，这也造成了 H 型齿的胶接面积大于 V 型齿的胶接面积。另外，指肩的接合相当于木材的端接，而端接是试件接长的方法中强度最低的一种，所以指肩面积大的 V 型齿的强度低于指肩面积相对小的 H 型齿的强度。

从试件的破坏数量来看，V 型齿的未破坏率低于 H 型齿的未破坏率。试验结果表明，在相同的指接端压下，4 种桉树 H 型齿的未破坏率均高于 V 型齿，为 100%，而 4 种桉树 V 型齿的未破坏率不尽相同，最低的窿缘桉仅为 67%。以上结果说明 H 型齿的承载能力高于 V 型齿的承载能力，这是因为端接处由于指形变化较大，所以指肩处容易产生应力集中，这种应力集中使得在指榫根部产生微小裂隙破坏指接材，从而降低指接材的强度（朱焕明和鲍加芬，1994）。

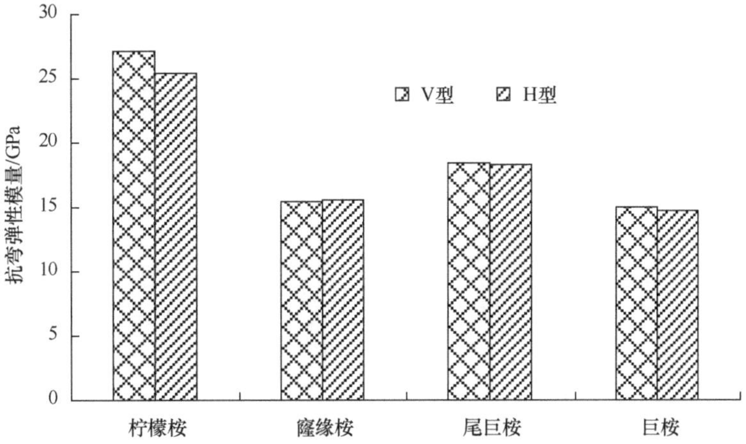

图 4-12　V 型齿与 H 型齿指接材抗弯弹性模量的对比

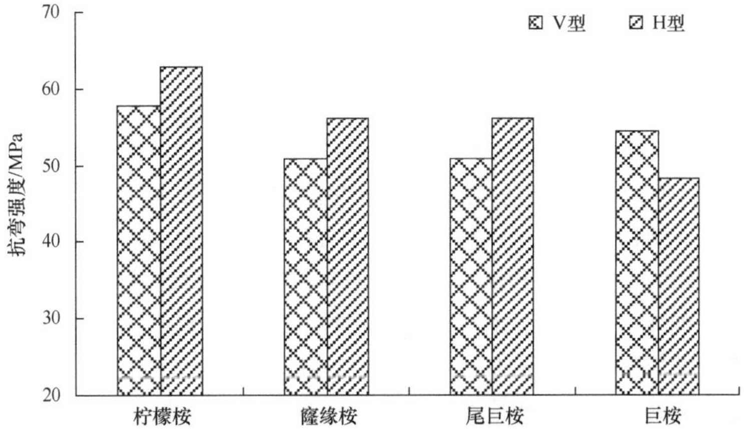

图 4-13　V 型齿与 H 型齿指接材抗弯强度的对比

第五节　指接材破坏形式分析

指接材的破坏形式一般分为两种，分别为胶层破坏和复合破坏，分别见图 4-14 和图 4-15。

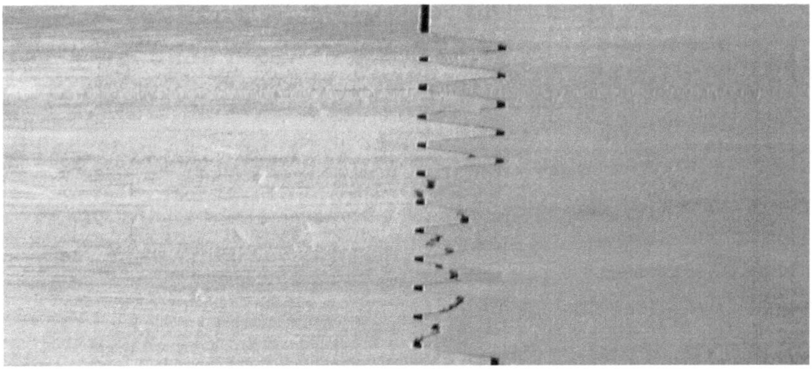

图 4-14　胶层破坏

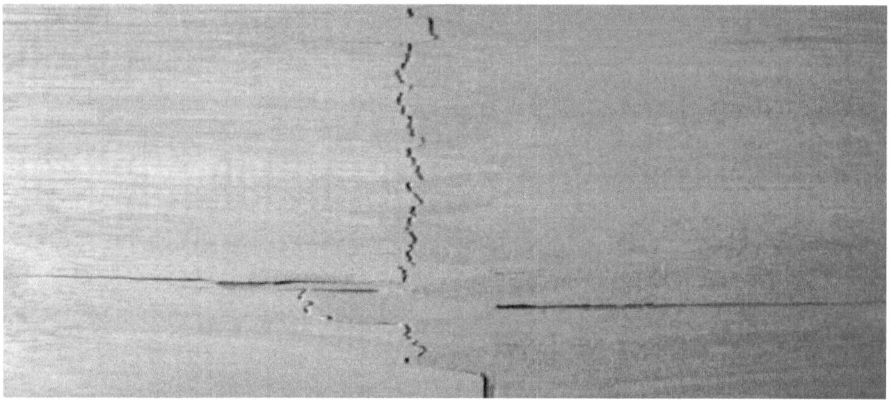

图 4-15　复合破坏

其中，胶层破坏可细分为两种，一种对于加工精度较低的试样，由于胶层过厚，强度较低，所以多数是沿着指榫形状破坏，而木材部分破坏少；另一种对于胶合情况较好的试样，一般也是沿着指榫形状破坏，但木材破坏也较多。复合破坏也可分为两种，其中多数表现为：一部分沿着指榫形状破坏，一部分木材发生破坏，另一部分在指榫根部破坏，尤其是指榫根部产生应力集中，破坏更为严重；另一种情况是指榫部位与斜纹理复合破坏，由于指接的两部分木材纹理不一致或有斜纹，或强度不一样，易发生这种破坏。

从 4 种桉树非结构指接材试件的破坏形式上看，PVAc 指接材几乎都在指接处脆断，即该指接材脆性较大。柠檬桉和窿缘桉这两种高密度指接材的破坏多为沿着指榫形状破坏，表现为胶层破坏；而密度相对较低的尾巨桉和巨桉指接材，破坏类型为复合破坏，既有一部分沿指榫形状破坏，又有一部分木材破坏。

对结构用指接材进行抗弯强度测试，也可观察到不同的破坏形式。如图 4-16 所示，在抗弯强度测试中，对 H 型指接材进行加载测试时，破坏形式主要有 A、B 两种；对 V 型指接材加载测试时，破坏形式主要为 C、D 两种。从图 4-16 中可以看出，由于木材端接强度最低，所以指接过程中指顶与指底之间的接合强度最弱，受载时破坏从齿底延伸。在破坏延伸的过程中，若指榫斜面上胶合强度小于木材横纹抗压强度时，破坏会逐渐延伸至指榫斜面上，从而造成指榫连接处的整体破坏。

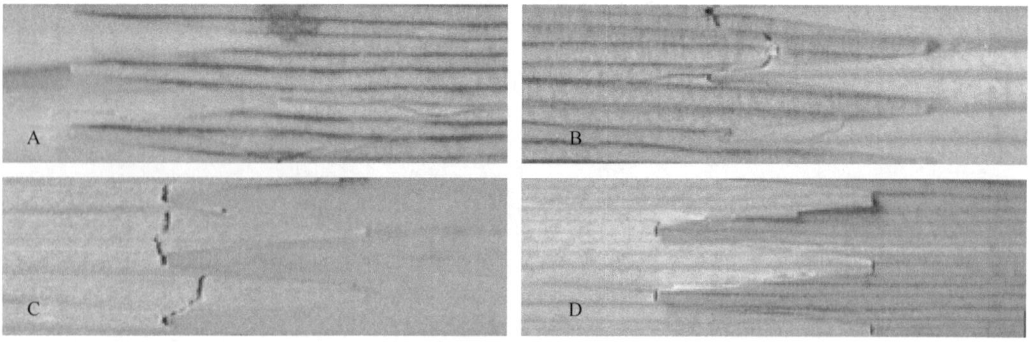

图 4-16　指接材的弯曲破坏

对结构用指接材进行抗拉强度测试时，可以观察到图4-17所示的三种不同破坏形式。其中A型破坏发生在夹头处，主要是由于材料本身强度较弱，小于指接头的抗拉强度。B、C两种类型破坏则都是从指榫底部开始延伸，主要是因为端接强度最低，受到拉伸载荷作用时，破坏首先从此处产生，当部分材料抗拉强度小于指接头处抗拉强度时，则产生B型破坏，否则破坏类型为C型。

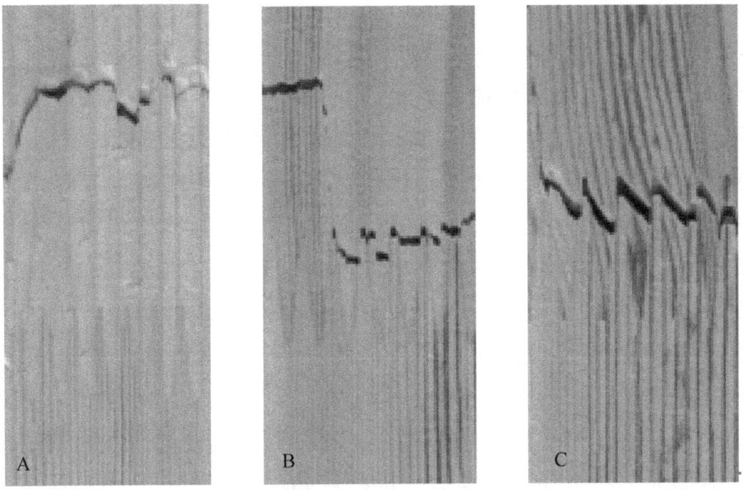

图4-17　指接材的拉伸破坏

主要参考文献

李丽霞，1995. 集成材用胶粘剂. 国外林业, 25(1): 104-109.
朱焕明，鲍加芬. 1994. 间伐小径木指接技术研究. 林业科学，30(3): 259-265.
Janowiak J J, Kessler K R, Manbeck H B, et al. 1944. Compression strength properties for two hardwood glulam materials. Forest Products Journal, 44(2): 52-64.

第五章　指接材的有限元分析

有限元分析（finite element analysis）是一种高效的数值分析方法，具有强大的力学分析研究功能，可以应用于弹性力学乃至塑性力学、静力学、动力学、固体力学、流体力学、热力学和磁力学等问题的研究中。而随着计算机技术的不断发展和普及，各种有限元法分析软件不断涌现，从早期的SAP5到当前的ANSYS都拥有众多的用户，这些软件功能强大，使用方便，适用范围广。木材作为一种各向异性的天然高分子材料，许多性质都有别于其他材料，而其力学性质更是与其他材料有着明显的差异。目前木材及其他木质材料力学性质的测定方法多集中在试验测定方面，很少对其进行软件模拟分析。因此，利用有限元法对指接材的力学性能进行模拟分析，可以为其特性测试分析提供一条新的途径，同时对指接材的生产工艺及性能研究具有重要的理论价值和指导意义。

木材作为一种具有正交各向异性的复合材料，利用建模的方法对其性能进行分析是相对困难的。有限元分析方法是应用较广的一种建模分析方法，但是国内目前应用在木材上仍然较少，大多集中在木材弯曲仿真分析（赵辉，2005）、木材断裂特性分析（郑世强等，2007）、木材的模态特性（王逢瑚等，2008）及木材的热处理（张金菊和申世杰，2006）中，且多为初步研究。然而，在其他复合材料中（杨彩云和刘海东，2009；张桂江和孙秦，2005；廖原，2007；李涛和樊庆文，2006），有限元方法的应用较多，如钢筋混凝土（周尚志等，2008）、复合材料层合板（赵国华，2005）。同为复合材料，当将有限元分析方法引入木材中时，可以借鉴其在其他复合材料中的应用，对材料的力学性能通过建立模型的方法进行定性分析。

本章通过利用有限元分析软件建立樟子松结构用指接材的端压、抗弯弹性模量及抗弯强度测试模型，用于模拟预测了樟子松结构用指接材指接端压的取值范围及不同嵌合度条件下指接材抗弯弹性模量和抗弯强度值。

第一节　木质材料有限元模型

木材具有各向异性、黏弹性等特点，受短期载荷作用时，其材料特性可看作为线弹性。但实际上其力学性能是随着加载时间、加载速度和含水率变化的。一般情况下，木材的线弹性假设只适合于小变形情况下的模拟分析。

木材的各向异性体现其在纵向、弦向和径向性能存在差异。研究分析表明，木材在纵向和弦向拉伸时，表现出线性特征；而当受压或剪切载荷作用时，表现出显著的非线性。这种非线性特性给木材或木质材料的有限元模型建立增加了难度。

一、木质材料的有限元模型

利用有限元法对木质材料进行建模分析时，大多采用平面应力或平面应变假设，但只能研究材料二维方向上的应力状态。如 Cabrero 和 Gebremedhin（2009）在对木桁架的金属连接板的刚度进行预测时提出的有限元模型，就是一种基于平面应变状态下的二维有限元模型。这类模型不能实现木质材料三维方向的性能模拟，且在受压等载荷条件下，材料的非线性特征不能得到体现。针对这些问题，许多学者提出了木质材料的三维非线性有限元模型。

（一）Ala Tabiei 模型

Ala Tabiei（Tabiei and Wu，2000）模型是基于三个假设而提出的。首先是将木材理想化为一种三维方向上均质的正交各向异性材料，其径、弦向性能相同，而方向与纹理方向垂直；其次是将木材看作为一种连续介质；最后假设木材中没有生长缺陷，纹理通直，与木材纵向平行。

Ala Tabiei 模型是一种三维非线性正交各向异性有限元模型。利用载荷增量法和曲线拟合技术来模拟木材的非线性特征，通过定义非线性参数来控制材料在达到屈服点后的刚度变化，同时考虑木材应变速率这一动态特性。可以有效模拟受压或受剪切载荷作用时木材的非线性变化，获得材料在加载状态下的三维应力分布情况。

为了验证该模型的可靠性，进行了径-纵向平面剪切、偏轴单向压缩和不同应变速率下的径向压缩三个试验。试验结果表明，只要选取合适的木质材料非线性参数，该模型可以模拟出性能曲线，即可以对木材的非线性特征进行有效模拟。

（二）Moses 模型

Moses 和 Prion（2004）同时考虑了材料的正交各向异性弹性、各向异性塑性，提出了一种适于木质复合材料的有限元模型，可用于预测木质材料受压状态下的非线性变形及其脆性断裂。

应用该三维有限元模型对木片层积材（laminated strand lumber，LSL）的剪切强度和单螺杆连接强度进行分析时，可以获得材料的载荷-位移图、最终强度以及破坏形态。与实验室测试结果对比发现，该模型可以很好地模拟木质复合材料的性能，可用于研究单板排列方向对 LSL 性能的影响并找出最优的组合方式；此外，还可分析用材树种的变化对 LSL 性能的影响。

（三）Serrano 模型

Serrano 模型（Serrano，2001）同样是一种三维非线性有限元模型，可用于分析螺栓与木材连接时的胶层性能、尺寸效应以及不同载荷条件下螺栓拉伸破坏性能。Serrano 模型主要考虑了断裂能、几何尺寸、加载条件对螺栓拉伸破坏载荷的影响。

（四）Davalos 模型

Davalos 等（1995）提出了受层状剪切载荷作用梁（beams with layerwise constant shear，BLCS）的有限元分析模型，该模型可以准确预测纤维增强复合材料增强木梁组成的平面桁架性能。

（五）胶层模型

许多材料在相互连接时都需要使用胶黏剂，而黏接接头的强度与许多因素有关。例如，胶黏剂特性、胶层厚度、黏接物类型、接头几何尺寸、固化工艺参数、内应力、加载条件等均对黏接接头的强度有显著影响（游敏等，2000）。

针对钢材的胶接，郑小玲等（2004）运用弹塑性三维有限元法研究了胶层厚度对承受拉伸载荷的对接接头胶层内应力分布的影响。数值分析结果表明，胶层厚度为 0.15mm 时，其边缘峰值应力最低。

在实际生产和使用过程中，胶接接头经常承受拉伸剪切应力。因此卢志国等（2009）研究了钢板胶接结构中胶层尺寸对承受拉伸剪切载荷的单搭胶接接头性能的影响。结果表明，随着胶层厚度的增加，胶接件的承载能力呈先升后降的趋势，合理的胶层厚度应为 0.3～0.5mm；而增加搭接区域胶层的长度或宽度，会提高胶接件的承载能力。

在木质材料的有限元法分析过程中，由于胶层厚度很小（0.1mm 左右），所以大多数情况下并不考虑胶层的影响。特别是脆性胶，由于性能与木材类似，所以多不考虑胶层厚度的影响。但是，国外也有学者针对胶黏剂特性、胶层脆性等因素建立模型进行分析。

Serrano（2004）提出了一种木材的胶层模型，将胶层分为胶层和胶合界面两部分（图 5-1），胶合界面的厚度很小，在分析过程中忽略不计。该模型可以分析材料三维方向上的性能，获得影响胶层破坏的三个主要参数（剪应力 τ_{xy}、τ_{yz} 和正应力 σ_y）的变化情况，从而模拟胶层中的裂纹扩展。利用该模型分析 4 种不同胶合试件的强度时发现，试件类型和胶黏剂性能，如胶黏剂强度、断裂能对胶层强度的预测结果影响最为显著。由于该模型只能对单一厚度的胶层性能进行模拟，所以不能分析胶层厚度对胶合性能的影响。

二、破坏准则

在载荷作用条件下，有限元模型对材料的应力状态分析至关重要，但材料是否已失效破坏则需要用破坏准则进行判定（Tabiei and Wu，2000）。因此在利用有限元法对材料性能进行分析时，选择合适的材料破坏准则可使分析结果更为准确。

目前，应用在木材或正交各向异性材料中的破坏准则有断裂力学准则、最大应力或应变准则和破坏面准则等。

（一）断裂力学准则

该准则只适合于对材料厚度方向上受均布应力条件下的木材破坏的判定。可以预测

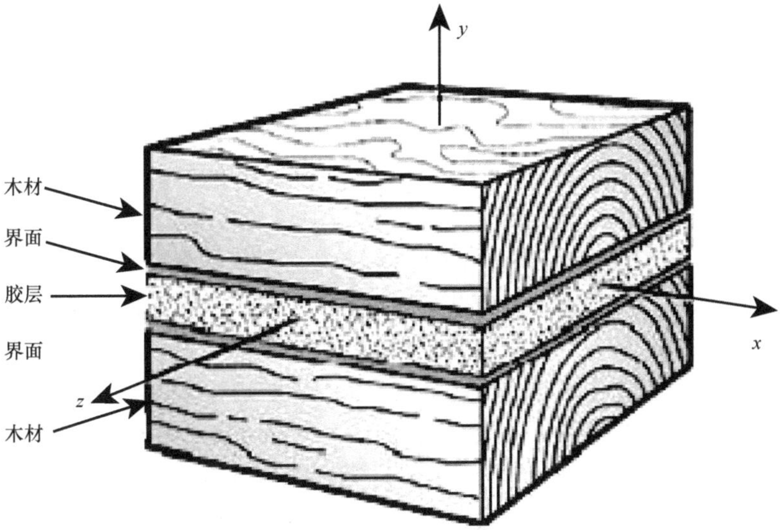

图 5-1　胶合木材胶层结构

木材在均布应力场中单条裂纹的扩展，而对混合型断裂条件下的木材破坏很难用该准则来判定（Smith and Hu，1994）。

（二）最大应力或应变准则

最大应力或应变准则是最简单的一种破坏准则。即假定材料在单方向载荷作用条件下，当超过某个应力或应变极限值时即产生破坏。对于各向同性材料，该极限值在各个方向上都是相同的，而各向异性材料则各方向上不尽相同。当材料在载荷作用条件下，存在应力相互作用时，利用该准则并不能对材料破坏进行准确判定，因此该准则多用于材料受单轴应力时的破坏判定（Rowlands，1985）。

（三）Tsai-Wu 准则

正交各向异性材料的破坏可以利用 Tsai-Wu 准则进行判定。根据多项式（5-1），若 $f(\sigma_k)$ 值大于 1，可判定材料发生破坏。其中 F_i 和 F_{ij} 值在材料受压或受拉条件下有所不同。F_i 值可以通过材料的单轴方向强度测试获得，而 F_{ij} 则由于材料的变异性很难通过试验测定，在一定程度上缩小了该准则的应用范围。有研究者将 F_{ij} 取 0，在这种情况下，该准则在二维有限元模型分析是可行的，但在三维模型中却不适用（Nahas，1986）。

$$f(\sigma_k) = F_i\sigma_k + F_{ij}\sigma_k\sigma_k = 1 \tag{5-1}$$

式中，σ_k 指材料的应力向量；F_i、F_{ij} 指材料特性的强度张量；式中 i，j，$k=1$，2，3，…，6。

（四）Weibull 准则

Weibull 准则在木材的破坏判定中得到了广泛的应用。由于木材或其他脆性材料可能在未达到最大破坏应力时，因试件中存在缺陷而发生破坏，所以 Weibull 准则考虑了材料的非最大应力下的失效概率，使材料破坏预测更准确（Tsai and Wu，1971）。

三、木材弹性常数的测定

弹性模量和泊松比是表征材料力学行为的两个重要参数。利用有限元分析软件对指接材性能进行模拟分析时，需要用到木材三个方向的弹性模量、剪切弹性模量、泊松比等相关参数，它们可以依照相关标准或测试方法测试得到。

现有国家标准 GB/T 1943—2009《木材横纹抗压弹性模量测定方法》和 GB/T 15777—1995《木材顺纹抗压弹性模量测定方法》可以测量木材三个方向的抗压弹性模量值。但由于要求的测试试件尺寸较大，在测量木材顺纹方向的弹性常数时试件容易制作，但在横纹方向测量时，试件制作困难，因此多采用其他方法进行测量。

单桂芳等（2006）分析了在材料弹性行为研究中发展起来的各种弹性常数测试方法，主要有机械方法、声学方法和光学方法三类。不同的测试方法具有不同的优缺点。机械测量法在常温下操作简单方便，如电测法，其灵敏度高，并且可以在应变仪上直接读出应变数据或绘出应力应变曲线。声学方法的缺点主要是非金属材料的声阻和内阻尼较大，使得声速和振动测试都比较困难，同时，声学方法虽然不会破坏材料的表面状态，但也不能判断材料从弹性到塑性形变的转折点，不能保证测试在弹性极限范围内进行。而光学方法则以弹性力学中板和梁的纯弯曲理论为基础，从干涉图形中推测泊松比，虽然测试精度较高，但是成本也较高。

目前，在测定木材及木质材料的弹性常数过程中，多采用电测法进行。王正和王志强（2004）应用电测法测试了竹质材料的弹性模量 E 和泊松比 μ。

四、有限元法分析软件

随着有限元法的不断发展和应用范围的不断扩大，有限元分析软件也得到了快速发展。ANSYS、ADINA、ABAQUS、MSC 是应用较多的几种，而 ANSYS 又是其中应用最广泛、功能最强大的一种。

ANSYS 是融结构、热、流体、电磁、声学于一体的大型通用有限元分析软件，具有强大的有限元分析及前后处理功能，广泛应用于核工业、铁道、石油化工、航空航天、机械制造、能源、汽车交通、国防军工、电子、土木工程、生物医学、水利、日用家电等一般工业产品的分析及科学研究，在行业内具有很高的认知度和影响力。该软件自 1971 年面市至今，其版本一直在不断更新，功能不断增强。早期版本仅提供结构线性分析和热分析，现在已发展为集结构、热、流体、电磁、声学的多物理场耦合分析于一体的多功能分析软件。在结构分析中，ANSYS 可以进行线性及非线性结构静力分析、线性及非线性结构动力分析、线性及非线性屈曲分析、断裂力学分析、复合材料分析、疲劳分析及寿命估算、超弹性材料分析等，其中非线性包括几何非线性、材料非线性、接触非线性及单元非线性，同时还提供设计优化、概率设计、二次开发平台等先进技术，是现代工程设计和科学研究必不可少的有力工具（胡于进和王璋奇，2009）。

五、指接材的有限元分析

目前，对指接材的性能检测大多采用试验测试方法进行，这种方法对材料的浪费严重，而通过建立有限元模型对指接材的性能进行模拟分析，不仅可以预测指接材的性能，还能获得材料整体的应力分布状态和变形状态，实现性能预测的可视化。

首先，针对指接材生产过程中影响产品质量的一个重要因素——端压，通过建立不同指接齿形参数下的指接材有限元模型，在施加一定的端部压力条件下利用 ANSYS 有限元分析软件模拟出载荷-位移曲线，由此确定适宜指接材生产的端压范围。

其次，在指接材生产完成后，可利用有限元分析软件模拟指接材的部分力学性能，如弹性模量、抗弯强度等。在对指接材性能进行有限元模拟分析时，按照现行指接材性能测试标准要求，建立相应尺寸指接材性能测试试件的有限元模型，利用加载后获得的模拟试件的应力、变形云图及相应的载荷-位移关系、应力-应变曲线等相关输出结果，模拟出指接材性能测试结果。

通过将有限元软件模拟分析的结果与传统试验方法测试的结果进行对比，获得两者之间的相关性，从而判断有限元法用于指接材性能预测的可靠性。

第二节　木材力学参数测定

力学参数是区分材料类型和把握材料性能的重要指标。不同的材料都有其不同的材料力学参数，在对材料性能进行模拟分析时，必须首先确定材料类型，了解材料力学参数。

木材是一种生物材料，其独特的组织构造特征决定了它的各向异性。木材逐年分生的同心圆状年轮层赋予木材圆柱对称性，使其成为柱面对称的正交各向异性材料。木材的这种正交各向异性表现在力学性质方面，如弹性、强度等。将正交对称原理应用于木材，并将木材的三轴（纵向、弦向和径向）近似当作相互垂直的弹性对称轴，这样就能应用正交对称原理研究木材的力学性能（尹思慈，2002）。

本章利用有限元分析软件对樟子松结构用指接材的力学性能进行模拟分析时，需要了解樟子松木材的相关力学参数，如三个方向上的弹性模量值 E_L、E_R、E_T，剪切弹性模量 G_{LR}、G_{LT}、G_{RT} 和泊松比 μ_{LR}、μ_{LT}、μ_{RT}。在本节研究过程中，采用电测法测定樟子松木材三个方向上的抗压弹性模量 E_L、E_R、E_T 和泊松比 μ_{LR}、μ_{LT}、μ_{RT} 及剪切弹性模量 G_{RT}、G_{LR}、G_{LT}，通过变跨距三点弯曲试验方法测定其剪切弹性模量值 G_{LR}、G_{LT}（L 为纵向、R 为径向、T 为弦向，RT 为横切面、LR 为径切面、LT 为弦切面）。

一、电测法测定木材力学参数

电测法是将物理量、力学量、机械量等非电量，通过敏感元件感应并转换成电量，然后通过应变测量设备（如电阻应变仪）进行测量的一种试验方法，可用于验证材料力学的理论、测定材料的机械性能。

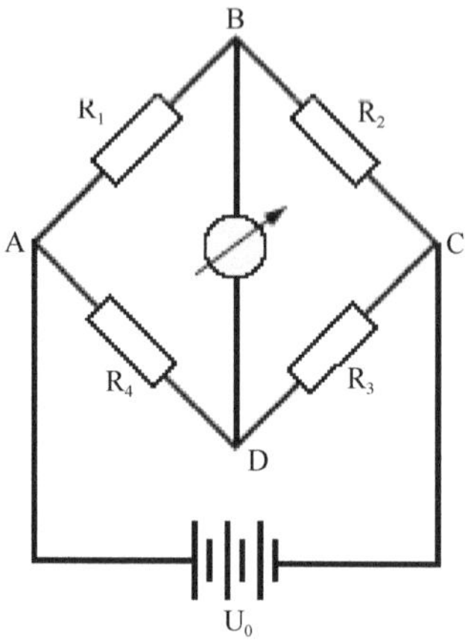

图 5-2　桥式电路图

采用电测法测定木材弹性参数时，需使用电阻应变片。应变片分丝式和箔式两大类，丝绕式应变片是用 0.003～0.01mm 的合金丝绕成栅状制成，箔式应变片则是用 0.003～0.01mm 厚的箔材经化学腐蚀制成栅状，其主体敏感栅实际上是一个电阻。应变片在感受构件的应变时（称作工作片），其电阻同时发生变化。

试验采用BX120-3AA-2型应变片，灵敏系数为2.06～2.12，敏感栅面积为 3mm×2mm。将应变片粘贴在被测材料表面，与静态电阻应变仪（HPJY16-B 型）连接成测量电路。测量电路有很多种，其中桥式测量电路（图 5-2）是最常用的。

典型的组桥方式包括单臂、半桥和全桥三种连接。其中单臂测量电路中只有一枚工作片 R_1 接在 AB 桥臂上。其他 3 个桥臂的电阻片为应变仪的内接电阻，不参与变形，应变为零。测量结果代表被测点真实工作应变。在本节的试验过程中采用单臂连接方法进行测量。应变片与应变仪之间的连接方法如图 5-3 所示。

木材的主要弹性常数包括：弹性模量 E_L、E_R、E_T 和泊松比 μ_{LR}、μ_{LT}、μ_{RT} 及剪切弹性模量 G_{RT}、G_{RT}、G_{LT}。

试样所测树种为樟子松木材，尺寸规格为 20mm× 20mm×30mm（长×宽×高），高度方向为顺纹方向，横纹（径向、弦向和年轮 45°方向）试样各 8 个。从应变片布置图 5-4 可以看出，A 型试件可测量出樟子松木材的 E_L、μ_{TL} 和 μ_{RL}，B 型试件可测量出弹性常数 E_R、μ_{TR} 和 μ_{LR}，C 型试件可测量出弹性常数 E_T、μ_{RT} 和 μ_{LT}，D 型试件可测量出弹性常数 G_{RT}（李雪梅，2009）。

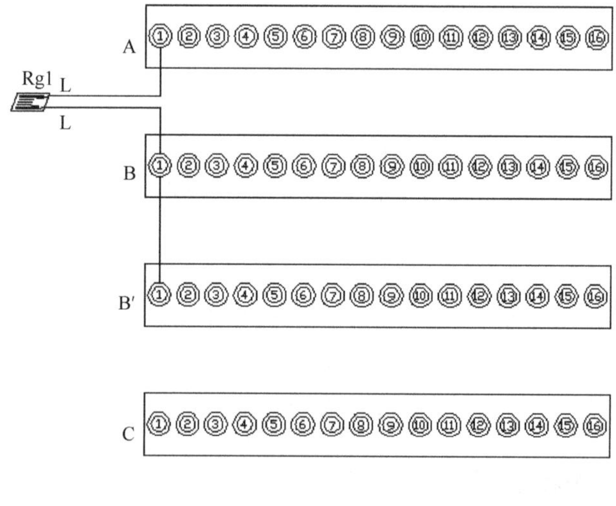

图 5-3　单臂测量应变片接法

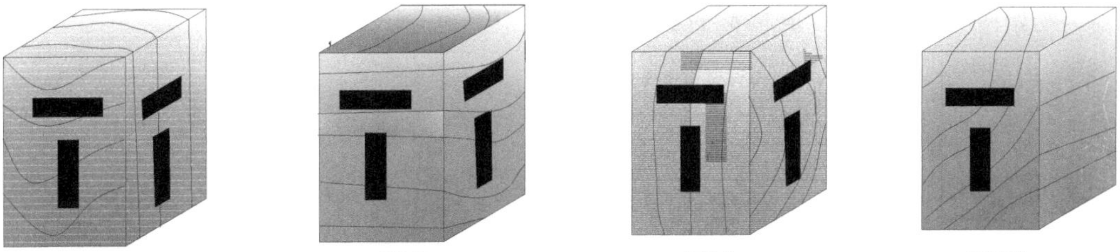

A型试件　　B型试件　　C型试件　　D型试件

图 5-4　应变片布置图

测试过程中，将应变片粘贴在测试试件规定方向上，应变片触角用点焊与电阻应变仪导线焊接，连接成单臂桥式测量电路。在力学试验机对试件进行加载，测量不同载荷条件下应变片的应变量。加载前预先调整应变仪相关设置，确保应变片连接通道畅通，记录应变仪上的初始读数。同时，为保证试件在线弹性范围内对试件进行加载，取若干试件在力学试验机上进行压缩试验，通过其载荷-位移曲线确定试件不同方向上的弹性区间，如图 5-5 所示，顺纹方向加载时，载荷达到力学试验机的加载极限时仍未产生屈服，其弹性区间较大，因此可选取试件顺纹方向加载范围在 500～2000N，加载等级为 500N 左右。试件横纹方向加载（径向与弦向）时，在载荷为 3kN 附近即产生屈服，弹性区间较小，因此选取横纹方向加载范围在 300～1500N，加载等级为 300N 左右。

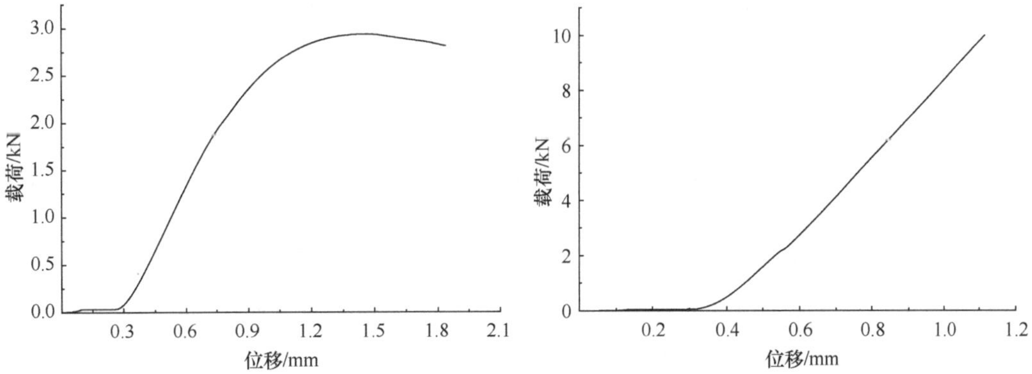

(a) 横纹方向　　(b) 顺纹方向

图 5-5　樟子松木材压缩载荷-位移曲线

此外，由于试验装置和安装初始状态的不稳定性，压缩曲线的初始阶段往往是非线性的。为减少测量误差，试验宜从初始载荷 P_0 开始，$P_0 \neq 0$，之后分三步进行加载，记录每一步载荷条件下不同应变片的应变值（王丽宇等，2003）。

（1）弹性模量

测试完成之后，根据式（5-2）计算樟子松木材的弹性模量值。

$$E = \frac{\Delta\sigma}{\Delta\varepsilon} = \frac{P_n - P_0}{A(\varepsilon_n - \varepsilon_0)} \tag{5-2}$$

式中，E 为弹性模量；$\Delta\sigma$ 为应力；$\Delta\varepsilon$ 为应变；P_n 为末载荷；P_0 为初始载荷；ε_n 为末应变；

ε_0为初始应变；A为试样的横截面积。

（2）泊松比

樟子松木材的泊松比值计算公式如下：

$$\mu = -\frac{\Delta\varepsilon'}{\Delta\varepsilon} \tag{5-3}$$

式中，$\Delta\varepsilon'$、$\Delta\varepsilon$分别为横向和轴向应变增量。

（3）剪切弹性模量 G_{TR}

樟子松木材的剪切弹性模量值G_{TR}计算公式如下：

$$G_{TR} = \frac{\Delta P_{45}}{2A(\Delta\varepsilon_x - \Delta\varepsilon_y)} \tag{5-4}$$

式中，G_{TR}为樟子松木材径弦向剪切弹性模量值；ΔP_{45}为载荷-应变曲线上初始直线段的载荷增量；$\Delta\varepsilon_x$为与ΔP对应的沿试样轴线方向的应变增量；$\Delta\varepsilon_y$为垂直于试样轴线方向的应变增量；A为试样的横截面积（王丽宇等，2003）。

（4）剪切弹性模量 G_{LT}、G_{LR}

根据木材的纹理构造特征，在LT及LR面内无法锯制出45°偏轴试件，因此其剪切弹性模量值G_{LT}和G_{LR}则不能用电测法测得。必须通过其他方法进行测量。

测定材料剪切弹性模量的方法有很多，如45°偏轴压缩试验法，剪切弹性模量G_{TR}就是基于这种方法完成的。但在其他两个平面上，由于无法锯制出45°偏轴试件，所以剪切弹性模量值G_{LR}、G_{LT}不能通过这种方法进行测定。周海宾等（2007）则通过测试木质复合板振动中弯曲模态和扭转模态下的两个频率来预测木质复合板的弯曲弹性模量和剪切弹性模量，这种测试方法称为扭弯法，适用于木质复合板剪切弹性模量的测定。此外还有轨道剪切法、圆轴长杆扭转试验法、变跨距三点弯曲试验法（徐曼琼和鹿振友，2003）等，均可用于测量复合材料的剪切弹性模量。其中变跨距三点弯曲试验法操作方便，适用于木材剪切弹性模量值的测量。

本节采用变跨距三点弯曲法测定樟子松木材剪切弹性模量值G_{LR}、G_{LT}。根据该测试方法要求，试件的跨度l和高度h比应在5.5～20取值。因此在试验过程中，选择240mm、210mm、180mm、150mm、120mm 5种跨距进行三点弯曲试验，通过弦向加载得出G_{LT}，径向加载得出G_{LR}。根据不同跨距下材料的抗弯弹性模量值，剪切弹性模量可用式（5-5）求出。

$$G = \frac{1.2\Delta\left(\frac{h}{l}\right)^2}{\Delta\left(\frac{1}{\mathrm{MOE}}\right)} \tag{5-5}$$

式中，$\Delta\left(\frac{h}{l}\right)^2$、$\Delta\left(\frac{1}{\mathrm{MOE}}\right)$为两次测量的差值。

二、电测法试验结果分析

利用力学试验机对 A、B、C、D 4 种类型试件（图 5-4）进行加载测试，在静态电阻应变仪上获得试件上应变片不同载荷条件下的应变值，利用计算公式计算出樟子松木材的 10 个弹性常数值。试验结果如表 5-1 所示。

表 5-1　樟子松弹性常数测试试验结果

序号	弹性常数值									
	E_L/MPa	μ_{LR}	μ_{LT}	E_T/MPa	μ_{TR}	μ_{TL}	E_R/MPa	μ_{RT}	μ_{RL}	G_{RT}/MPa
1	9315	0.437	0.601	458.9	0.291	0.032	898.8	0.817	0.053	45.33
2	9761	0.458	0.543	446.7	0.319	0.026	822.2	0.798	0.058	50.77
3	9442	0.642	0.573	473.6	0.316	/	800.2	0.788	0.052	49.93
4	9460	0.448	0.525	478.5	0.374	0.031	839.5	0.802	0.052	43.46
5	9350	0.475	0.515	430.3	0.355	0.028	861.8	0.83	0.052	36.69
6	8081	0.427	0.536	466.6	0.358	0.040	809.2	0.611	0.050	43.16
7	8533	0.54	0.558	459.7	0.269	0.039	821.2	0.745	0.055	42.01
8	9874	0.458	0.622	495.1	0.420	0.034	815.3	0.734	0.052	/
9	8783	0.393	0.545	468.7	0.319	0.037	815.9	0.762	0.056	/
10	9111	0.437	0.564	426.4	0.348	0.030	/	/	/	/
平均值	9171	0.472	0.558	460.5	0.337	0.033	831.6	0.765	0.053	44.48
标准差	558	0.071	0.033	21.3	0.043	0.005	31.0	0.066	0.003	4.82
变异系数	6.08	15.03	5.98	4.62	12.89	14.77	3.73	8.64	4.69	10.84

根据木材学中对木材各弹性常数的研究结果，木材纵向弹性模量远大于横向，横向弹性模量中径向大于弦向。针叶树材 E_R/E_T=1.8、E_L/E_R=13.3、E_L/E_T=24；阔叶树材对应模量比值分别为 1.9、9.5 和 18.5。木材的泊松比均小于 1，与其他材料相比数值较大（尹思慈，2002）。而木材在横向受力时，纵向的泊松比远小于其他泊松比，并以弦向受力时的泊松比 μ_{TL} 为最小。泊松比的大小有以下关系，$\mu_{RT}>\mu_{LT}>\mu_{LR}$，三者比值针、阔叶材并无显著差异，约为 1.6∶1.3∶1。

从表 5-1 可以看出，樟子松木材 E_R/E_T=1.81、E_L/E_R=11.03、E_L/E_T=19.92；$\mu_{RT}:\mu_{LT}:\mu_{LR}$=1.62∶1.18∶1；与木材学中所述的比例关系基本相符。此外，测试结果间的变异系数在试验允许的范围内，说明试验结果有效。

此外，根据复合材料力学理论，正交各向异性材料的弹性常数之间应该满足马克斯韦尔定理，即

$$\mu_{ij}<\left(\frac{E_i}{E_j}\right)^{\frac{1}{2}} \tag{5-6}$$

将试验测试结果代入进行检验：$\mu_{LR}=0.472<\left(\dfrac{E_L}{E_R}\right)^{\frac{1}{2}}=3.32$

$$\mu_{\mathrm{LT}}=0.564<\left(\frac{E_{\mathrm{L}}}{E_{\mathrm{T}}}\right)^{\frac{1}{2}}=4.46$$

$$\mu_{\mathrm{TR}}=0.337<\left(\frac{E_{\mathrm{T}}}{E_{\mathrm{R}}}\right)^{\frac{1}{2}}=0.74$$

$$\mu_{\mathrm{TL}}=0.033<\left(\frac{E_{\mathrm{T}}}{E_{\mathrm{L}}}\right)^{\frac{1}{2}}=0.22$$

$$\mu_{\mathrm{RT}}=0.765<\left(\frac{E_{\mathrm{R}}}{E_{\mathrm{T}}}\right)^{\frac{1}{2}}=1.35$$

$$\mu_{\mathrm{RL}}=0.053<\left(\frac{E_{\mathrm{R}}}{E_{\mathrm{L}}}\right)^{\frac{1}{2}}=0.30$$

从检验结果可以看出，试验测试结果满足马克斯维尔定理，说明将木材看作一种正交各向异性材料是合理的。在试验过程中，由于试件按照材料密度，在平衡含水率条件下进行均匀取样，所以测试结果可代表樟子松木材平均密度条件下的弹性常数值。

综合以上的分析可知，经电测法可有效测量樟子松木材各向弹性模量和泊松比值，测试结果是可靠的，可以用于分析研究樟子松木材的力学行为。

三、变跨距三点弯曲试验结果分析

通过试验测量，获得试件在弦向和径向加载时不同高跨比条件下的弹性模量，绘制出高跨比平方与试件弹性模量倒数的关系图，如图 5-6 和图 5-7 所示。图中各点代表该跨距条件下三个试件测试结果的平均值。

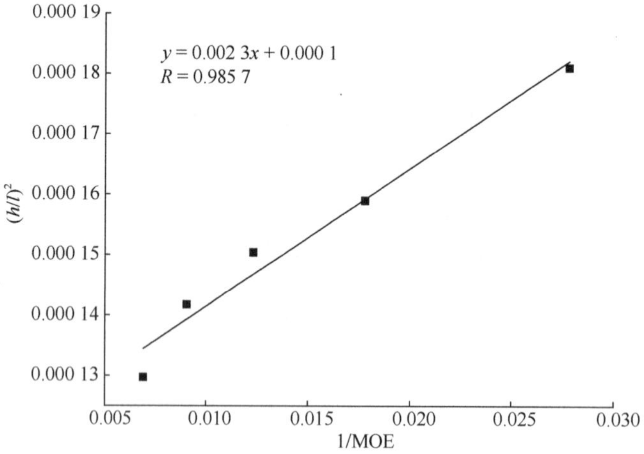

图 5-6　弦向加载时 $\left(\frac{h}{l}\right)^2$ 与 $\frac{1}{\mathrm{MOE}}$ 关系

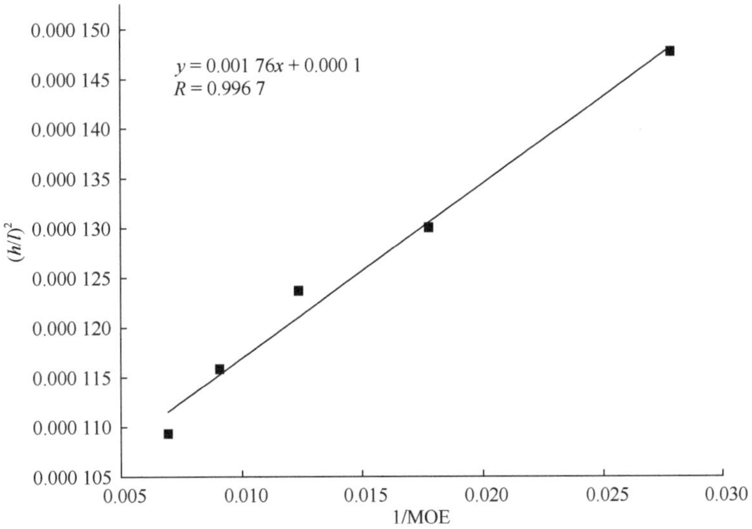

图 5-7 径向加载时$\left(\frac{h}{l}\right)^2$与$\frac{1}{\mathrm{MOE}}$关系

从图中可以看出，不同跨距条件下测试结果的线性回归线相关系数接近于 1，弦向时为 0.9857，径向时为 0.9967，说明不同跨距下测试结果的线性相关性好。因此，用变跨距三点弯曲试验方法测量樟子松木材的剪切弹性模量是可行的。根据式（5-5）剪切弹性模量应为回归直线斜率倒数的 1.2 倍，即可计算出 G_{LT} 为 521.7MPa、G_{LR} 为 666.7MPa。

第三节 指接材有限元模型分析

有限元法是从结构化矩阵发展而来，是一种有效的数值分析方法。目前，其应用已由弹性问题扩展到空间、板壳问题，由静力平衡问题扩展到稳定、动力和波动问题，分析对象从弹性材料扩展到塑性、黏弹性复合材料，几乎在所有工程问题上都得到了发展和应用。

木材作为一种高度各向异性的非均质天然高分子复合材料，由于其组织结构复杂，力学性能也表现出强烈的非线性。过去人们对材料非线性缺少足够的认识，对木材进行建模分析时所采用的模型结构比较粗糙，难以得到其真实的力学性能，不适合仿真研究。而随着有限元分析软件的发展，利用有限元分析软件成为解决各种复杂问题的有效手段（李明宝，2007）。

基于以上原因，本节利用 ANSYS 有限元分析软件对樟子松指接材进行建模分析研究。首先，通过建立不同指接齿形参数下的指接材有限元模型，利用分析软件模拟出加载条件下指接材的载荷-位移曲线，分析确定适宜樟子松指接材生产的端压范围。其次对指接材的弹性模量、抗弯强度进行模拟分析。同时，在对指接材性能进行有限元模拟分析时，按照指接材性能测试标准要求，建立相应尺寸的指接材性能测试试件有限元模型，利用加载后获得的模拟试件的位移、应力等相关值，可以输出指接材相关性能测试结果。

一、ANSYS 模拟分析的基本过程

ANSYS 软件主要包括三个部分：前处理模块、求解模块和后处理模块。前处理模块提供了一个强大的实体建模及网格划分工具，可以方便地构造有限元模型；求解模块包括结构分析（结构线性分析、结构非线性分析和结构高度非线性分析）、热分析、流体动力学分析、电磁场分析、声场分析、压电分析以及多物理场的耦合分析，可模拟多种物理介质的相互作用，具有灵敏度分析及优化分析能力；后处理模块可将计算结果以彩色等值线显示、梯度显示、矢量显示、粒子流显示、立体切片显示、透明及半透明显示等图形方式显示出来，也可将计算结果以图表、曲线形式显示或输出。

（一）前处理模块

ANSYS 前处理模块主要包括：参数定义和建立有限元模型。ANSYS 前处理模块是由实际问题的描述确定合适的单元类型，设置实常数；通过定义材料属性，确定物理模型；在通过构建或导入实体模型，划分网格创建有限元模型。

1. 参数定义

ANSYS 软件在建立有限元模型的过程中，首先需要进行相关参数定义，主要包括定义单位制、定义单元类型、定义单元实常数、定义材料模型和材料特性参数、定义几何参数等。

木材作为一种复合材料，其模拟分析应采用各向异性单元进行，ANSYS 软件提供了多种模拟复合材料的单元如 Solid45、Shell99 等，其中 Solid45 单元用于三维实体结构模型。单元由 8 个节点结合而成，每个节点又有 3 个方向的自由度。该单元具有塑性、蠕变、膨胀、应力强化、大变形和大应变的特征，可以获得简化的综合的微控选项，适合本章对指接材性能的模拟分析。因此，在建立樟子松结构用指接材模型时，采用 Solid45 这种单元类型进行。

此外，材料特性参数是表征实际工程问题所涉及的材料的具体特性，因此材料参数的精确输入是实际工程问题得到正确解答的关键。在本节的研究中，采用第二节试验测试的弹性常数值作为樟子松木材的材料特性参数，以保证模拟分析结果的准确性。

2. 建立有限元模型

ANSYS 软件提供了 4 种建立有限元模型的方法：直接建模、实体建模、在计算机辅助设计系统（CAD）中创建的实体模型、在计算机辅助设计系统中创建的有限元模型。其中，实体建模是先创建由关键点、线段、面和体构成的几何模型，然后利用 ANSYS 网格划分工具进行网格划分，生成节点和单元，最终建立有限元模型的一种建模方法。这种建模方法适合于复杂模型，尤其适合于 3D 实体建模，同时适合于自适应网格划分和局部网格划分，便于修正和改进。因此，在本节建立樟子松结构用指接材有限元模型时，选择采用实体建模的方法来完成。

（二）求解模块

求解模块是 ANSYS 软件用于对所建立的有限元模型进行力学分析和有限元求解，在该模块中，可以定义分析类型和分析选项、施加载荷及载荷步选项。根据问题的应用背景施加约束条件，包括边界条件、初始条件，如固定支撑，初始速度、加速度；施加载荷，设置载荷及求解控制选项，之后便可求解。

1. 定义分析类型和分析选项

根据所施加载荷条件和所要计算的响应选择分析类型。ANSYS 软件提供的分析类型为：静力（稳态）分析、瞬态分析、模态分析、谐波分析、谱分析、挠度和子结构。分析类型定义完成之后，可根据分析类型定义分析选项。对樟子松结构用指接材的建模分析过程中，所采用的分析类型主要为静力分析。

2. 载荷的分类

在 ANSYS 软件中，载荷分为 6 种类型：位移载荷、力或力矩、面载荷、体积载荷、惯性载荷、耦合场载荷。在本节的研究分析过程中，所采用的载荷类型主要为面载荷。

3. 指定载荷步

载荷步选项是用于更改载荷步的选项，如子步数、载荷步的结束时间和输出控制等。

4. 求解子模块

ANSYS 软件的求解模块包括结构静力分析、结构动力学、结构非线性、动力学分析等 9 类。本节主要采用结构静力分析模块进行求解。该求解模块可用于求解外载荷引起的位移、应力等。不仅可以进行线性分析，也可以进行非线性分析，如塑性、蠕变、膨胀、大变形、大应变及接触分析。

（三）后处理模块

当 ANSYS 软件完成计算后，可以通过后处理模块观察结果。ANSYS 软件的后处理包括两个部分：通用后处理模块和时间历程后处理模块。

1. 通用后处理模块

该模块可用于查看整个模型或选定部分模型在某一子步或时间步的计算结果。运用该模块可以获得各种应力场、应变场及温度场的等值线图形显示、变形形状显示以及检查和解释分析的结果列表。

2. 时间历程后处理模块

该模块用于查看模型的特定点在某一或所有时间步内的计算结果，可获得结果数据对时间或频率的关系曲线及列表，如绘制位移-时间曲线、应力应变曲线等（张朝晖，2009）。

二、指接端压有限元模型分析

指接端压有限元模型分析通过建立不同指接齿形条件下的樟子松结构用指接材有限元模型，在材料端部进行加载，模拟分析材料在载荷作用条件下的变形状态，从而确定适合樟子松结构用指接材生产的最佳指接端压范围。

（一）模型建立

在 ANSYS 有限元分析软件中，采用实体建模的方法建立嵌合度分别为 0、0.1mm、0.3mm 条件下的樟子松结构用指接材模型。材料加工过程中的主要参数如表 5-2 所示。

表 5-2　指接材齿形参数

嵌合度/mm	齿长/mm	齿顶宽/mm	齿距/mm	斜度
0.0	25.0	1.2	8.2	1/8.6
0.1	23.7	1.3	8.2	1/8.6
0.3	21.0	1.5	8.2	1/8.6

按照表中不同嵌合度条件下指接材的齿榫尺寸参数，利用 ANSYS 软件建立的模型如图 5-8 所示。

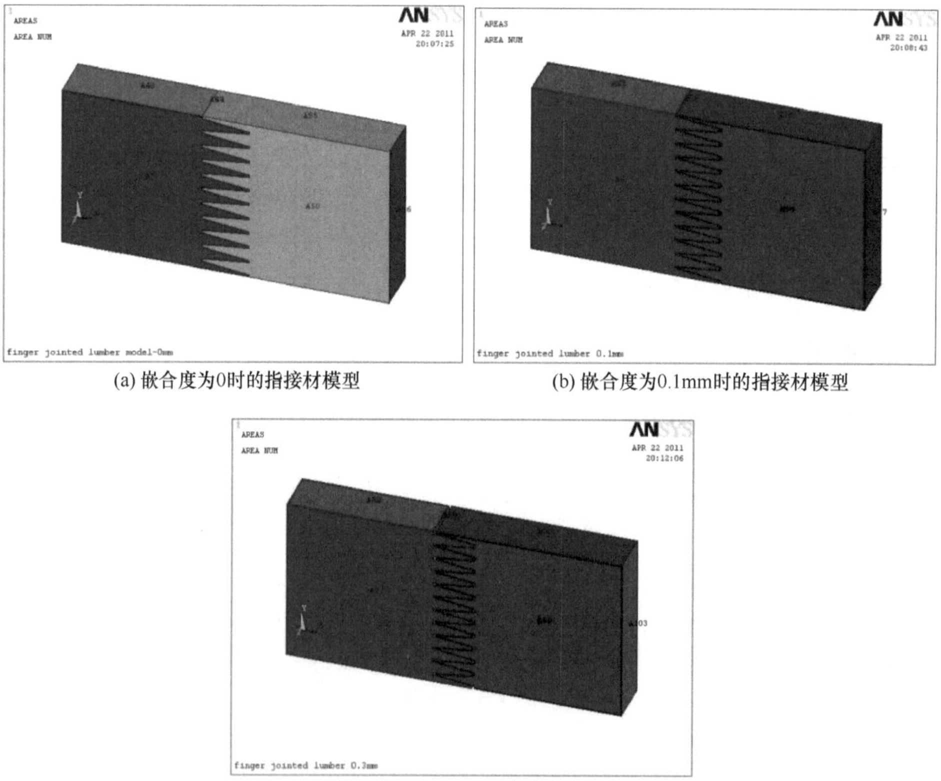

(a) 嵌合度为0时的指接材模型

(b) 嵌合度为0.1mm时的指接材模型

(c) 嵌合度为0.3mm时的指接材模型

图 5-8　ANSYS 软件建立的指接材模型（另见彩图）

（二）网格划分

ANSYS 软件提供了使用便捷、高质量的网格划分功能，主要分为自由网格划分、映射网格划分、延伸网格划分和自适应网格划分 4 种。其中自由网格划分方法适合于对复杂形状的面和体进行划分，由于指接材指榫部位形状复杂，故在网格划分过程中采用自由网格划分方法进行。如图 5-9 所示为嵌合度为 0 时指接材网格划分结果。嵌合度为 0.1mm 和 0.3mm 指接材网格划分结果与之相似。

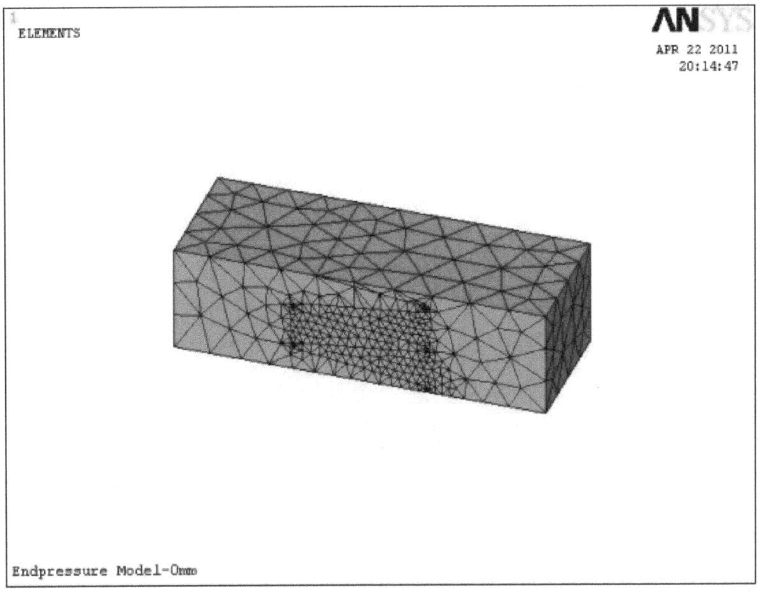

图 5-9　嵌合度为 0 时指接材网格划分结果（另见彩图）

在网格划分之前，需要定义材料的弹性常数等相关模拟参数。对于指接端压模型，由于测试过程中不需加入胶黏剂等物质，故只需定义樟子松木材的特性参数。樟子松木材各项弹性常数根据本章第二节中测试结果进行设定。

（三）约束加载分析

在对指接材有限元分析模型完成网格划分后，可以对模型进行约束加载分析。首先对材料的一个端面施加位移约束，而对其向对面施加压力约束。在施加压力载荷过程中，通过设定载荷步和子步实现匀速加载，加载速度如图 5-10 所示。加载完成后，按照设定的载荷步顺序依次求解。

基于木材的材性特性，在分析计算过程中选择非线性结构分析类型进行。非线性结构分析采用牛顿-拉普森方法进行平衡迭代，通过在几个载荷步内或者在一个载荷步的几个子步内施加载荷增量，在每一个增量的求解完成后，继续进行下一个载荷增量之前，程序调整刚度矩阵以反映结构刚度的非线性变化，并且核查收敛性。持续这种迭代方式直到问题收敛，如果不能得到收敛，那么程序自行终止，输出分析计算结果。

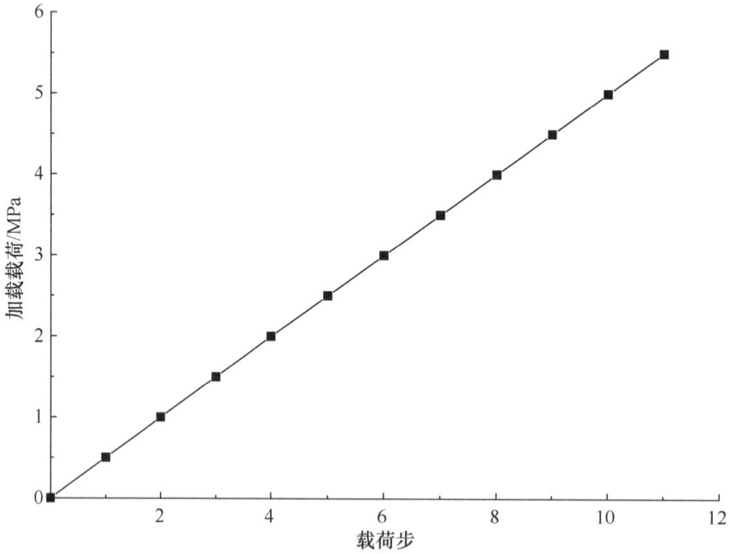

图 5-10 指接端压测试加载速度

（四）模拟分析结果

加载分析计算完成后，可通过后处理器查看模拟分析的结果。通用后处理模块可以输出模型在不同方向上的位移场、应力场的等值线图形。时间历程后处理模块可以输出模型的特定点在某一或所有时间步内的计算结果，绘制出位移-时间曲线及应力应变曲线等。

1. 嵌合度为 0 时的指接端压模拟分析结果

从后处理模块输出的分析结果（图 5-11）可以看出，对嵌合度为 0 的指接材进行加压过程中，应力主要集中在指尖部位。在指榫嵌合度为 0 状态下，指榫完全契合，没有指顶隙存在，指榫顶部应力最大，决定材料产生失效破坏的主要应力为 X 轴向应力。通过查看 X 轴向应力分析结果可知，在节点 89 处应力值最大。在时间历程后处理器中输出节点 89 处的 X 轴向位移-时间曲线，如图 5-12 所示。

由于在加载过程为匀速加载，所以节点处的位移-时间曲线即对应为载荷-位移曲线。从模拟分析输出曲线中可以看出，指接材指尖在压力小于 1.5MPa 时，X 轴向变形为弹性变形，位移随压力的增加均匀增大。当压力从 1.5MPa 逐渐增大到 2.5MPa 时，材料塑性变形逐渐增大。而当压力增大至 3.0MPa 以上时，该节点处应力超过材料的屈服应力值，材料产生破坏。而为了使指接后指接材有一定的强度，应使指榫在接合过程中产生一定的塑性变形。所以根据模拟分析的结果，嵌合度为 0 的樟子松结构用指接材指接端压范围应在 1.5～3.0MPa。

对比指接端压试验的测试结果，从位移-压力曲线图 5-13 可以看出，曲线初始阶段压力随位移变化缓慢，而模拟分析曲线则直接进入材料弹性变形阶段。这是因为试验过程与分析模型中的指榫初始阶段状态并不完全相同。在模拟分析模型中，指榫在初始阶段已完全嵌合，而试验过程则是不完全嵌合，因此在指榫逐渐达到嵌合的过程中，位移变化较大而载荷增加缓慢。模拟分析曲线则缺少指榫嵌合这段曲线，这点在嵌合度为 0.1mm 及 0.3mm 状态下的指接端压模拟分析曲线中同样存在。

此外，通过对比两条曲线同样可以看出，模拟分析结果相对试验测试结果偏小，模拟分析得出的端压范围为 1.5～3.0MPa，而试验测试得出的端压范围则为 2.3～5.6MPa，即对应曲线特征值中的 P_1 及 P_2。这主要是因为模拟分析曲线仅代表应力最大节点的状

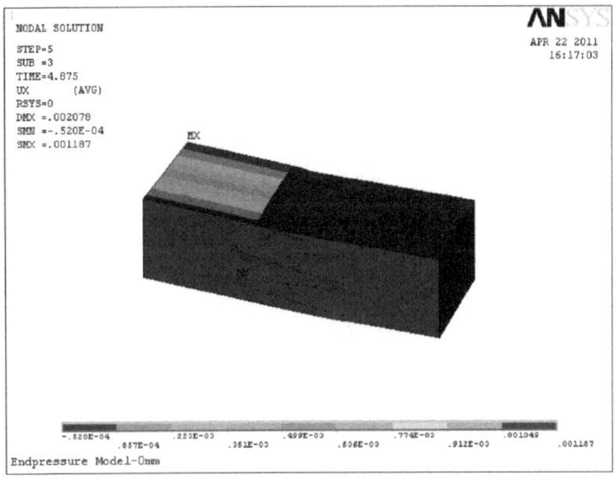

(a) *X*轴方向位移变化云图

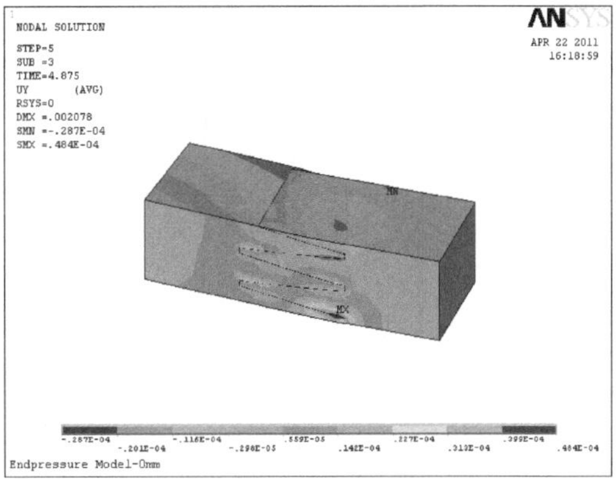

(b) *Y*轴方向位移变化云图

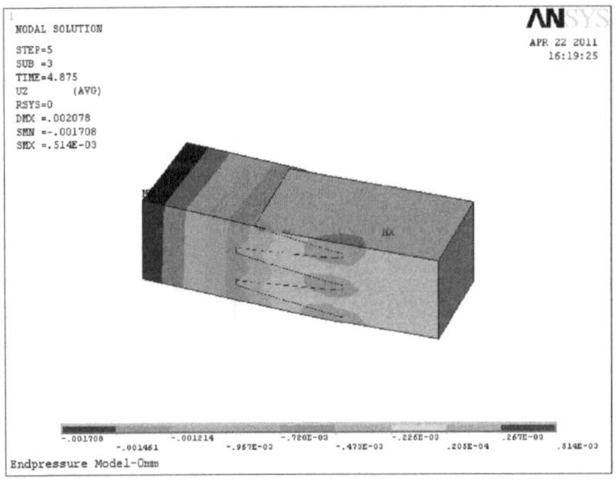

(c) *Z*轴方向位移变化云图

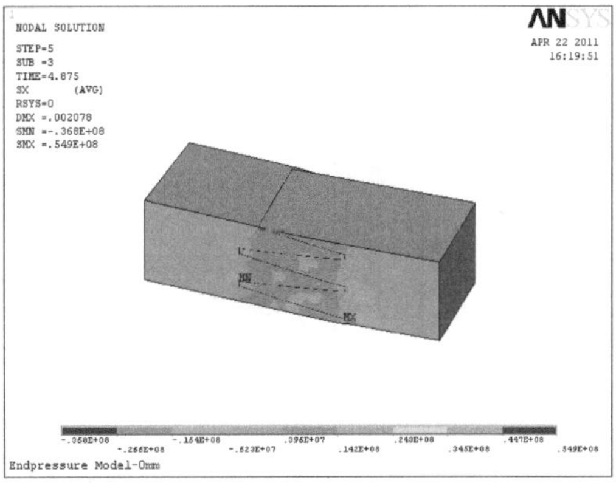

(d) *X*轴方向应力变化云图

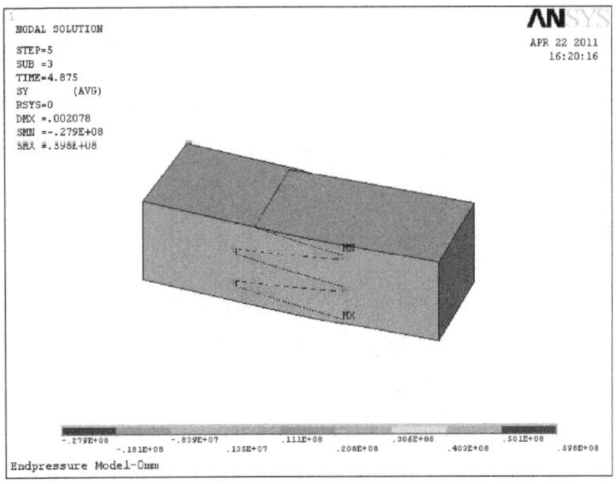

(e) *Y*轴方向应力变化云图

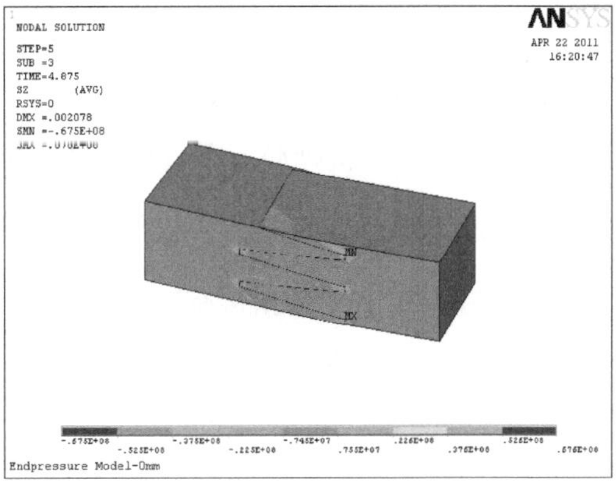

(f) *Z*轴方向应力变化云图

图 5-11　嵌合度为 0 时的指接端压模拟分析结果（另见彩图）

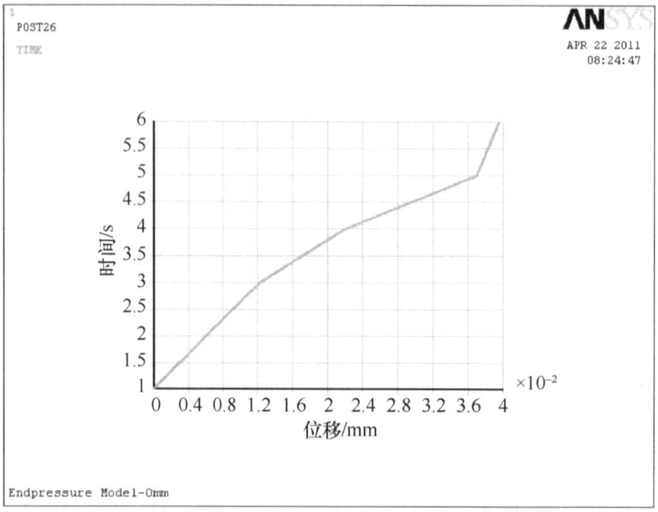

图 5-12 有限元模拟分析结果

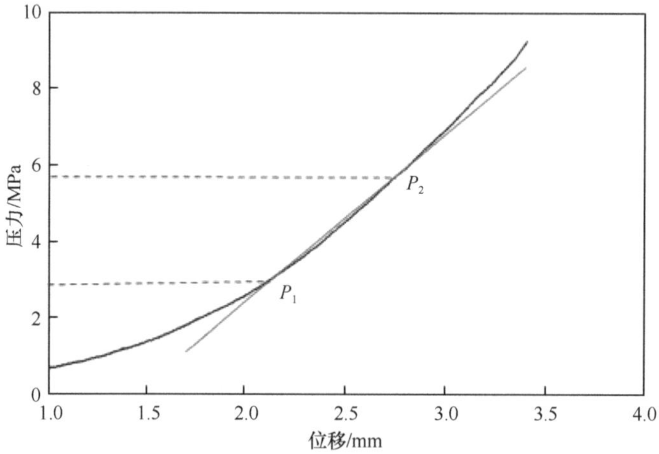

图 5-13 试验测试结果

态，而材料的其他部分并未达到最大应力状态。而试验测试过程中，压力值达到 P_1 时，指接材整体已开始产生塑性变形，压力值达到 P_2 时，意味着材料整体开始产生破坏。因此从以上分析可知，模拟分析结果偏小是正常的。在实际生产过程中，为保证指接材的整体强度，应允许指榫局部应力超过材料屈服极限，但未产生整体破坏。

2. 嵌合度为 0.1mm 时的指接端压模拟分析结果

嵌合度为 0.1mm 的指接有限元模型分析结果图 5-14 可以看出，与嵌合度为 0 时的状态相同，在施加端部压力作用下，指榫顶部压力较大，存在应力集中现象。与嵌合度为 0 时不同的是，由于嵌合度的存在，指榫顶部与底部存在齿顶隙，不能完全嵌合，因此在加载过程中齿榫顶部受到挤压而产生压缩变形，即 Y 轴方向应力增大较快，而当应力达到一定值时，材料因屈服而破坏。因此，Y 轴方向应力是判断材料是否产生破坏的主要应力。通过查看计算结果可知，指榫在节点 120 处 Y 轴方向应力最大，由此通过时间历程后处理模块绘制出节点 120 处 Y 轴方向位移与时间关系曲线，如图 5-15 所示。从图中可以看出，在载荷从 0 逐渐增大到 2.0MPa 过程中，材料处于弹性变形阶段，而当载荷继续增大，材料逐渐产生塑性变形，在载荷达到 3.5MPa 左右时，塑性变形已较大，继续加载材料将产生屈服破坏。因此，嵌合度为 0.1mm 指接材理想的端压范围应为 2.0～3.5MPa。

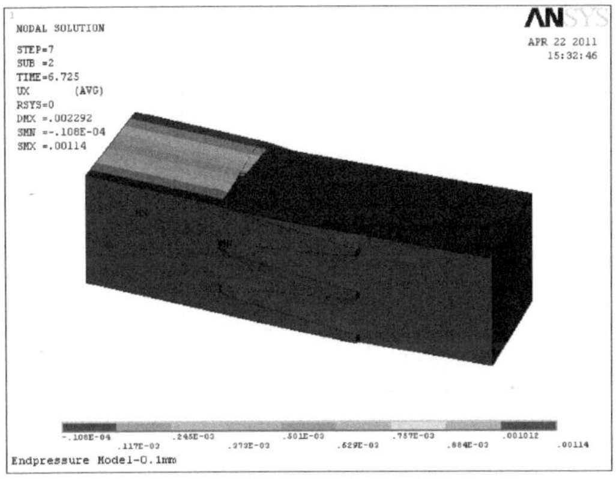

(a) X轴方向位移变化云图

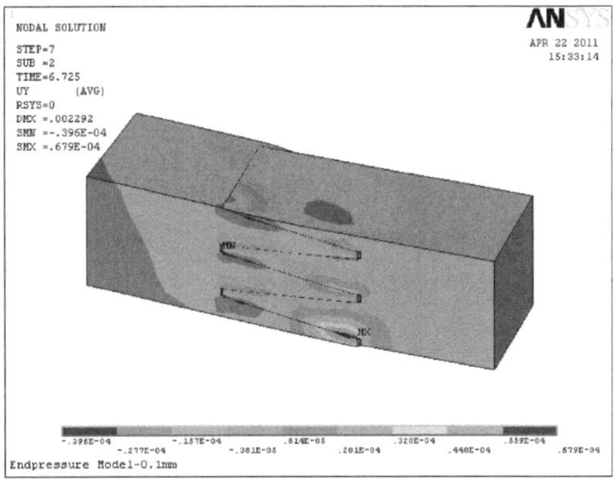

(b) Y轴方向位移变化云图

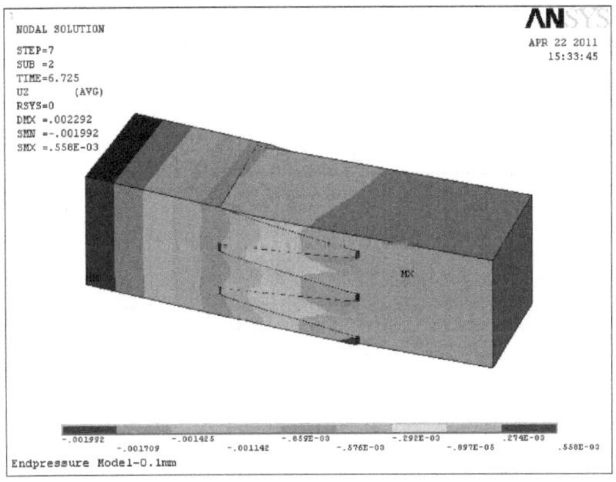

(c) Z轴方向位移变化云图

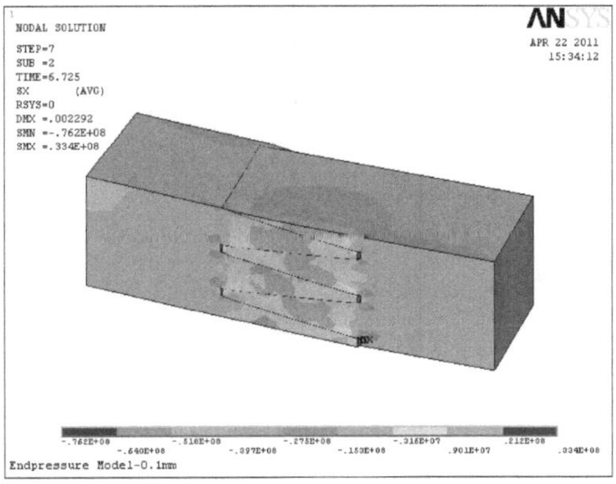

(d) X轴方向应力变化云图

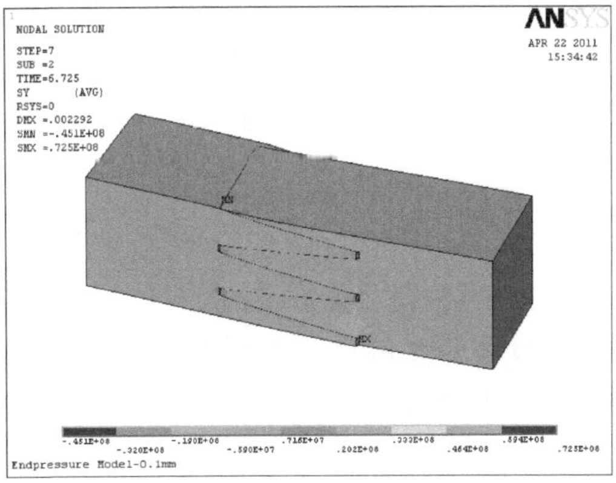

(e) Y轴方向应力变化云图

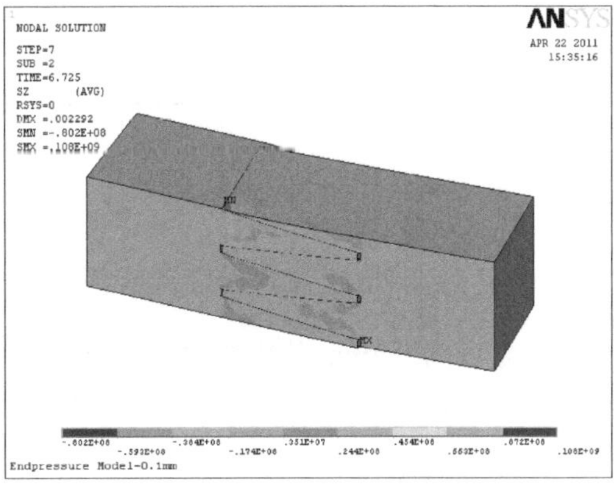

(f) Z轴方向应力变化云图

图 5-14　嵌合度为 0.1mm 时的指接端压模拟分析结果（另见彩图）

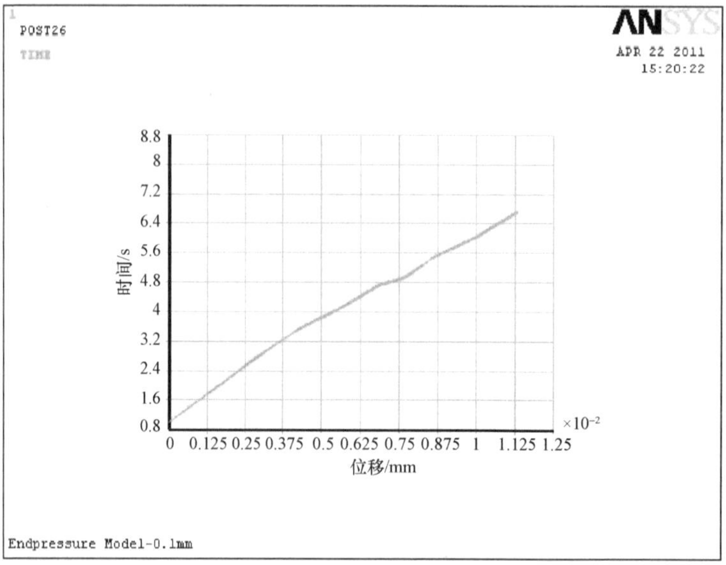

图 5-15　有限元模拟分析结果

同样，对比试验测试结果（图 5-16）可知，模拟分析值仍然偏小。根据试验测试结果，指接端压上限值应为 5.9MPa，即曲线中对应的 P_1。当指接端压超过 P_1 时，指接材整体逐渐产生破坏。模拟测试值偏小的原因与嵌合度为 0 时相同。

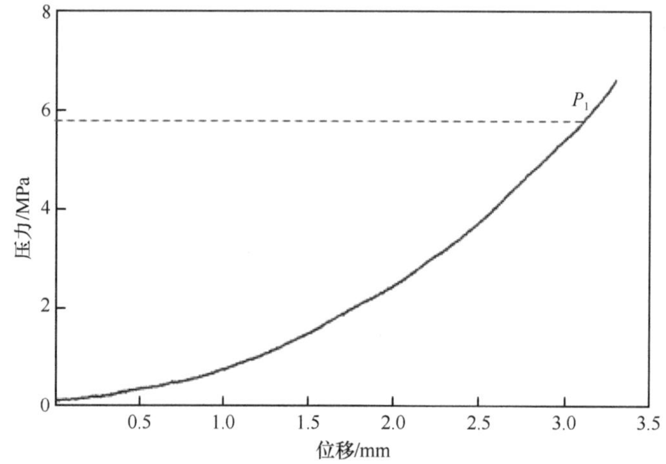

图 5-16　试验测试结果

3. 嵌合度为 0.3mm 时的指接端压模拟分析结果

嵌合度为 0.3mm 的指接材端压模拟分析结果如图 5-17 所示。嵌合度为 0.3mm 时指接材受载过程中的应力状态与嵌合度为 0.1mm 时相似。决定材料产生破坏的主要应力仍然为 Y 轴方向应力，而在模型中节点 179 处的 Y 轴方向应力最大。据此绘制出节点 179 处的位移-时间曲线，如图 5-18 所示。

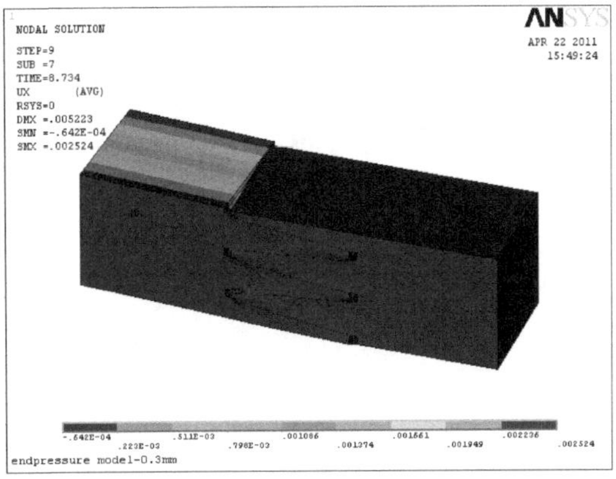

(a) *X*轴方向位移变化云图

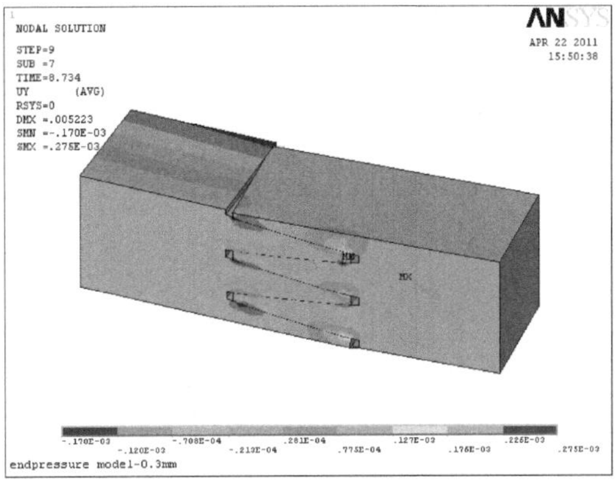

(b) *Y*轴方向位移变化云图

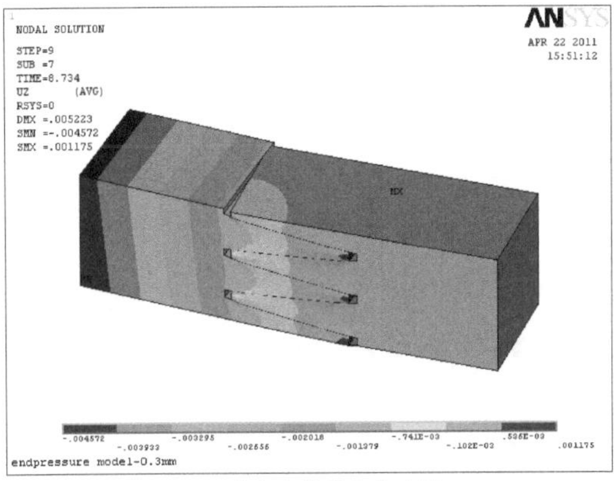

(c) *Z*轴方向位移变化云图

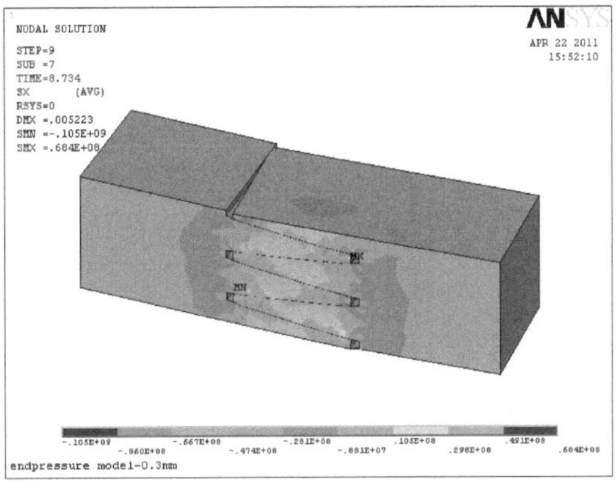

(d) *X*轴方向应力变化云图

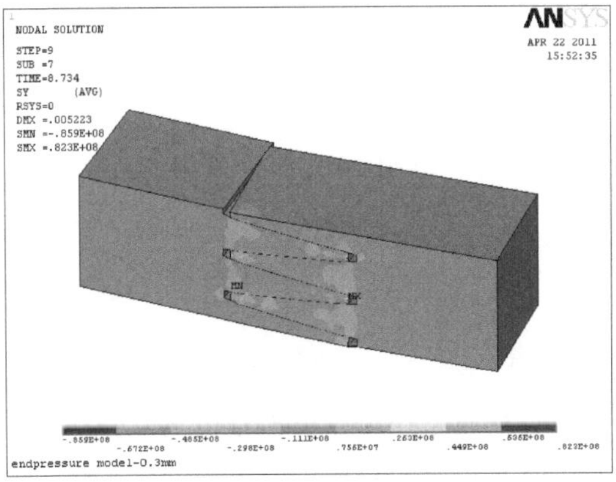

(e) *Y*轴方向应力变化云图

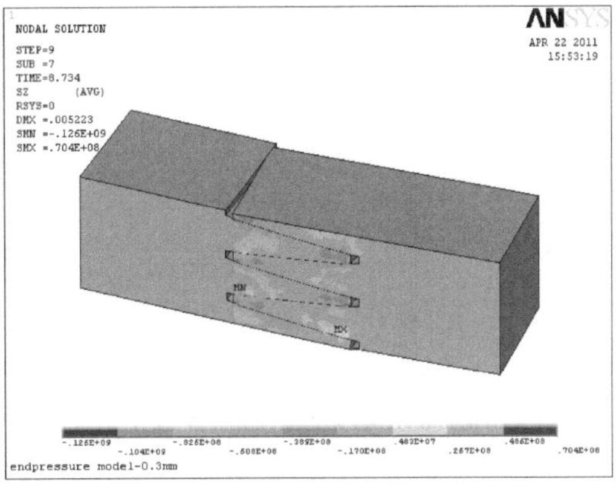

(f) *Z*轴方向应力变化云图

图 5-17　嵌合度为 0.3mm 时的指接端压模拟分析结果（另见彩图）

对比试验测试结果（图 5-19）可以看出，在指接端压由 P_1 逐渐增大到 P_2 的过程中，材料产生塑性变形，但应力未达到屈服极限值。当压力值超过 P_2 时，材料逐渐产生破坏，所以端压上限值应为 P_2，即端压范围为 2.3～5.3MPa。而通过有限元模型分析得出的载荷-位移曲线只有一段曲线。这主要是因为模型中节点 179 处应力达到屈服极限应力，导致计算过程不收敛。从模拟分析曲线可以得知指接端压范围应为 2.5～4.5MPa，这相对于试验测定值仍然偏小，其产生原因与嵌合度为 0 及 0.1mm 时相同。

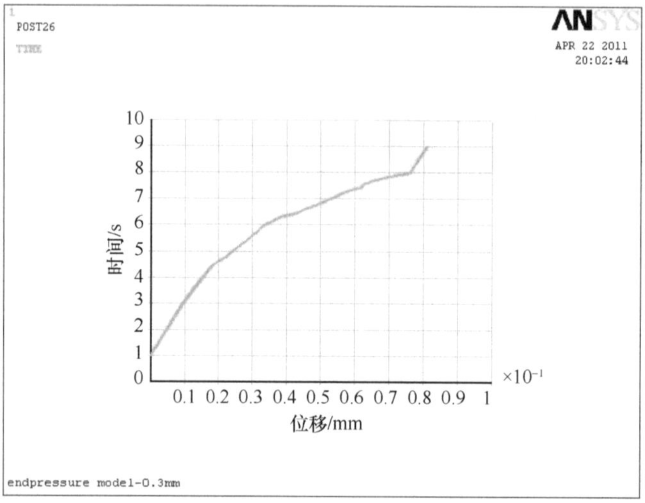

图 5-18　有限元模拟分析结果

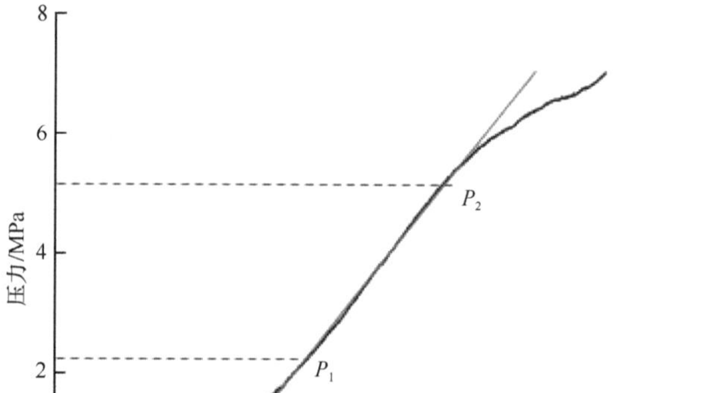

图 5-19　试验测试结果

综上所述，通过建立指接材端压测试有限元分析模型，可以模拟分析出适合樟子松结构用指接材生产的端压范围为 2.0～3.5MPa。表 5-3 所示为试验测试与模拟分析得出的指接端压范围对照表。

表 5-3　指接端压范围对照表

嵌合度/mm	试验测试端压/MPa		模拟分析端压/MPa	
	P_{min}	P_{max}	P_{min}	P_{max}
0.0	2.6	5.8	1.5	3.0
0.1	—	5.9	2.0	3.5
0.3	2.6	5.3	2.5	4.5

对比试验测试指接端压范围（2.6～5.9MPa）可知，有限元模拟分析在预测指接端压下限值时较为准确，即材料开始产生塑性变形时的压力值。而上限值则相对试验测试结果偏小。根据全因子试验结果，最佳指接端压值为 3.5MPa。因此有限元模拟分析结果可以较好地预测指接材最佳端压取值。

三、指接材弹性模量有限元模型分析

指接材弹性模量有限元模型分析是通过建立三种嵌合度条件下的樟子松结构用指接材抗弯弹性模量测试有限元模型，对材料进行三点弯曲弹性模量模拟测试，得出指接材在载荷作用下的变形量，根据弹性模量计算公式计算出指接材的弹性模量值。

（一）模型建立

在 ANSYS 有限元分析软件中，采用实体建模的方法建立嵌合度分别为 0、0.1mm、0.3mm 条件下的樟子松结构用指接材抗弯弹性模量测试有限元模型，如图 5-20 所示。模型通过三点弯曲试验方法进行模拟分析，材料尺寸为 20mm×20mm×300mm，测试过程中

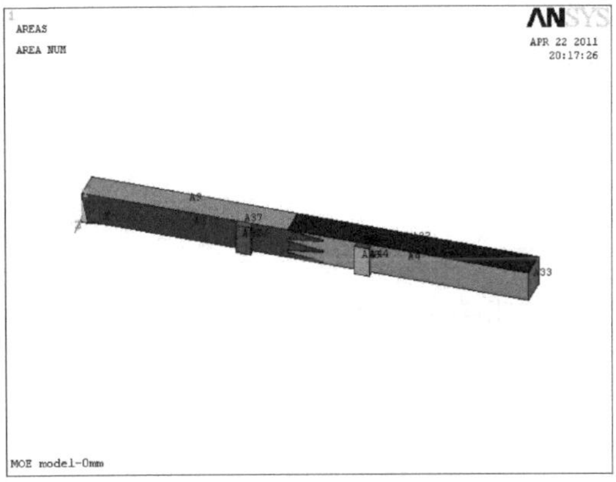

(a) 嵌合度为0时指接材抗弯弹性模量分析模型

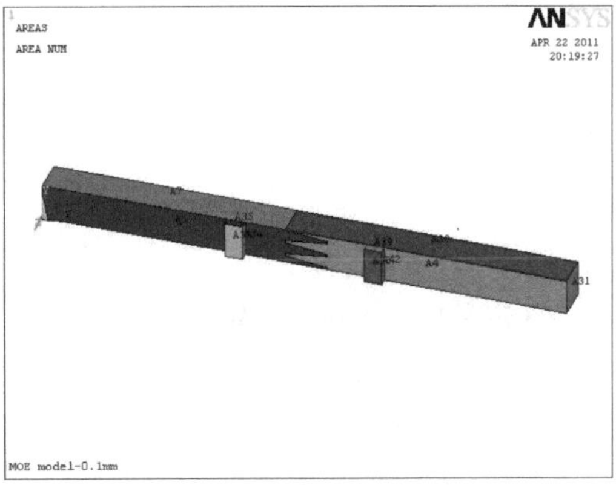

(b) 嵌合度为0.1mm时指接材抗弯弹性模量分析模型

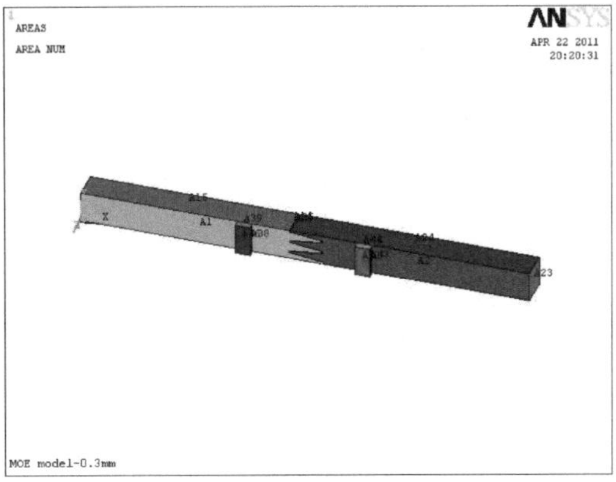

(c) 嵌合度为0.3mm时指接材抗弯弹性模量分析模型

图 5-20　指接材抗弯弹性模量分析模型（另见彩图）

跨距为 240mm，两个加载头之间间距为 80mm。分析过程中，在材料加载部位设计一个垫片，以减小加载状态下在加载部位产生的应力集中现象。

（二）网格划分

与指接端压分析模型相同，抗弯弹性模量测试有限元分析模型的网格划分同样采用自由网格划分方法，图 5-21 所示为嵌合度为 0 时弹性模量测试有限元模型的网格划分结果。嵌合度为 0.1mm 和 0.3mm 时的网格划分结果与之相似。

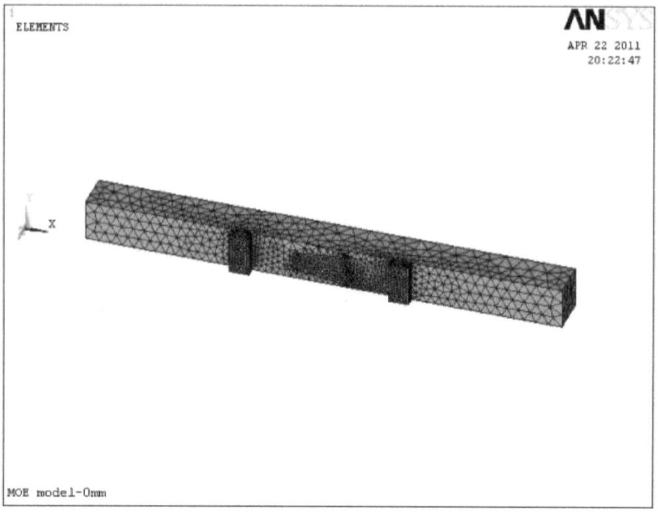

图 5-21　嵌合度为 0 时抗弯弹性模量测试模型网格划分结果（另见彩图）

在定义材料的弹性常数等相关模拟参数时，与指接端压模型不同，由于指接材接合过程中加入胶黏剂，因此除定义樟子松木材的特性参数外，还应定义胶黏剂的特性参数，且将胶黏剂看作一种各向同性材料进行处理。此外，材料加载部位的垫片同样应定义其相关参数，并与胶黏剂一样，以各向同性材料处理。模拟分析过程中所采用的胶黏剂（郑小玲等，2004）及垫片（李雪梅，2009）的材料特性参数值如表 5-4 所示。

表 5-4　胶黏剂及垫片材料特性参数

材料类别	材料特性参数	
	弹性模量 E/MPa	泊松比 μ
胶黏剂	3000	0.37
加载垫片	1000	0.20

（三）约束加载分析

抗弯弹性模量的约束加载分析首先要对材料的跨度支撑处施加位移约束，而在加载垫片上施加压力约束。压力范围应使材料的弯曲变形在弹性范围内，载荷范围为 0～700N，换算成垫片上的压力范围为 0～1.75MPa。在施加压力载荷过程中，通过设定载荷步和子步实现匀速加载，加载速度如图 5-22 所示。加载完成后，按照设定的载荷步顺序依次求解。

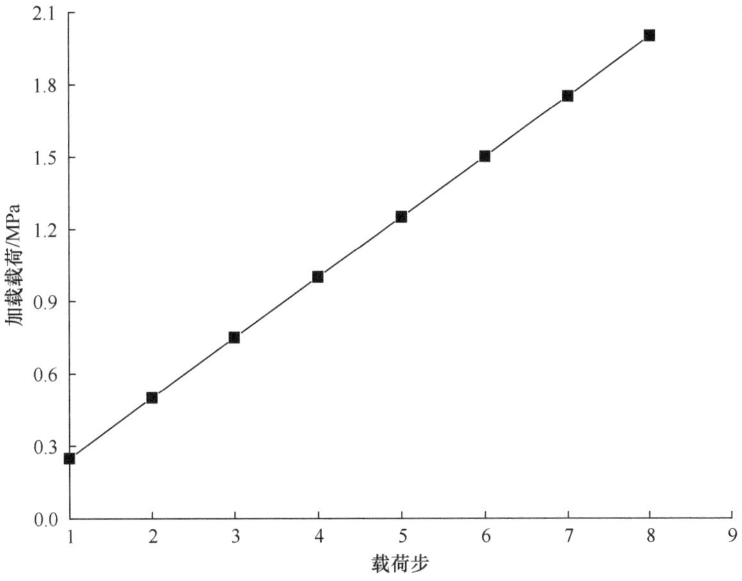

图 5-22　抗弯弹性模量测试加载速度

（四）模拟分析结果

分析计算完成后，通过 ANSYS 后处理器查看模拟分析的结果。利用通用后处理模块输出模型在不同方向上的位移场、应力场的等值线图形。利用时间历程后处理模块输出模型的特定点在某一或所有时间步内的计算结果，绘制出位移时间曲线。

1. 嵌合度为 0 时的指接材抗弯弹性模量模拟分析结果

嵌合度为 0 时的指接材抗弯弹性模量模拟分析结果如图 5-23 所示。指接材在较小的载荷作用条件下，其各向应力分布较为均匀，未产生明显的应力集中现象，在 Z 轴方向上产生的位移最大。由此绘制出 Z 轴方向位移最大节点处的位移-时间变化关系图，如图 5-24 所示。

从图 5-23 中可以看出在加载过程中，材料一直处在弹性变形阶段。根据抗弯弹性模量测试标准要求，在测试过程中，获取材料弹性变形阶段内一定载荷范围内的变形量，一般材质较硬的材料载荷范围取值较大，而软材载荷范围较小。在试验测试樟子松结构用指接材抗弯弹性模量的过程中，载荷范围取 300～700N。因此，从图中读取该载荷范围内的位移变化值为 0.45mm，利用弹性模量计算公式可计算出指接材的抗弯弹性模量为 16.36GPa，相比于试验测试值（12.41GPa）偏大，这主要是由于模拟状态下的材料是理想化的均质材料。

2. 嵌合度为 0.1mm 时的指接材抗弯弹性模量模拟分析结果

从以上模拟分析的结果图 5-25 可以看出，在嵌合度为 0.1mm 状态下的指接材抗弯弹性模量测试过程中，由于嵌合度的存在，指榫接合部位的齿顶隙被胶黏剂所填充。虽然胶黏剂的材料特性与木材不一样，但是在载荷较小的条件下，胶黏剂的存在并不会导致应力集中现象的产生，材料内部应力分布仍然较为均匀。而由于胶黏剂的填充作用，对材料在加载状态下的变形起到一定的牵制作用，从而导致材料变形量减小，弹性模量值增大。从图 5-26 所示的材料 Z 轴方向位移最大节点处的位移-时间图中可看出，材料在载荷变化范围为 300～700N 内变化时，产生的位移约为 0.4mm，对应的抗弯弹性模量值为 18.40GPa。该模拟分析结果较试验测试结果（13.03GPa）偏大，其产生原因与嵌合度为 0mm 时的状况相同。

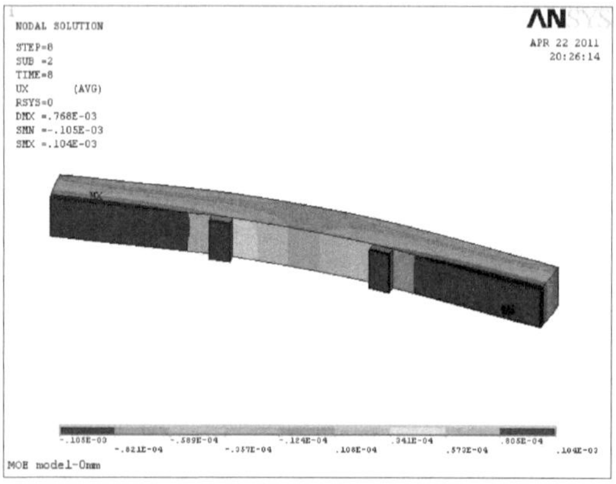

(a) X轴方向位移变化云图

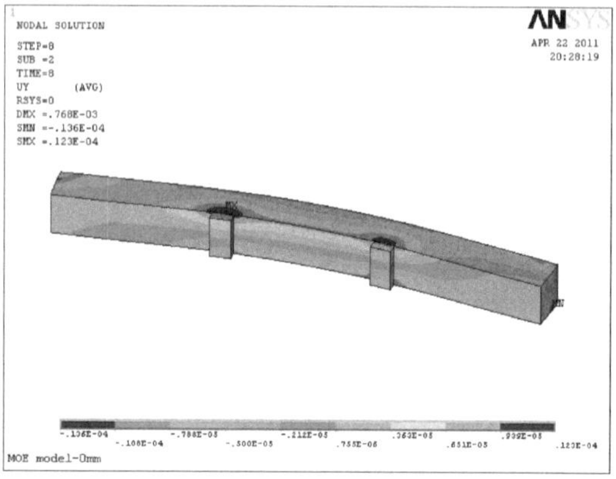

(b) Y轴方向位移变化云图

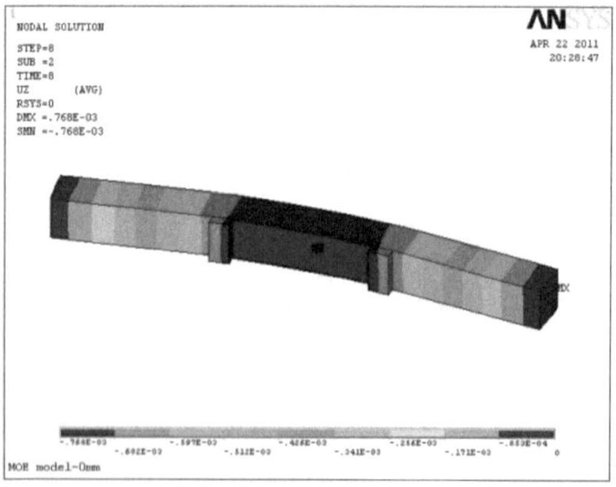

(c) Z轴方向位移变化云图

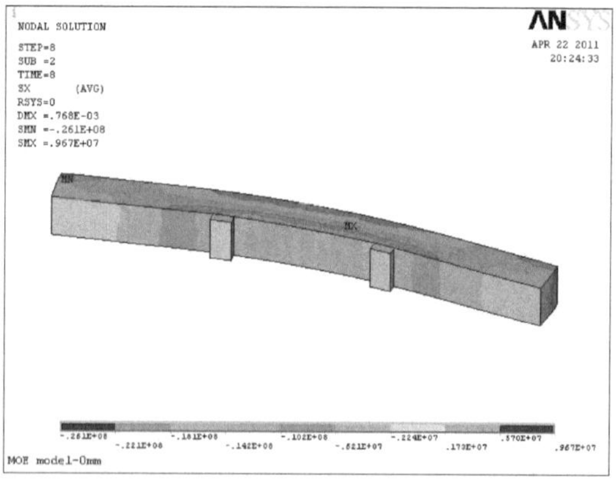

(d) X轴方向应力变化云图

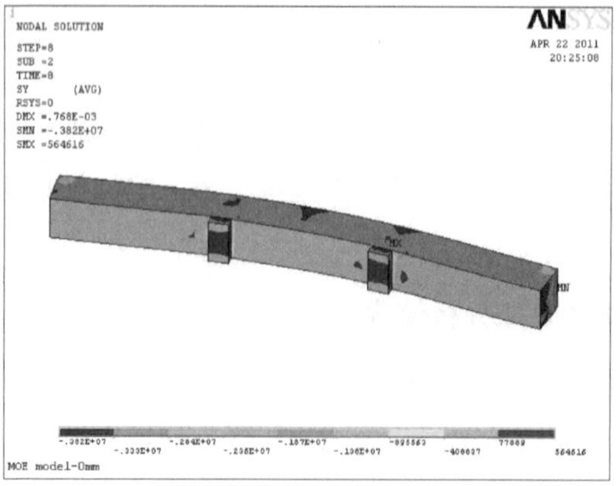

(e) Y轴方向应力变化云图

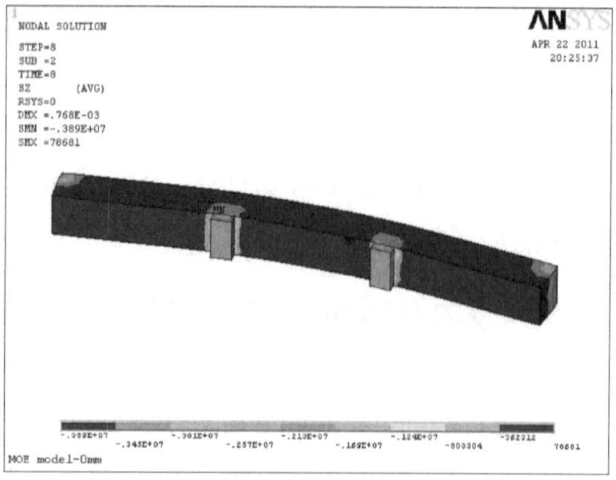

(f) Z轴方向应力变化云图

图 5-23　嵌合度为 0 时的指接材抗弯弹性模量模拟分析结果（另见彩图）

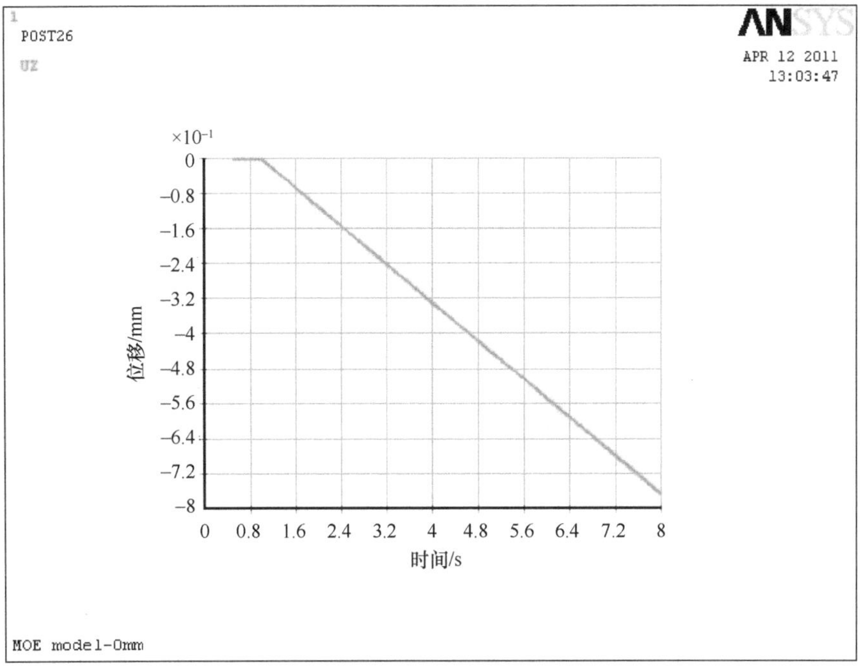

图 5-24 位移-时间变化图

3. 嵌合度为 0.3mm 时的指接材抗弯弹性模量模拟分析结果

从模拟分析的结果（图 5-27）可以看出，嵌合度为 0.3mm 状态下的指接材抗弯弹性模量测试结果与嵌合度为 0.1mm 时基本相似。齿顶隙中填充的胶黏剂仍然对材料的变形起牵制作用，从而有效提高指接材的抗弯弹性模量值。但是，由于齿顶隙较大，其中填充了较多的胶黏剂，容易导致应力集中现象在指榫端部产生。从三轴方向的应力变化云图中可以看出，嵌合度为 0.3mm 状态下的指接材与嵌合度为 0 及 0.1mm 时不同，其最大应力值产生于胶黏剂与木材的交界面附近，而一旦此处的应力最大值超过材料的弹性极限时，材料产生塑性变形，其变形量及变形速度都比弹性变形阶段大。因此，嵌合度为 0.3mm 时，指接材在载荷范围 300～700N 的变形量应大于嵌合度为 0.1mm 时的状态，即弹性模量比嵌合度 0.1mm 时小。

而从图 5-28 所示的材料 *Z* 轴方向位移最大节点处的位移-时间图中可以验证以上推论，材料在载荷变化范围为 300～700N 变化时，产生的位移约为 0.44mm，对应的抗弯弹性模量值为 16.73GPa。该模拟分析结果较试验测试结果（12.01GPa）仍然偏大，产生这一现象的原因与嵌合度为 0 及 0.1mm 时相同。

综上所述，有限元分析方法可以较好地模拟出指接材在弹性变形阶段的变形状态，嵌合度为 0.1mm 时指接材弹性模量值最大，嵌合度为 0 及 0.3mm 时弹性模量测试结果相当，这点与试验测试结果基本吻合。表 5-5 所示为试验测试结果与模拟分析结果对照表。从对照表可以看出，模拟分析结果较试验测试结果偏大 30%～40%。这主要是因为在模拟分析过程中，木材被当作均质化的正交各向异性材料来处理，而实际上材料内部材质并不均匀，且存在一定的缺陷，这些都会导致材料性能相对均质化假设条件下材料性能有较大程度的降低。因此模拟分析结果比试验测试结果偏大 30%～40%是正常的，这也从侧面充分说明了木材这种天然材料的复杂性。所以，在利用有限元分析方法对指接材抗弯弹性模量进行分析预测时应做适当的修正。

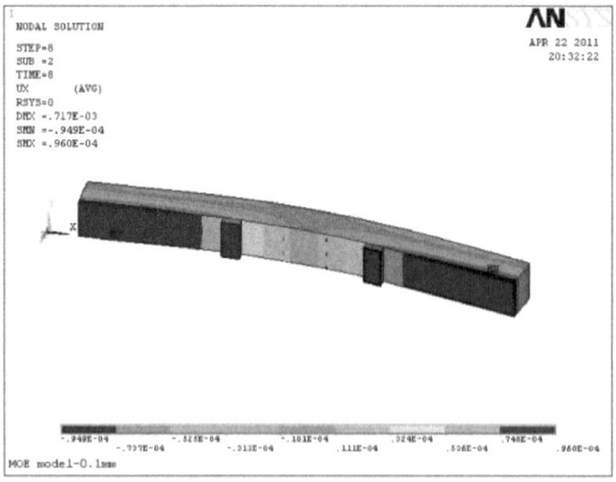

(a) X轴方向位移变化云图

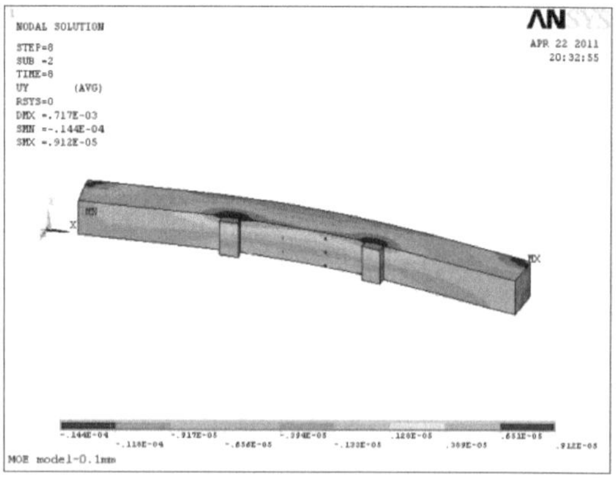

(b) Y轴方向位移变化云图

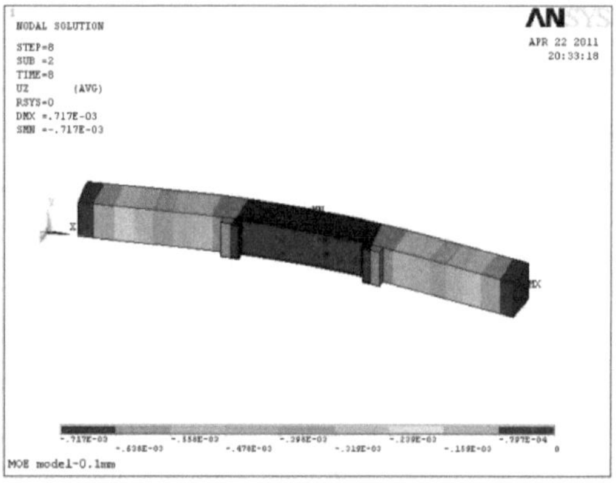

(c) Z轴方向位移变化云图

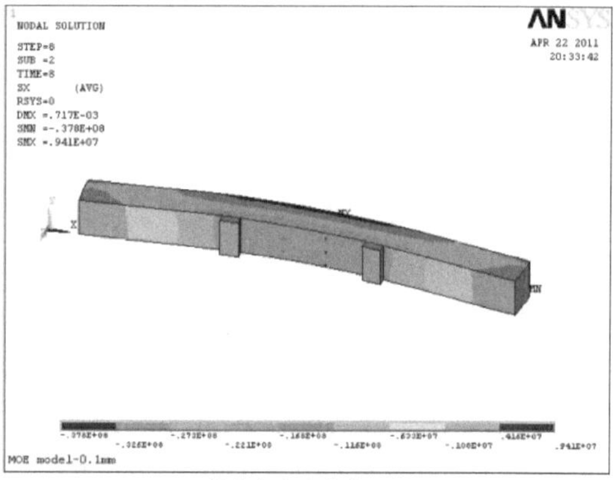

(d) X轴方向应力变化云图

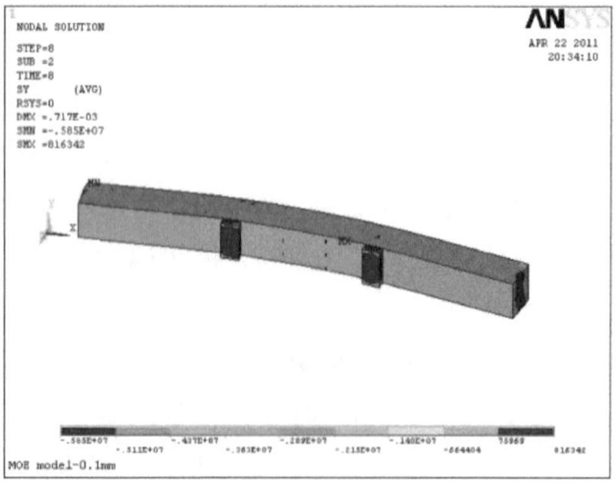

(e) Y轴方向应力变化云图

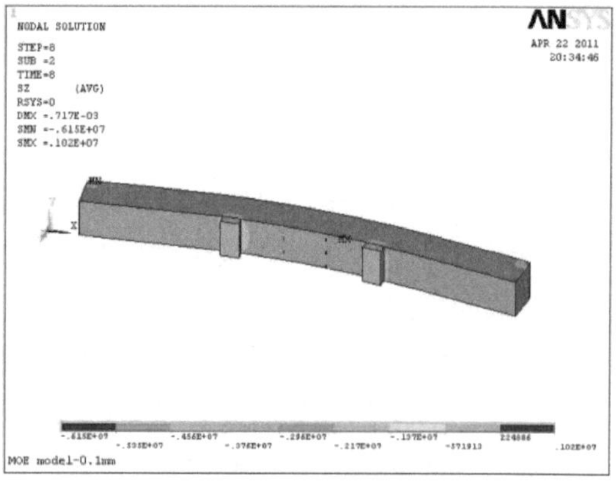

(f) Z轴方向应力变化云图

图 5-25 嵌合度为 0.1mm 时的指接材抗弯弹性模量模拟分析结果（另见彩图）

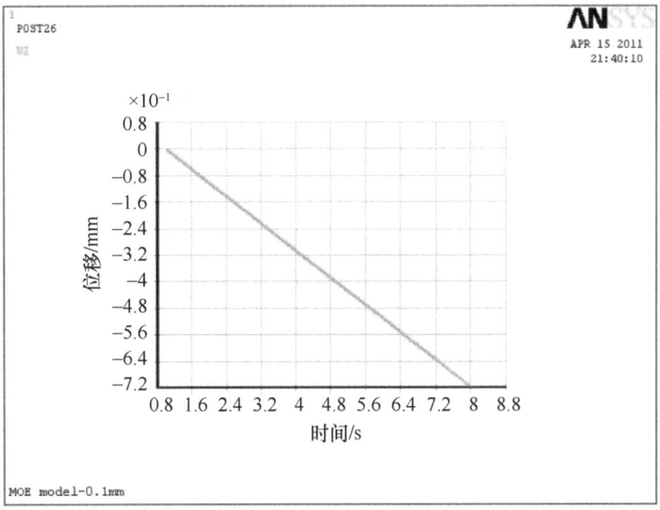

图 5-26　位移-时间变化图

表 5-5　指接材抗弯弹性模量测试结果对照表

嵌合度/mm	试验测试结果/GPa	模拟分析结果/GPa	误差/%
0.0	12.41	16.36	31.8
0.1	13.03	18.40	41.2
0.3	12.01	16.73	39.3

四、指接材抗弯强度有限元模型分析

通过建立三种嵌合度条件下樟子松结构用指接材抗弯强度测试的有限元模型，对材料进行三点弯曲抗弯强度模拟测试，得出材料在载荷作用下的屈服破坏值，根据抗弯强度计算公式计算出材料的抗弯强度值。

（一）模型建立

在 ANSYS 有限元分析软件中，采用实体建模的方法建立嵌合度分别为 0、0.1mm、0.3mm 条件下的樟子松结构用指接材抗弯强度测试有限元模型，如图 5-29 所示。采用三点弯曲试验方法进行测试，材料尺寸为 20mm×20mm×300mm，测试过程中跨距为 240mm。模拟分析过程中，在材料加载部位及支撑部位设置垫片，以减小加载状态下在加载部位产生的应力集中现象。

（二）网格划分

与指接端压和抗弯弹性模量分析模型相同，抗弯强度测试有限元分析模型的网格划分同样采用自由网格划分方法，图 5-30 所示为嵌合度为 0.3mm 时抗弯强度测试有限元模型的网格划分结果。嵌合度为 0 和 0.1mm 时的网格划分结果与之相似。在模拟分析过程中，定义的材料的弹性常数等相关模拟参数与弹性模量测试模型相同。

（三）约束加载分析

抗弯弹性模量的约束加载分析首先要对材料的跨度支撑垫片处施加位移约束，在加载垫片上施加压力约束。为确保材料产生屈服破坏，载荷范围应设计较大，取最大载荷

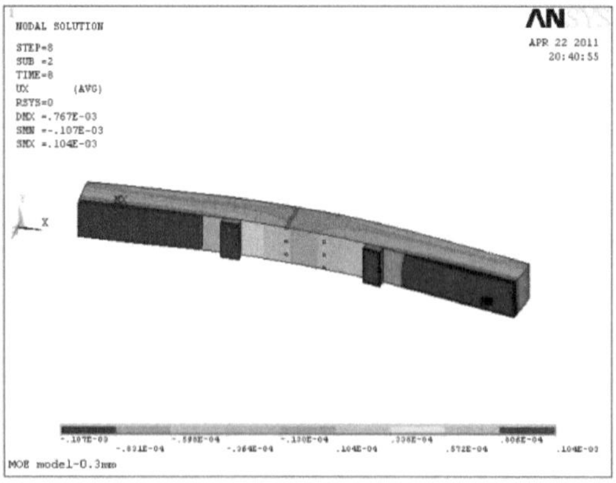

(a) X轴方向位移变化云图

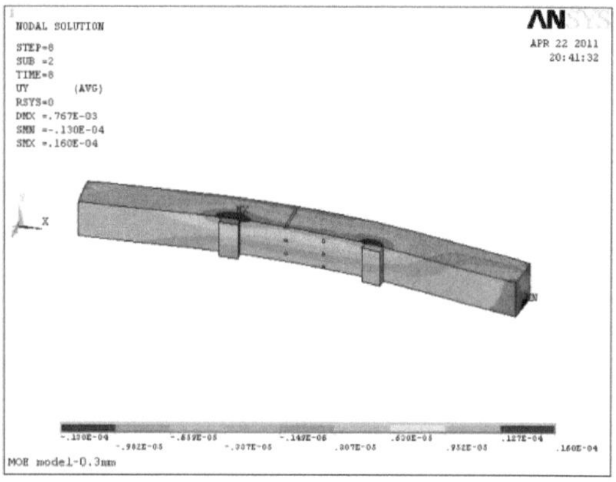

(b) Y轴方向位移变化云图

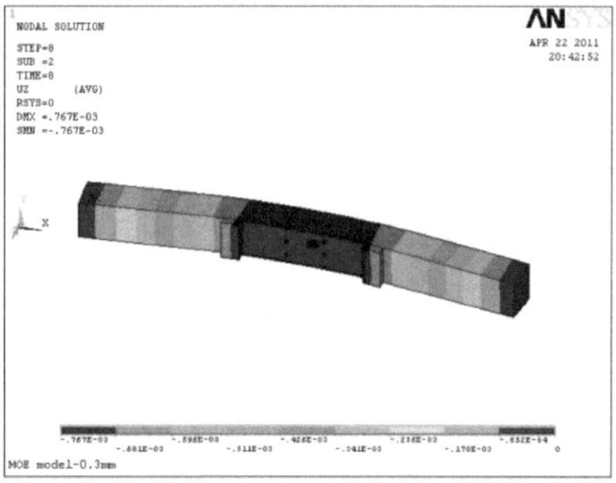

(c) Z轴方向位移变化云图

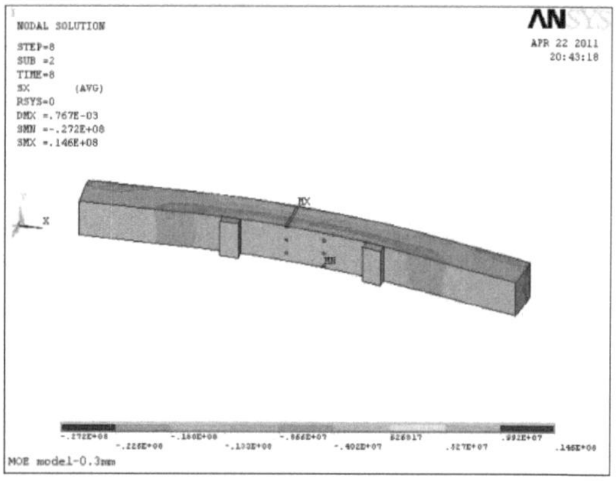

(d) X轴方向应力变化云图

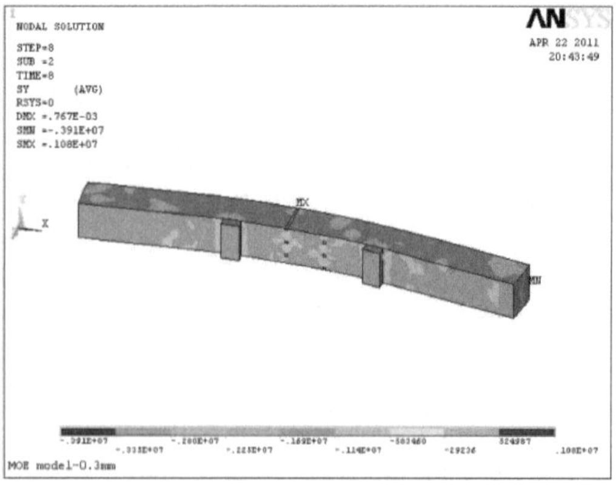

(e) Y轴方向应力变化云图

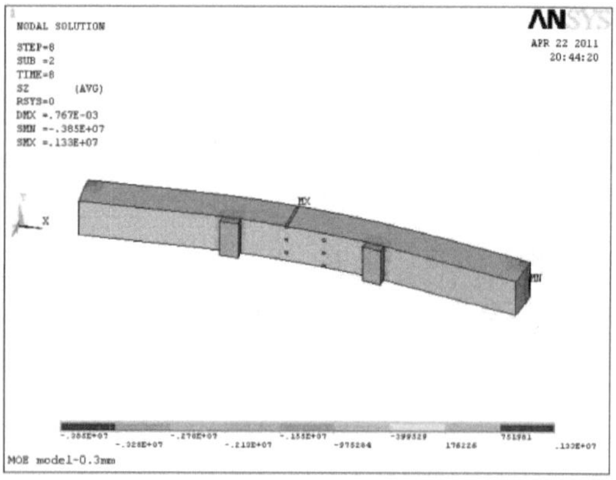

(f) Z轴方向应力变化云图

图 5-27　嵌合度为 0.3mm 时的指接材抗弯弹性模量模拟分析结果（另见彩图）

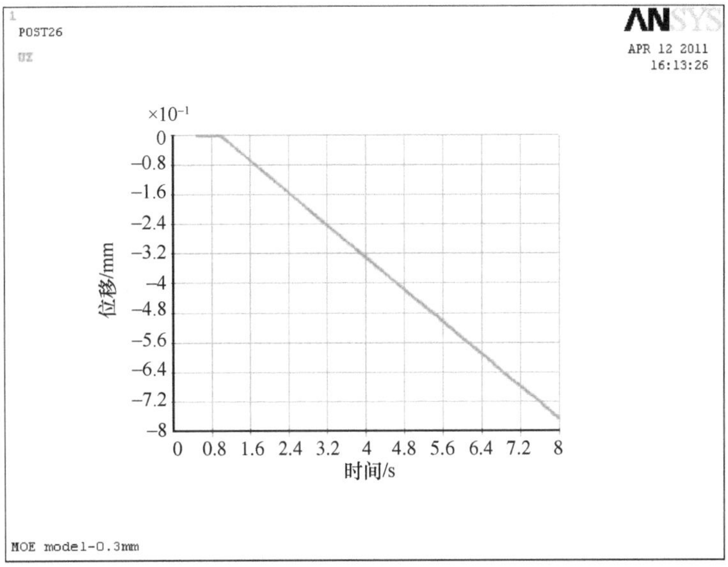

图 5-28 位移-时间变化图

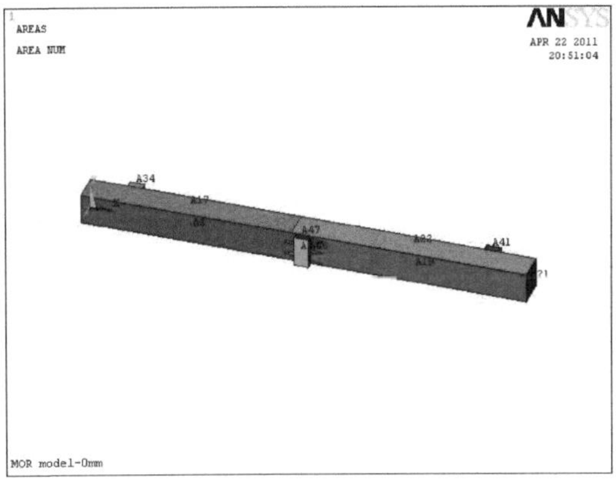

(a) 嵌合度为0时的指接材抗弯强度分析模型

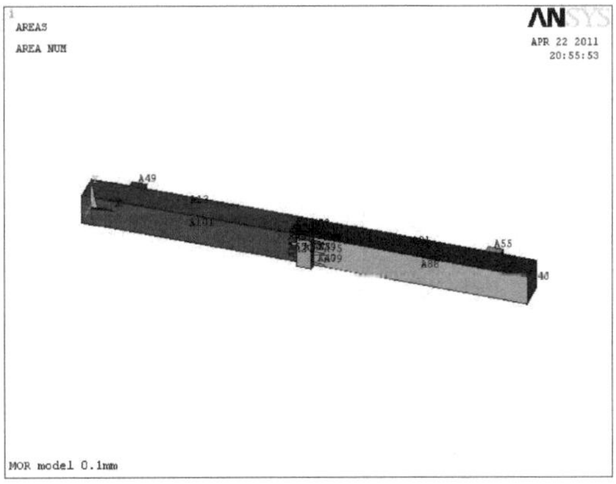

(b) 嵌合度为0.1mm时的指接材抗弯强度分析模型

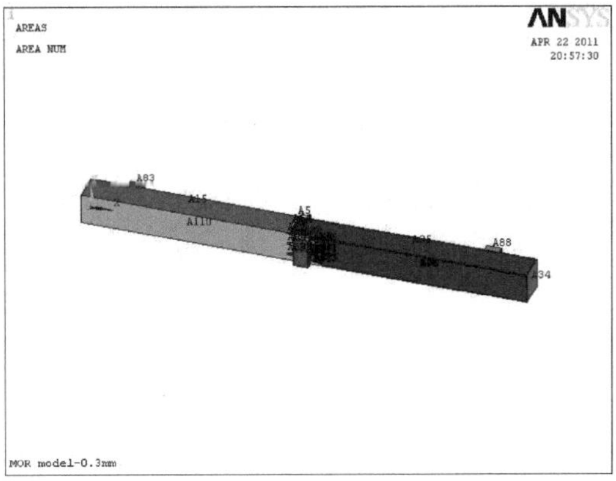

(c) 嵌合度为0.3mm时的指接材抗弯强度分析模型

图 5-29 指接材抗弯强度分析模型（另见彩图）

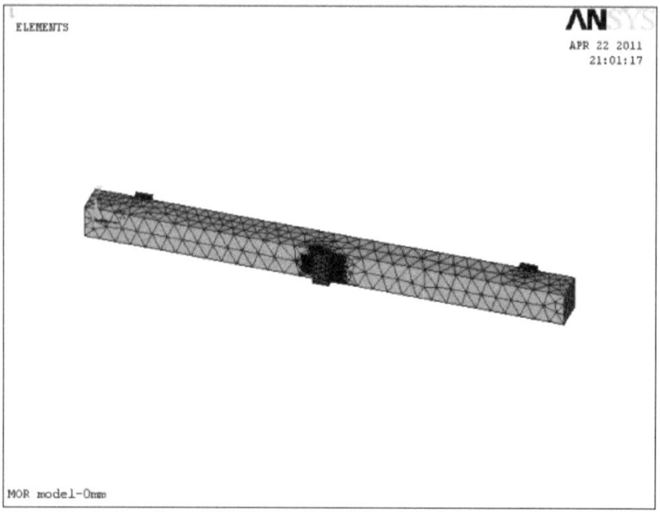

图 5-30　嵌合度为 0.3mm 时的抗弯强度测试模型网格划分结果（另见彩图）

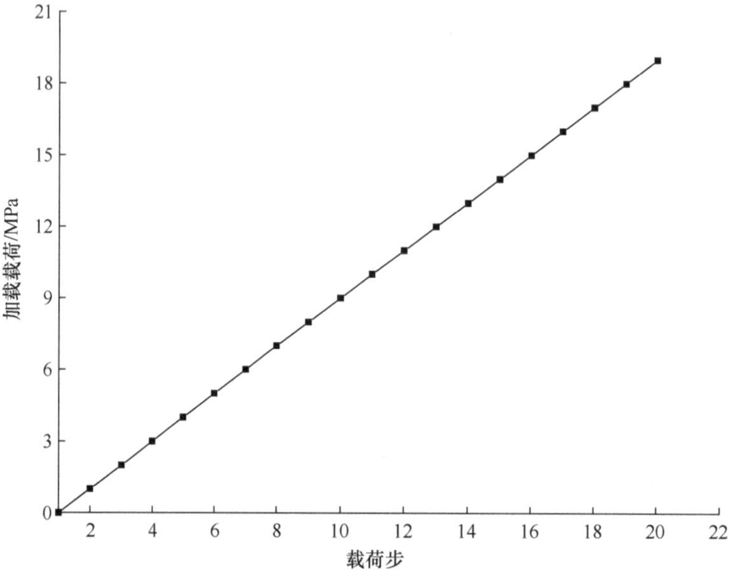

图 5-31　抗弯强度测试加载速度

为 5kN，换算成垫片上的最大压力为 10MPa。在施加压力载荷过程中，通过设定载荷步和子步实现匀速加载，加载速度如图 5-31 所示。加载完成后，按照设定的载荷步顺序依次求解。

（四）模拟分析结果

分析计算完成后，通过 ANSYS 后处理器查看模拟分析的结果。利用通用后处理模块输出模型在不同方向上的位移场、应力场的等值线图形。利用时间历程后处理模块输出模型的特定点在某一或所有时间步内的计算结果，绘制出位移时间曲线。

1. 嵌合度为 0 时的指接材抗弯强度模拟分析结果

嵌合度为 0 时的指接材抗弯强度模拟分析结果如图 5-32 所示。指接材在 Z 轴方向载荷作用下，Z 轴方向的变形随载荷增加而逐渐增大，直至材料产生弯曲破坏。而在应力分布方面，Y 轴及 Z 轴方向应力分布较为均匀，而在 X 轴方向应力则随着材料变形量的

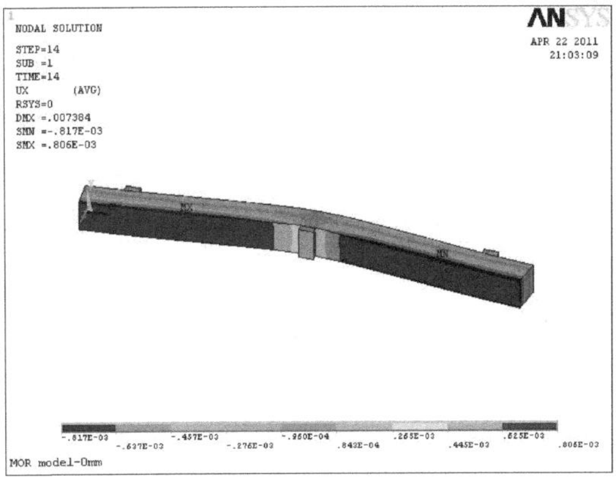

(a) X轴方向位移变化云图

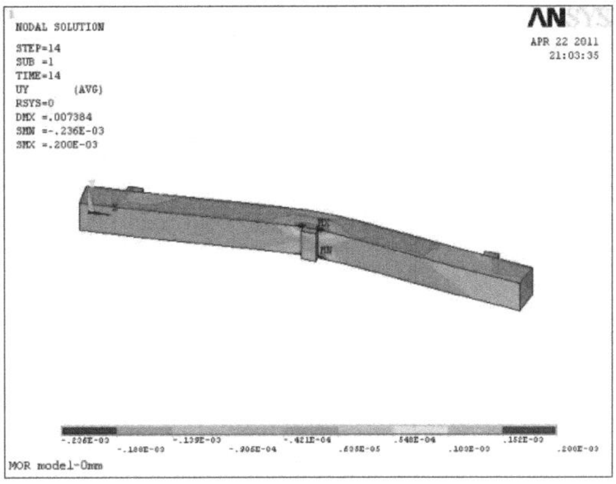

(b) Y轴方向位移变化云图

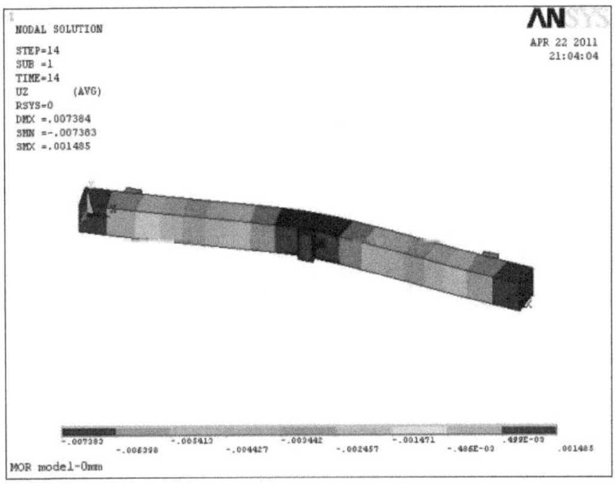

(c) Z轴方向位移变化云图

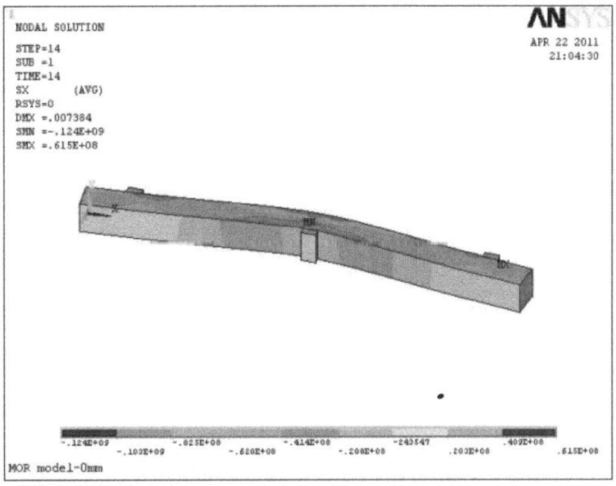

(d) X轴方向应力变化云图

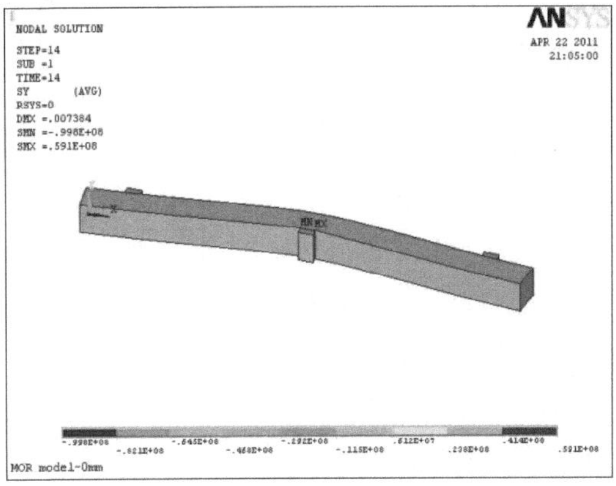

(e) Y轴方向应力变化云图

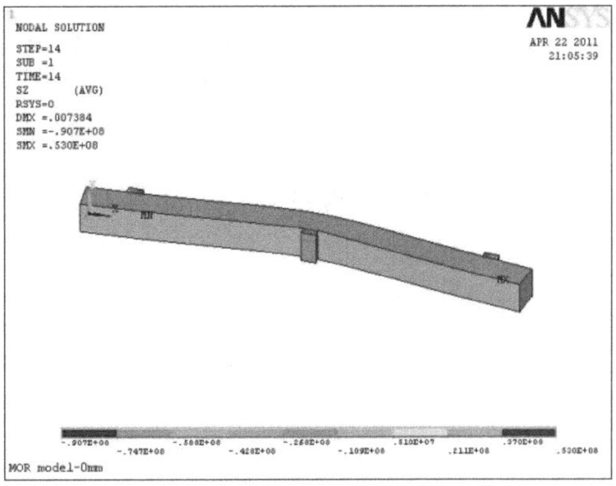

(f) Z轴方向应力变化云图

图 5-32　嵌合度为 0 时的指接材抗弯强度模拟分析结果（另见彩图）

增大而逐渐增大，且分布不均。在加载部位的附近材料由于产生压缩变形而承受较大的压应力，而在加载部位的对面则由于材料产生拉伸变形而承受较大的拉应力；在应力达到屈服极限应力值时，材料产生失效破坏，此时对应的载荷值即为指接材抗弯极限载荷。

图 5-33 所示为嵌合度为 0 状态下指接材加载状态下 Z 轴方向位移-时间变化曲线。加载过程为匀速加载，因此该图同时对应的也是材料的载荷-位移曲线。从图中可以看出，在加载载荷步达到 8，即对应计算载荷达到 1400N 之前，指接材仍处在弹性变形阶段。当载荷逐渐增大时，塑性变形逐渐增加，直至载荷步达到 14，即对应计算载荷为 2600N 时，模型中部分材料单元产生屈服，材料产生弯曲破坏。当载荷继续增大时，由于计算过程不能达到收敛，所以曲线末端产生了不规则的变化，分析过程中应不予考虑。根据模拟分析结果，载荷 2600N 即为樟子松指接材在嵌合度为 0 时的抗弯极限载荷。按照抗弯强度计算公式可以计算出对应的抗弯强度值为 78.0MPa。

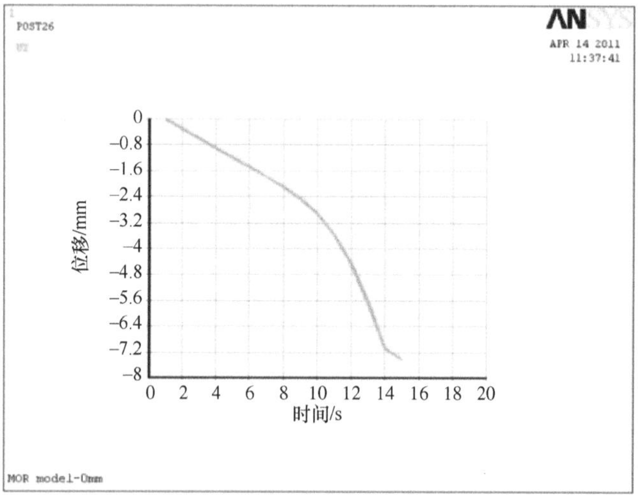

图 5-33　模拟分析位移-时间图

图 5-34 所示为试验测试得出的载荷-位移曲线。从图中可以看出，在材料达到抗弯极限载荷后，材料因产生破坏而导致载荷骤降，而在模拟分析曲线图 5-33 中观察不到这一现象，这主要与两者加载方式不同有关。在试验测试过程中，材料破坏后试验机立即复位，因此载荷骤降。而在模拟分析过程中，载荷达到屈服极限值后加载过程仍然继续，因此不会产生载荷骤降现象。

指接材嵌合度为 0 状态下抗弯强度试验测试结果平均值为 64.3MPa，与模拟分析结果对比可以发现，模拟分析结果（78.0MPa）相对试验测试结果偏大。主要原因是利用模型进行模拟时，考虑的是材料在理想的加工状态下，如指接材在指接胶合过程中材料本身未产生破坏，且指接部位的胶合强度一致，未出现部分缺胶等现象。而在实际加工测量过程中，不可避免产生加工缺陷。当指接后材料存在加工缺陷时，测量过程中即从强度较弱的缺陷部位产生应力集中，最终导致材料的失效破坏，因此试验测试抗弯强度值比理想的模拟分析值偏小。此外，模拟分析中材料为理想的均质化材料，而实际木材本身存在一定的缺陷，这些缺陷的存在都会导致指接后材料抗弯强度的降低。

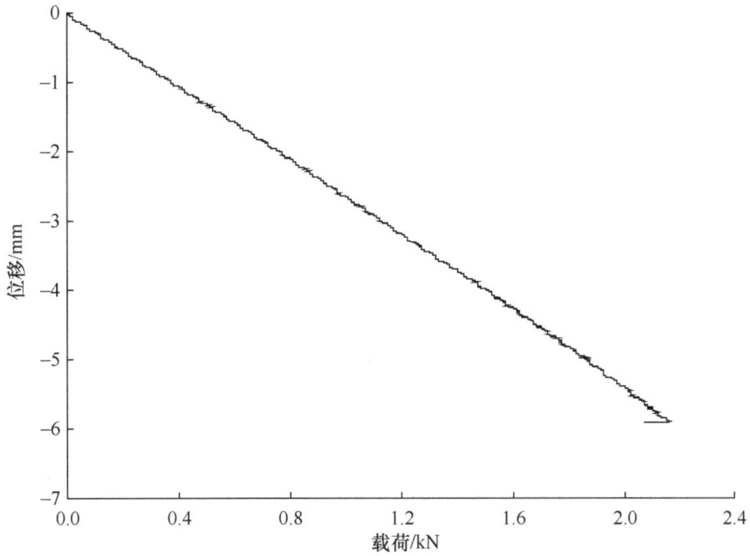

图 5-34　试验测试载荷-位移图

2. 嵌合度为 0.1mm 时的指接材抗弯强度模拟分析结果

从嵌合度为 0.1mm 时的指接材抗弯强度模拟分析结果（图 5-35）可以看出，在模拟测试过程中，由于嵌合度的存在，指榫指尖与齿底不能完全嵌合，空隙部位被胶黏剂所填充。而胶黏剂的材料特性与木材差异较大，在受到载荷作用时其变形及应力分布状态也不一样，因此容易在木材与胶黏剂的结合部位产生应力集中，并最终导致材料的强度降低。从图 5-36 所示的位移-时间图可以看出，材料的抗弯强度极限值确实比嵌合度为 0 时有所降低，约为 2400N，对应的抗弯强度值为 72.0MPa。

试验测试结果显示，嵌合度为 0.1mm 时指接材抗弯弹性模量值为 70.7MPa，将试验测试结果与模拟分析结果进行对比可以发现，与嵌合度为 0 时相似，指接嵌合度为 0.1mm 时模拟分析结果同样比试验测试结果偏大，产生这一现象的原因也基本相同。

图 5-37 所示为试验测试得出的载荷-位移变化曲线。对比模拟分析曲线图 5-36 可以发现，两条曲线存在的差异与嵌合度为 0 时相同。

此外，通过对试验结果与模拟分析结果对比还发现一个问题，即根据指接材全因子试验的测试结果，嵌合度为 0.1mm 时指接材的抗弯强度值比嵌合度为 0 时的抗弯强度值大，而模拟分析结果则相反，但两者相差不大。该问题的产生是由木材的材料特性决定的。由于木材内部含水率存在差异，内部含水率较表层含水率偏高，因此在指榫加工后，齿榫部位会因含水率高于当时相对湿度下的木材平衡含水率而产生干缩现象。而在产生干缩过程中，齿榫顶部由于受到周围木材的牵制较少，其变形量相对齿底更小。这就导致指接榫之间齿顶宽与齿底宽之间的差异变小，在指接过程中能够达到更好的嵌合状态，从而消除齿顶隙的存在。这样齿顶部位填充的胶黏剂量减少，从而减小因胶黏剂填充齿顶隙而产生的应力集中现象的发生，提高了指接材的抗弯强度。而通过观察加工出的嵌合度为 0.1mm 指接材也可以得到验证，其齿顶隙基本不存在，指榫嵌合良好。同样，基于以上的观点，在试验加工过程中，嵌合度为 0 时指榫因变形而导致实际嵌合度为负值，胶黏剂填充其中的缝隙，使指接后材料的抗弯强度值下降，低于嵌合度为 0.1mm 时指接材的抗弯强度值。而在利用模型进行模拟分析时，由于未考虑指榫加工后的干缩变形情况，导致模拟分析得出的结果中，嵌合度为 0.1mm 时的指接抗弯强度模拟分析值小于嵌合度为 0 时的模拟分析值。

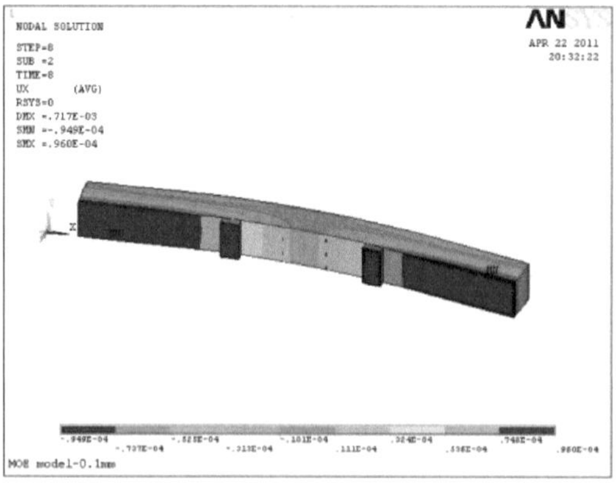

(a) *X*轴方向位移变化云图

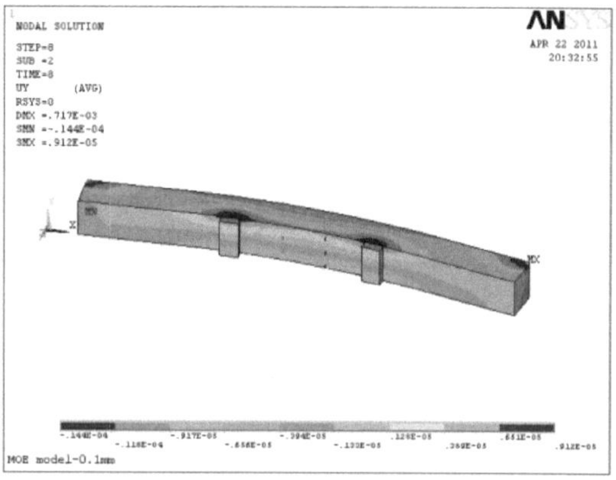

(b) *Y*轴方向位移变化云图

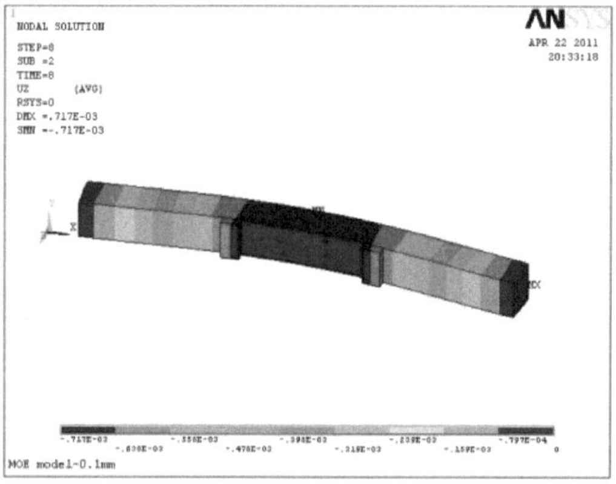

(c) *Z*轴方向位移变化云图

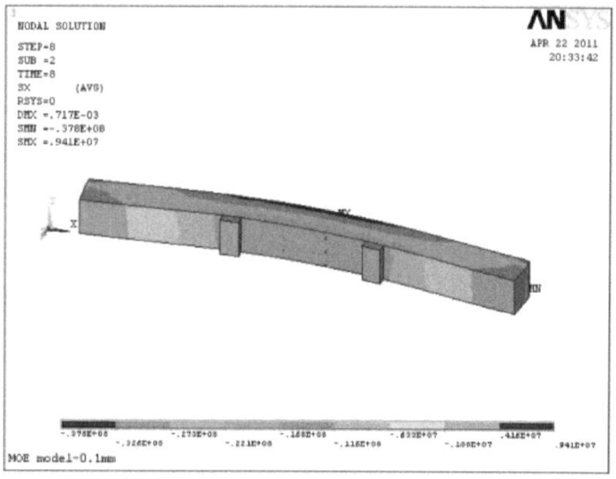

(d) *X*轴方向应力变化云图

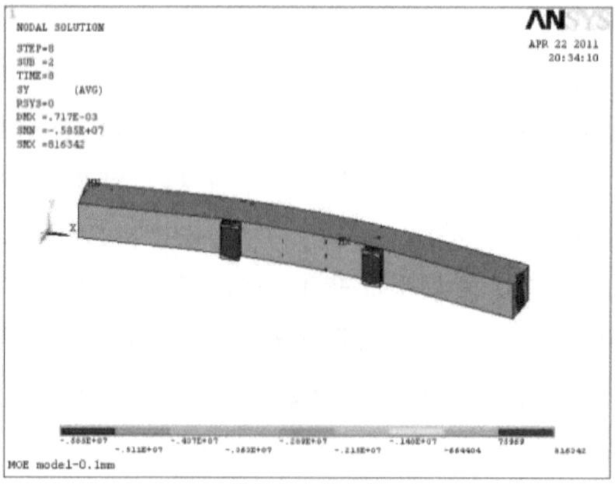

(e) *Y*轴方向应力变化云图

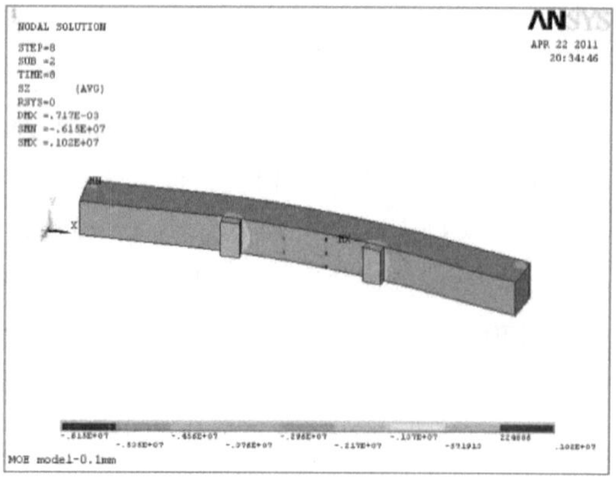

(f) *Z*轴方向应力变化云图

图 5-35　嵌合度为 0.1mm 时的指接材抗弯强度模拟分析结果（另见彩图）

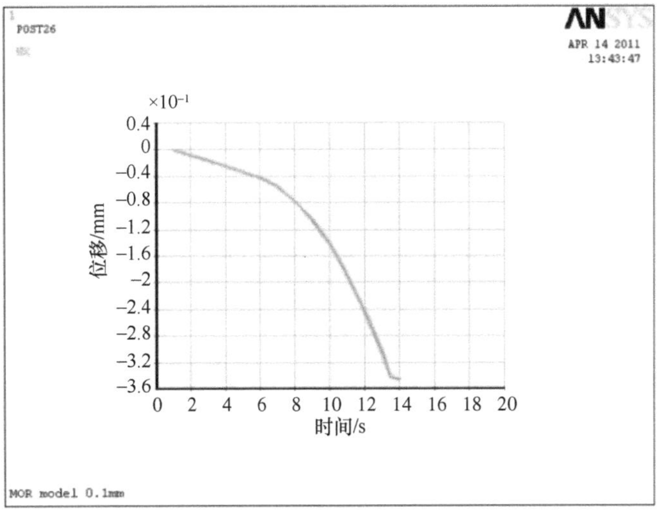

图 5-36 模拟分析位移-时间图

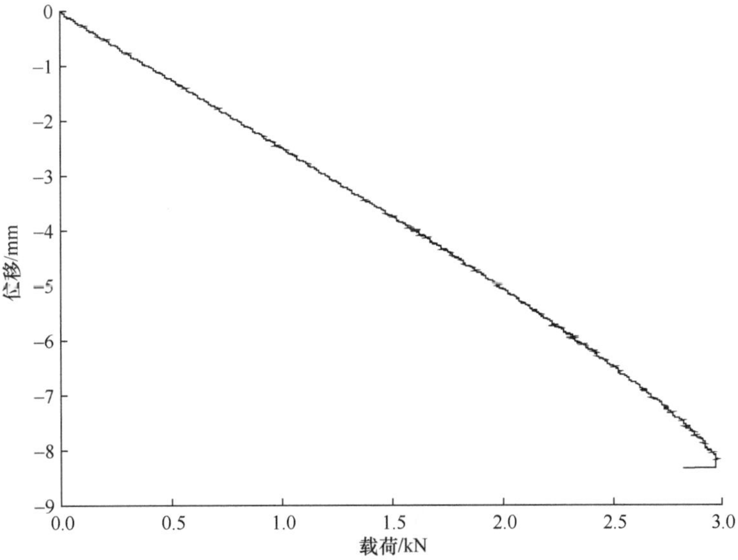

图 5-37 试验测试载荷-位移图

3. 嵌合度为 0.3mm 时的指接材抗弯强度模拟分析结果

嵌合度为 0.3mm 时的指接材模拟分析结果（图 5-38）与嵌合度为 0.1mm 时的结果相似，只是由于嵌合度的加大，指接材齿顶隙增大，齿顶部位填充的胶黏剂更多，更易引起加载过程中的应力集中，从而导致指接抗弯强度明显降低。从图 5-39 即可以看出，材料在载荷为 1500N 左右即产生了屈服破坏，其对应的抗弯强度值仅为 45.0MPa。

根据试验测量结果（图 5-40），指榫嵌合度为 0.3mm 时，抗弯强度平均值为 66.8MPa。模拟分析结果相对试验测试结果明显偏小。产生这种现象的原因主要是，在实际试验过程中，齿榫加工后产生的干缩现象减小了嵌合度，从而较大幅度提高了指接抗弯强度。

而在利用模型进行模拟时，由于指接齿顶隙过大，受载时应力集中过大，导致模拟分析值相对试验测试值下降明显。尽管模拟分析会因不考虑加工缺陷存在而使指接抗弯强度比实际值有所提高，但因为嵌合度过大对强度削弱效果更为显著，故模拟分析得出的嵌合度为 0.3mm 时的指接抗弯强度小于实际测试值。

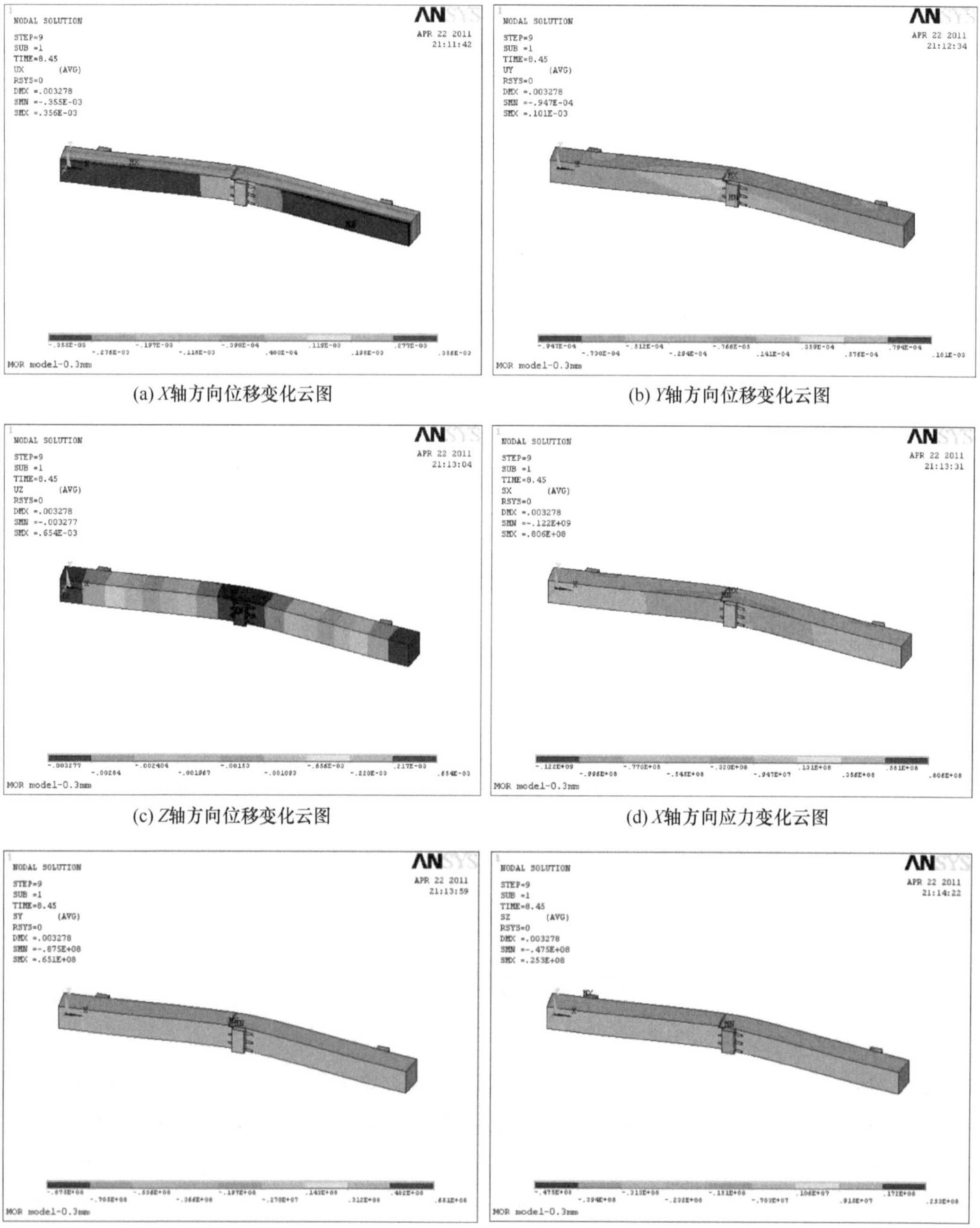

(a) X轴方向位移变化云图　(b) Y轴方向位移变化云图

(c) Z轴方向位移变化云图　(d) X轴方向应力变化云图

(e) Y轴方向应力变化云图　(f) Z轴方向应力变化云图

图 5-38　嵌合度为 0.3mm 时的指接材抗弯强度模拟分析结果（另见彩图）

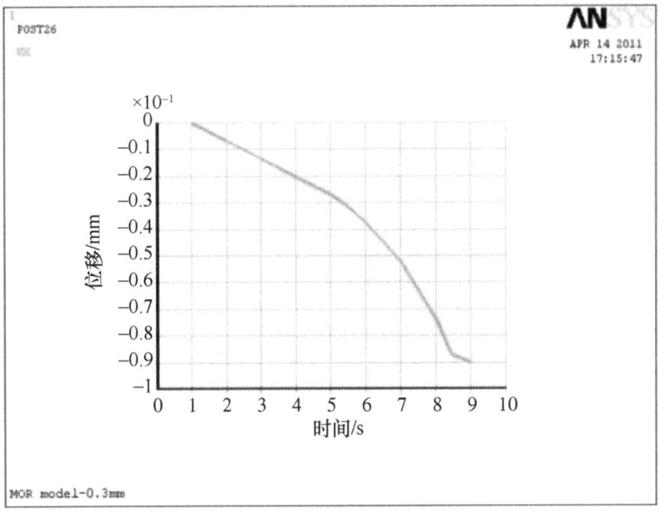

图 5-39 模拟分析位移-时间图

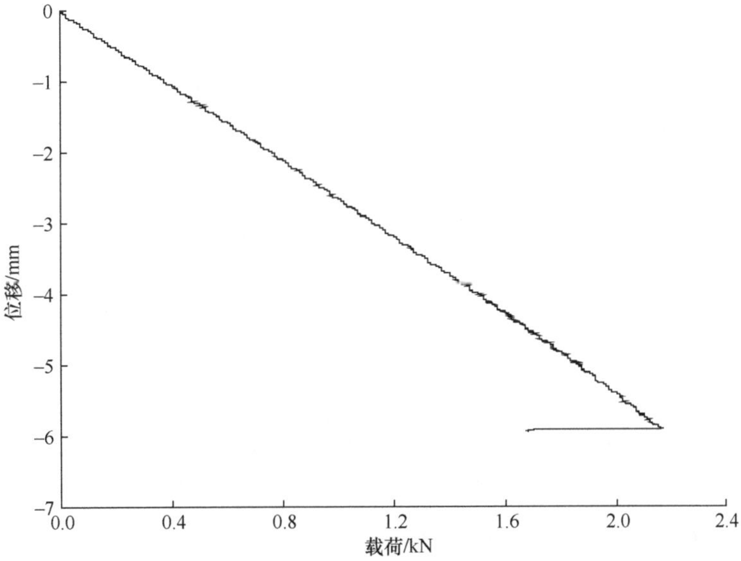

图 5-40 试验测试载荷-位移图

综上所述，利用有限元建模分析的方法可以获得指接材在理想加工状态下的抗弯强度值，但与试验测试结果相比存在一定的偏差。表 5-6 所示为三种嵌合度条件下指接材抗弯强度模拟分析结果与试验测试结果对照表。

表 5-6 指接材抗弯强度测试结果对照表

嵌合度/mm	试验测试结果/MPa	模拟分析结果/MPa	误差/%
0.0	64.3	78.0	21.3
0.1	70.7	72.0	1.80
0.3	66.8	45.0	32.6

试验测试结果与模拟分析结果存在偏差的原因主要有两个。首先，模拟分析过程未考虑材料缺陷及指接过程中存在的加工缺陷；其次，模拟分析过程中未考虑齿榫加工后干缩变形导致的指接嵌合度下降。两者的共同作用导致在不同嵌合度条件下指接材抗弯强度的变化趋势与有限元模拟分析结果有所不同。因此，为使有限元模拟分析方法可以更好地用于预测指接后材料的抗弯强度，须对分析模型进行一定程度的修正。

主要参考文献

胡于进，王璋奇. 2009. 有限元分析及应用. 北京：清华大学出版社.

李明宝. 2007. 基于有限元理论的木材机械性能建模与仿真研究. 东北林业大学博士学位论文.

李涛，樊庆文. 2006. ANSYS 在复合材料应力分析中的应用. 计算机应用技术, 33(12): 47-48.

李雪梅. 2009. 基于有限元法木材力学性能模拟及优化设计研究. 内蒙古农业大学硕士学位论文.

廖原. 2007. ANSYS 在复合材料梁设计中的应用. 建筑设计与装饰, 12: 96-98.

卢志国，杨纥，林建平. 2009. 胶层尺寸对单搭胶接接头性能的影响研究. 中国胶粘剂, 18(5): 1-3.

单桂芳，杨伟，冯建民，等. 2006. 材料泊松比测试方法的研究进展. 材料导报, 20(3): 15-20.

王逢瑚，杨亮庆，孙建平，等. 2008. 有限元法在木材模态特性分析中的应用. 东北林业大学学报, 36(4): 24-25.

王丽宇，鹿振友，申世杰. 2003. 白桦材 12 个弹性常数的研究. 北京林业大学学报, 25(6): 64-67.

王正，王志强. 2004. 应变电测法及 VB 程序在测定竹质材料的弹性模量 E 和泊松比 μ 中的运用. 木材加工机械, (1): 16-17.

徐曼琼，鹿振友. 2003. 火炬松木材剪切弹性模量的测试研究. 力学与实践, 25(5): 57-60.

杨彩云，刘海东. 2009. 2.5D 结构复合材料实体模型的参数化建模. 天津工业大学学报, 28(4): 1-5.

尹思慈. 2002. 木材学. 北京：中国林业出版社.

游敏，郑小玲，郑勇. 2000. 金属结构胶接. 武汉：武汉水利电力大学出版社.

张朝晖. 2009. ANSYS11.0 结构分析工程应用实例解析. 北京：机械工业出版社.

张桂江，孙秦. 2005. ANSYS 在复合材料结构仿真与设计中的应用. 陕西理工学院学报, 21(3): 33-35.

张金菊：申世杰. 2006. 关于指接集成材力学性能及其分析模型的研究. 中国人造板, 7: 16-18.

赵国华. 2005. 用 ANSYS 进行复合材料层合板的冲击应力场模拟. 机床与液压, 5: 159-161.

赵辉. 2005. 基于 ANSYS 的木材弯曲仿真研究. 林业科技, 30(1): 40-42.

郑世强，李明宝，杨建明，等. 2007. 基于随机有限元法的木材断裂参数的研究. 森林工程, 23(3): 12-15.

郑小玲，孔凡荣，游敏，等. 2004. 胶层厚度对拉伸试样应力分布影响的数值分析. 粘结, 25(5): 30-32.

周海宾，任海清，费本华，等. 2007. 木质复合板弯曲、剪切弹性模量动态测试. 建筑材料学报, 10(5): 561-565.

周尚志，党发宁，陈厚群，等. 2008. 岩石、混凝土类材料断裂破坏有限元数值模拟中的有效方法. 计算力学学报, 25(2): 248-253.

Cabrero J M, Gebremedhin K G. 2009. Finite element model for predicting stiffness of metal-plate-connected tension-splice and heel jointed of wood trusses. Structure & Enviroment Division of ASABE, 52(2): 565-573.

Davalos J F, Kim Y, Barbero E J. 1995. A layerwise beam element for analysis of frames with laminated sections and flexible joints. Finite Elements in Analysis and Design, 19(3): 181-194.

Moses D M, Prion H G. 2004. Stress and failure analysis of wood composites: a new model. Composites: Part B, 35: 251-261.

Nahas NN. 1986. Survey of failure and post-failure theories of laminated fiber reinforced composites. Journal of Composite Technology and Research, 8(4): 138-153.

Rowlands R E. 1985. Strength(failure)theories and their experimental correlation. Failure Mechanics of Composites: 71-125.

Serrano E. 2001. Glued-in rods for timber structures—a 3D model and Finite element parameter studies. International Journal of Adhesion & Adhesives, 21: 115-127.

Serrano E. 2004. A numerical study of the shear-strength-predicting capabilities of test specimens for wood–adhesive bonds. International Journal of Adhesion & Adhesives, 24: 23-35.

Smith I, Hu L J. 1994. Fracture analysis of bolted timber connections. ASCE Structures Congress: Proceedings, Conference on Analysis and Computation, Atlanta, Georgia. April 25-27.

Tabiei A, Wu J. 2000. Three-dimensional nonlinear orthotropic finite element material model for wood. Composite Structures, 50: 143-149.

Tsai S W, Wu E M. 1971. A general theory of strength for anisotropic materials. Journal of Composite Materials, 5: 58-80.

第六章　人工林木材的胶合工艺与胶合性能

本章详述了 6 种人工林木材胶合的涂胶量、单位压力和加压时间，木材的不同纹理方向胶合、混合树种胶合等胶合工艺对胶合性能的影响；并提出了优化胶合工艺参数的具体方法，分析和讨论了优化参数的试验结果。

第一节　胶合工艺对胶合性能的影响

木材的胶合涉及木材本身的性质、胶黏剂的性质以及胶合的工艺影响。本节就木材胶合的工艺参数进行分析讨论，优化人工林木材的胶合工艺，为人工林木材胶合生产提供参考。

木材胶合的工艺参数主要考虑胶合时的单位压力、加压时间、涂胶量和胶合温度，胶合温度主要取决于胶黏剂的性质，所以本章选定胶黏剂后，主要考虑单位压力、加压时间和涂胶量。

单位压力：单位压力是影响胶合强度的主要因素之一。胶黏剂涂布，两个胶合面重叠，紧密接触，胶黏剂转涂，木材被充分润湿，然后对胶合面施加压力。而且，胶合材的变形和凹凸不平的表面被强制压紧，使它们之间形成紧密接触，形成薄而均匀的胶层，加压是必要的条件。特别是将液态胶黏剂涂布到干燥的木材上，木材吸收溶剂或者水分而膨胀，使胶合材料变形，所以胶合材料即使多么光滑，不加压是不能胶合的。不同密度的阔叶材和针叶材胶合时，单位压力是不同的。单位压力的大小与胶合材料的树种、表面加工质量、胶液黏度、涂胶量都有关系。

加压时间：胶合过程中，在加压状态下，胶液固化，达到最终的胶合强度，这是理想状态，需要很长一段时间，降低了生产率和设备利用率。为此，通常采用胶黏剂达到初期固化强度，即不产生剥离的胶合强度，就从加压装置卸下的方法，这段时间称为加压时间。加压时间的长短取决于胶黏剂的固化速度。冷压时，温度低，胶黏剂固化慢，加压时间长，冬季气温低时，胶合时间比较长，加热胶合可以大大缩短胶合时间。胶黏时间还主要与胶种有关，间苯二酚树脂、酚醛树脂、脲醛树脂、聚醋酸乙烯酯乳液，常温固化时间比较长，可达 6～12h。为了缩短胶合时间，提高生产率和设备利用率，采用新研制的水性高分子异氰酸酯胶黏剂，常温固化的胶合时间仅仅需要 1h 左右（郝金城，2001）。

涂胶量：涂胶量和胶合质量有密切的关系。如果涂胶量过多，胶层厚度必然增大，过厚的胶层反而降低了胶合强度，同时增加了胶液的消耗量。所以在保证胶合强度的前提下尽量减少涂胶量。然而如果涂胶量很少，由于涂胶后胶液润湿木材被木材吸收，而不能形成均匀的胶层，会出现缺胶现象而降低胶合质量。

一、材料和方法

选用杉木（*Cunninghamia lanceolata*）、杨树（*Populus*×*canadensis* cv. 'I-214'）、巨桉（*Eucalyptus grandis*）、尾巨桉（*E. urophylla*×*E. grandis*）、柠檬桉（*E. citriodora*）和窿缘桉（*E. exserta*）6 种人工林木材。试材（采集情况见表 6-1）采集回运后，根据制材方案，将原木锯成厚 20～50mm、宽 55mm、长 500mm 的板材，存放于气干棚中，留备试验用。

表 6-1　试材的采集情况

树种	树高/cm	枝下高/cm	树龄/年	胸径/cm	株数/株	采集地
杉木	2944	704	36	22	5	江西省分宜县亚林中心
杨树	2044	106	15	27	5	辽宁省新民市机械林场
巨桉	2749	1202	13	28	10	广西南宁成大木业有限公司
尾巨桉	3108	2026	14	25	10	
柠檬桉	3067	1657	37	59	10	
窿缘桉	1996	1076	27	26	10	

为了避免心、边材抽提物含量差异对胶合性能的影响，所选试材均为边材。试验前将试材加工成尺寸为 250mm×50mm×20mm 的板材，并根据国家标准 GB/T 1928—2009《木材物理力学试验方法总则》检测其气干密度和含水率，检测结果见表 6-2。胶合时按板材 50mm 的宽面方向层积。

表 6-2　试材的气干密度和含水率

树种	密度/（g/cm^3）	含水率/%	样本数	树种	密度/（g/cm^3）	含水率/%	样本数
杉木	0.362（0.032）	9.7（0.42）	30	尾巨桉	0.676（0.001）	10.3（0.33）	30
杨树	0.339（0.011）	8.7（0.33）	30	柠檬桉	1.007（0.024）	10.5（0.35）	30
巨桉	0.629（0.019）	10.3（0.22）	30	窿缘桉	1.098（0.042）	10.5（0.43）	30

注：表中括号数据为对应项的标准偏差

选用 EPI 作为胶黏剂。EPI 胶黏剂的胶合强度高、耐水性好、胶合后无有毒物质释放，并且常温固化，不需要加热设备。EPI 胶黏剂的相关技术参数详见表 2-6。

试验将 6 种人工林木材按密度分为低、中、高 3 类，分别是低密度杉木和杨树、中等密度的巨桉和尾巨桉、高密度的柠檬桉和窿缘桉。分别设定 3 组不同的胶合工艺（见表 6-3），采用 SAS 全因子试验设计，相同条件重复 3 次，每次抽取 4 个试样，共计 12 个样本。根据 JAS SE-9 检测胶合试样的常态剪切强度和木破率。

二、胶合工艺对木材胶合性能的影响

对 6 种人工林木材的剪切强度和木破率进行方差分析，结果见表 6-4。从表中可知在显著水平 $\alpha = 0.05$ 时，加压时间和树种对 6 种木材的剪切强度和木破率均有影响显著。

表 6-3　胶合工艺对木材胶合性能影响的试验设计

树种	因子水平	涂胶量/（g/m²）	单位压力/MPa	加压时间/min
杉木 杨树	1	150	1.0	35
	2	200	1.5	50
	3	250	2.0	
	4	300		
巨桉 尾巨桉	1	150	1.5	35
	2	200	2.0	50
	3	250	2.5	
	4	300		
柠檬桉 窿缘桉	1	150	2.0	35
	2	200	2.5	50
	3	250	3.0	
	4	300		

表 6-4　胶合工艺对胶合性能影响试验的方差分析表

变异来源	自由度	剪切强度		木破率	
		F 值	显著性	*F* 值	显著性
涂胶量（S）	3	1.4	—	1.7	—
单位压力（P）	2	2.1	—	3.5	**
加压时间（T）	1	25.4	***	9.9	***
树种（SP）	5	375.0	***	987.3	***

注："—"表示差异不显著；"**"表示 $\alpha = 0.05$ 水平下显著；"***"表示 $\alpha = 0.01$ 水平下显著

(一) 胶合工艺对杉木、杨树胶合性能的影响

杉木不同胶合工艺条件下剪切强度为 5.90～10.68MPa，木破率为 78%～98%。对涂胶量、单位压力和加压时间不同水平的剪切强度和木破率，进行了显著水平 $\alpha = 0.05$ 的多重比较，结果见表 6-5。从表中可知，在本试验条件下涂胶量、单位压力和加压时间对杉木的剪切强度影响显著。涂胶量为 250g/m² 的剪切强度差明显高于其他三个水平的剪切强度。单位压力 1.5MPa 和 2.0MPa 间差异不显著，但明显比 1.0MPa 时的强度要高。加压时间 50min 的强度明显比加压 35min 的强度要高。综合比较可知，杉木优化的胶合工艺为涂胶量 250g/m²，单位压力 1.5MPa，加压时间 50min。

杨树木材不同胶合工艺条件下的剪切强度变化较大，为 6.73～11.68MPa，而木破率为 98%～100%。对三个因子不同水平的胶合性能进行了多重比较，比较结果见表 6-5。从表中可知三个因子对杨树木材的剪切强度影响显著，对木破率的影响不显著。涂胶量为 250g/m² 时，胶合剪切强度明显高于其他水平。单位压力 1.5MPa 分别与其他其两个水平差异不显著。加压时间 50min 的强度明显高于加压 30min，原因是与杨树木材特征和 EPI 胶黏剂的固化有关。杨树木材为散孔材，密度低，材质疏松，胶黏剂容易渗透到杨

表 6-5　各因子的不同水平间杉木、杨树胶合性能的多重比较

因子	因子水平	杉木		杨树	
		剪切强度/MPa	木破率/%	剪切强度/MPa	木破率/%
涂胶量/（g/m²）	150	7.57 B	90 A	9.03 B	99 A
	200	7.86 B	93 A	9.09 B	99 A
	250	8.51 A	87 A	9.99 A	99 A
	300	7.19 B	89 A	8.99 B	100 A
单位压力/MPa	1.0	7.55 B	90 B	9.05 B	99 A
	1.5	8.16 A	95 A	9.52 AB	100 A
	2.0	8.02 AB	95 A	10.08 A	100 A
加压时间/min	35	6.92 B	90 B	9.29 A	99 A
	50	8.89 A	98 A	10.41 B	100 A

注：表中相同字母表示差异不显著，不同字母表示差异显著

树木材的表层细胞中，胶合较容易；但由于杨树木材强度低，胶合时破坏多为木材破坏，木破率高。加压时间 50min 时的剪切强度显著高于 35min，是由于 EPI 胶黏剂在 35min 时固化未完全，而胶合加压可促进胶黏剂在木材表面的流动、渗透，以及胶黏剂的固化。综合比较各种工艺条件的胶合性能的平均值、离散性和胶合因子对胶合性能的影响，杨树木材优化的胶合工艺为涂胶量 250g/m²，单位压力 1.5MPa，加压时间 50min。

（二）胶合工艺对巨桉、尾巨桉胶合性能的影响

巨桉不同胶合工艺条件下的剪切强度和木破率变异较大，平均值分别为 11.47～18.07MPa 和 58%～99%。对三个因子的不同水平间的胶合性能进行了显著水平 $\alpha = 0.05$ 多重比较，结果见表 6-6。从表中可知，涂胶量为 250g/m² 时剪切强度和木破率最高。单位压力 2.0MPa 的剪切强度和木破率明显高于其他两个水平。加压 50min 时剪切强度也明显高于 35min 时的剪切强度。综合比较各种工艺条件的胶合性能的平均值、离散性和胶合因子对胶合性能的影响，巨桉木材优化的胶合工艺为涂胶量 250g/m²，单位压力 2.0MPa，加压时间 50min。

表 6-6　各因子的不同水平间巨桉、尾巨桉胶合性能的多重比较

因子	因子水平	巨桉		尾巨桉	
		剪切强度/MPa	木破率/%	剪切强度/MPa	木破率/%
涂胶量/（g/m²）	150	13.62 B	84 B	16.69 B	86 B
	200	14.41 B	85 B	16.46 B	89 AB
	250	16.20 A	93 A	17.47 A	91 AB
	300	14.61 B	90 AB	16.00 B	96 A
单位压力/MPa	1.5	14.40 B	86 AB	15.50 B	87 A
	2.0	15.06 A	92 A	16.37 A	92 A
	2.5	14.67 B	85 B	17.09 A	92 A
加压时间/min	35	14.37 B	87 A	15.75 B	88 A
	50	15.05 A	88 A	16.55 A	93 A

注：表中相同字母表示差异不显著，不同字母表示差异显著

不同胶合工艺条件尾巨桉的剪切强度和木破率有一定差异，平均值分别为 14.34～18.95MPa 和 75%～100%。对三个因子不同水平间的胶合性能进行多重比较，结果见表 6-6。从表中可知涂胶量、单位压力和加压时间三个因子都显著影响尾巨桉的胶合性能，其中 250g/m^2 的剪切强度明显高于其他三个水平，150g/m^2 的木破率低于其他三个水平，200g/m^2、250g/m^2 和 300g/m^2 三个水平间的木破率差异不显著。单位压力为 1.5MPa 时，剪切强度明显低于 2.0MPa 和 2.5MPa 时的剪切强度，而 2.0MPa 和 2.5MPa 间差异不显著，三个水平间的木破率差异不显著。加压时间 50min 剪切强度明显高于 35min 时的剪切强度，而两个水平的木破率差异不显著。综合比较各种工艺条件的胶合性能的平均值、离散性和胶合因子对胶合性能的影响，尾巨桉木材优化的胶合工艺为涂胶量 200g/m^2，单位压力 2.0MPa，加压时间 50min。

（三）胶合工艺对柠檬桉、窿缘桉胶合性能的影响

不同胶合工艺条件下柠檬桉的剪切强度和木破率平均值分别为 13.99～19.06MPa 和 10%～26%，不同工艺的木破率差异不明显。对不同胶合工艺条件下的剪切强度和木破率进行多重比较，结果见表 6-7。如前文所述，柠檬桉木材具有较高的密度和抽提物含量，并且硬度高、机械加工性能差等造成胶合困难。因此，柠檬桉木材的胶合工艺有待进一步研究，但综合比较本次试验各种工艺条件条件下的胶合性能平均值、离散性和胶合因子对胶合性能的影响，柠檬桉木材在涂胶量 200g/m^2，单位压力 2.0MPa，加压时间 50min 时的胶合性能优于其他工艺条件。

表 6-7 各因子的不同水平间柠檬桉、窿缘桉胶合性能的多重比较

因子	因子水平	柠檬桉		窿缘桉	
		剪切强度/MPa	木破率/%	剪切强度/MPa	木破率/%
涂胶量/（g/m^2）	150	16.48 A	22 A	17.25 A	28 A
	200	16.95 A	24 A	17.37 A	17 B
	250	16.65 A	20 A	17.12 A	24 AB
	300	16.00 A	23 A	17.01 A	19 AB
单位压力/MPa	2.0	17.25 A	23 A	17.39 A	21 A
	2.5	16.24 A	24 A	17.11 A	25 A
	3.0	16.07 A	19 A	17.06 A	21 A
加压时间/min	35	16.27 A	26 A	16.46 B	35 A
	50	16.76 A	18 B	17.91 A	10 B

注：表中相同字母表示差异不显著，不同字母表示差异显著

不同胶合工艺条件下窿缘桉的剪切强度和木破率平均值分别为 13.86～18.78MPa 和 5%～20%。窿缘桉在不同胶合工艺条件下的木破率差异不明显，剪切强度低于实木剪切强度，且不同工艺条件剪切强度差异显著，相同工艺条件剪切强度变异较大。对不同胶合工艺条件下的剪切强度和木破率进行多重比较，结果见表 6-7。从表中可知，涂胶量和单位压力对窿缘桉的胶合性能影响均不显著。主要是因为窿缘桉木材密度高、空隙率低，胶黏剂很难渗透到木材的表层细胞中；窿缘桉的抽提物含量高，污染胶合面，影响胶黏

剂在木材表面的润湿性能。此外，窿缘桉木材硬率大、纹理扭曲，加工光滑平整的胶合面较困难，并且加工时对表层细胞的破坏程度大，胶合破坏容易产生在受损细胞与胶黏剂的复合层，影响胶合强度，因此，窿缘桉的胶合工艺有待进一步研究。但综合比较本次试验中各工艺条件的胶合性能平均值、离散性和胶合因子对胶合性能的影响，窿缘桉木材在涂胶量 200g/m^2，单位压力 2.0MPa，加压时间 50min 时胶合性能优于其他工艺。

第二节　胶合面纹理对胶合性能的影响

在众多与胶合性能相关的木材特征中，国内外针对木材纤维方向对胶合强度的影响进行了大量研究（Sellers et al.，1988；Freeman，1959；Marian and Stumbo，1962；郭柏林等，1994；Hillis and Brown，1990；程瑞香和顾继友，2004；Marian et al.，1958）。结果发现，基材的纤维方向对胶合性能的影响显著，基材纤维方向平行时的胶合强度比呈一定角度时要高。随着纤维方向角度的增加，胶合材的胶合强度逐渐下降。当纤维方向互相垂直胶合时，其胶合强度最低，与纤维方向互相平行时相比，胶合强度仅为其 1/4～1/3。

机械胶合理论认为，胶合是由胶黏剂渗入木材表面敞开的管孔中形成胶钉实现的，胶黏剂的渗透程度影响胶合强度（顾继友，1999）。胶合时，胶黏剂应能浸润木材表层细胞的孔壁，并排除微孔内的空气，避免其渗入木材细胞的孔隙中，固化后形成“镶嵌”、“啮合”，才可获得较高的胶合强度。Marian 等（1958）认为液体胶黏剂在弦切面或径切面上由于受到细胞壁的阻碍而影响渗透。Martin 和 Manfred（1998）研究木材纤维方向对胶黏剂在木材表面渗透的影响，结果表明端面胶合时胶黏剂会沿着细胞腔渗入，易造成胶合面缺胶，从而使得木材胶合强度降低。

木材胶合时，在纤维互相平行胶合的条件下，胶合面也有弦切面和径切面之分。本节以 6 种代表性的人工林木材（杉木、杨树、巨桉、尾巨桉、柠檬桉和窿缘桉）为试验对象，研究这 6 种木材不同胶合面纹理组合的胶合性能，旨在探索不同剖切方向对胶合性能的影响，为人工林木材胶合材的开发和制造提供理论基础和实际指导。

一、材料和方法

试材的采集、加工以及含水率和气干密度检测同本章第一节。胶黏剂根据第一节研究结果，选用 EPI 胶黏剂，EPI 的技术参数及使用方法见表 2-6。

为了使同种木材的不同胶合面纹理组合的剪切强度具有可比性，同一树种试件均是从同一批木材中挑选，并且挑选边材作为试材以降低由心边材的抽提物含量不同引起的胶合性能差异。同时，为使胶合试件间的差别更加明显，在试材准备过程中，挑选的径切板的板厚中心线和年轮切线的夹角在 75°以上，弦切板的小于 15°。此外，为了减少试验过程中的组内偏差平方和，对每一组内的试件进行称重，对 250mm×50mm×20mm 尺寸的试件重量偏差控制在±5g。经过称重后的试件再组装成对，以保证每一对比组内的试件密度基本一致，减少由木材密度引起的不同纹理组合胶合强度的差异。

根据前期研究结果，设计 6 种木材的胶合工艺见表 6-8。采用单因子试验设计，每一种条件重复 2 次，每次抽取 6 个样本，共计 12 个样本。胶合完成后，待胶合试件卸压陈放 24h 后，根据 JAS SE-9 锯制剪切强度和木破率检测试件，并检测其常态剪切强度和木破率。

表 6-8 胶合面纹理对胶合性能影响的胶合工艺参数

树种	单位压力/MPa	涂胶量/（g/m^2）	加压时间/min
杉木、杨树	1.5	250	50
巨桉、尾巨桉	2.0	250	50
柠檬桉、窿缘桉	2.0	200	50

扫描电镜切片制作按照选择的工艺参数制得的胶合试样，分别按照三个方向弦-弦、径-径、弦-径制作成尺寸为 6mm×6mm×1mm 的切片，检测面为横截面；考虑到化学药品浸泡会对胶层产生影响，干状条件下完成试样制作。

二、胶合面纹理对胶合性能的影响

对 6 种木材不同胶合面纹理组合的胶合剪切强度和木破率进行方差分析，结果见表 6-9。6 种木材不同胶合面纹理的胶合剪切强度和木破率多重比较结果见表 6-10。

表 6-9 胶合面纹理对 6 种木材胶合性能影响的因子分析表

变异来源	自由度	胶合剪切强度		木破率	
		F 值	显著性	*F* 值	显著性
树种	5	100.8	***	1702.9	***
胶合面纹理	2	18.3	***	3.5	**
树种×胶合面纹理	10	3.2	***	3.5	***

注：“**”表示 $\alpha = 0.05$ 水平下显著；“***”表示 $\alpha = 0.01$ 水平下显著

表 6-10 6 种木材三种胶合面纹理组合的胶合性能差异

树种	胶合面纹理	剪切强度/MPa		木破率/%		树种	胶合面纹理	剪切强度/MPa		木破率/%	
		平均值	TG	平均值	TG			平均值	TG	平均值	TG
杉木	T-T	9.09（2.04）	A	100（0）	A	尾巨桉	T-T	20.33（1.46）	A	100（0）	A
	T-R	6.92（1.72）	B	100（0）	A		T-R	18.41（2.29）	AB	100（0）	A
	R-R	6.62（1.01）	B	100（0）	A		R-R	17.53（2.13）	B	100（0）	A
杨树	T-T	13.40（1.00）	A	100（0）	A	柠檬桉	T-T	20.01（5.97）	A	19（17）	A
	T-R	11.08（1.47）	B	100（0）	A		T-R	15.64（4.02）	AB	18（11）	A
	R-R	10.57（1.32）	B	100（0）	A		R-R	12.21（5.22）	B	5（4）	B
巨桉	T-T	20.00（3.41）	A	100（1）	A	窿缘桉	T-T	22.96（1.60）	A	6（3）	A
	T-R	15.96（3.69）	B	100（1）	A		T-R	20.93（4.88）	A	15（14）	A
	R-R	16.53（1.46）	B	99（3）	A		R-R	21.84（3.80）	A	10（9）	A

注：表中 TG 是在 $\alpha = 0.05$ 条件下单因子方差分析的结果，相同字母表示差异不显著，反之差异显著。字母“T”表示弦切面，“R”表示径切面；T-T、T-R、R-R 依次表示弦切面与弦切面组合、弦切面与径切面组合和径切面与径切面组合

从表 6-9 中可知，胶合面纹理、树种和胶合面×树种交互因子都显著影响 6 种木材的胶合剪切强度和木破率。从表 6-10 中可知对于杉木、杨树、巨桉和尾巨桉 4 种木材，“弦切面与弦切面（T-T）”的胶合剪切强度显著高于“弦切面与径切面（T-R）”和“径切面与径切面（R-R）”两种，而 T-R 与 R-R 的胶合剪切强度差异不显著，且 T-T、T-R 和 R-R 三种纹理组合的木破率差异不显著，几乎接近 100%。对于柠檬桉，T-T 与 T-R 的胶合剪切强度和木破率差异不显著，T-T 的胶合剪切强度和木破率明显高于 R-R，T-R 的胶合剪切强度与 R-R 的差异不显著，但 T-R 的木破率明显高于 R-R 组合。对于窿缘桉，T-T、T-R 和 R-R 三种纹理组合胶合剪切强度和木破率的差异都不显著，其平均值分别为 22.96MPa、6%，20.93MPa、15%和 21.84MPa、10%。

机械胶合理论认为，胶黏剂渗透到木材表层的细胞中形成胶钉，胶钉的强度和数量决定了胶合强度。杉木木材胶合时，木材的管胞、木射线、管胞壁上的纹孔、木射线间的纹孔和管胞与木射线间的纹孔是胶黏剂渗透的主要通道。杨树、巨桉、尾巨桉、柠檬桉和窿缘桉胶合时，导管、导管上的穿孔、导管壁上的纹孔、木射线、木射线间纹孔和导管与射线间纹孔是胶黏剂渗透的主要通道。在“弦切面-弦切面”胶合时，木射线是垂直于胶合面，因此胶黏剂容易渗透到木射线中形成胶钉；而“径切面-径切面”胶合时，木射线平行于胶合面，从射线细胞与胶黏剂接触面积可知，胶黏剂的渗透比弦切面胶合时渗透的要少，因而径切面的胶钉少于弦切面。

White（1995）通过研究间苯二酚胶黏剂（RF）在南方松（South pine）木材表面的渗透，发现在弦切面射线细胞中有 RF 的渗入，而在径切面未见胶黏剂渗入射线细胞中。付跃进（2003）和赵喜龙（2004）分别对柠檬桉和窿缘桉、杉木和杨树不同胶合面纹理的胶合性能进行了研究，结果发现 4 种木材的弦切面木射线细胞中都有胶黏剂渗入，而在径切面上胶黏剂渗入得较少。这些研究结论证明了弦切面胶合时胶黏剂的渗透量和胶钉数量多于径切面胶合，因此相同条件下弦切面胶合时的胶合强度比径切面的高。此外，Sernek 等（1999）研究脲醛胶（UF）在山毛榉（Beech）木材中的渗透发现，晚材带上的导管含量小，且导管的直径小，阻碍了胶黏剂在径向上的渗透；导管弦向纹孔含量比径向多，在胶合压力的作用下，胶黏剂在弦向的渗透比径向更容易，弦向渗透率是径向的 90 倍。

木材胶合结构破坏时，破坏类型可分为基材破坏、内聚破坏、界面破坏和混合破坏 4 种（图 6-1），其中，基材破坏和内聚破坏主要分别由木材和胶黏剂自身的强度决定。从表 6-10 可知，杉木、杨树、巨桉和尾巨桉 4 种木材的木破率接近 100%，表明胶合破坏基本全为基材破坏，此时强度由基材强度和由胶黏剂渗透到木材表层细胞形成的复合层的强度共同决定。

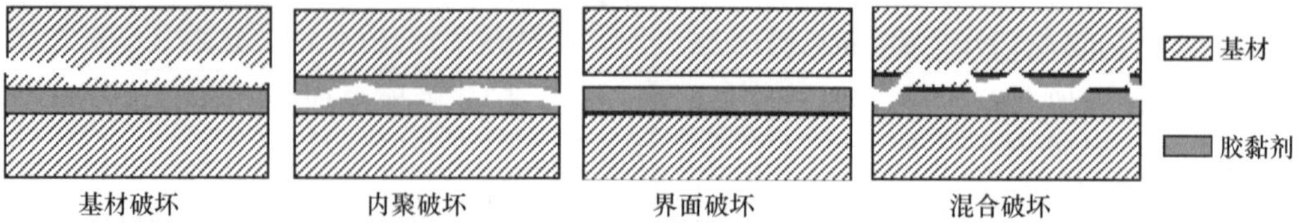

图 6-1　木材胶合破坏类型示意图

图 6-2 是 6 种木材三种胶合面纹理组合的胶合剪切强度与实木强度的比较。由图 6-2 可知，杉木和杨树木材的“T-T”纹理组合的胶合强度比实木强度高，“T-R”和“R-R”的强度与实木强度差异不显著，表明“T-R”和“R-R”胶合时强度以基材强度为主；“T-T”胶合时，胶黏剂渗透到木材表层细胞形成的复合层的强度提高了胶合强度。对于巨桉和尾巨桉木材胶合时，“T-T”强度与实木强度差异不显著，但“T-R”和“R-R”明显低于实木强度，表明此时胶合强度主要是由胶黏剂渗透到木材表层细胞形成的复合层的强度决定，由于胶黏剂在弦切面的渗透比径切面的多，故“T-T”强度高于其他两种组合。由图 6-2 中可知，柠檬桉和窿缘桉“T-R”和“R-R”的胶合强度低于实木强度，且木破率平均值低于 20%，表明胶合强度主要由复合层的强度决定。

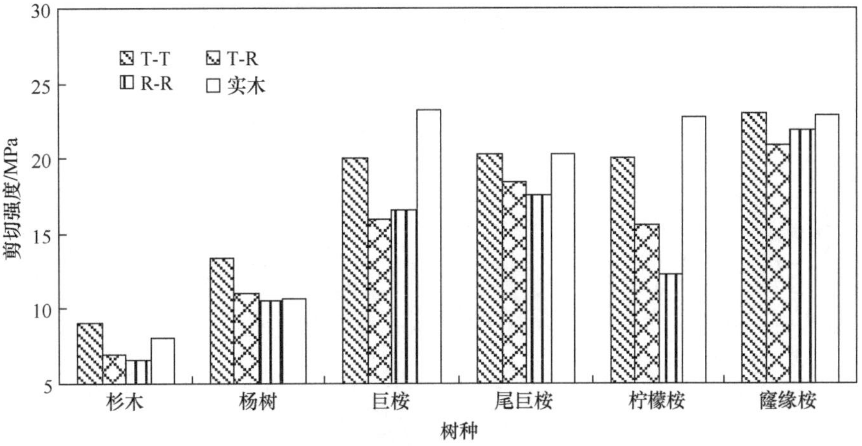

图 6-2　三种胶合面纹理组合的胶合剪切强度与实木强度的比较

三、胶合面纹理的扫描电镜分析

通过上述胶合面纹理对胶合性能的影响分析，选择单位压力 2.0MPa、加压时间 50min、涂胶量为 200g/m^2 三个工艺条件下的柠檬桉及窿缘桉胶合木材制取切片，两树种分别按照三个方向切取试样，即 T-T（弦-弦）、R-R（径-径）、T-R（弦-径）方向。切片经过处理后，再通过扫描电子细微镜观察各自的胶层结合情况。

从柠檬桉和窿缘桉胶层扫描电镜图片（图 6-3 至图 6-8）可以发现胶层基本比较稳定、均匀，胶层呈浅灰色，颗粒状，胶层与木材比较分别明显，胶层厚度在 30～50μm，这与已有文献相符。通过观察，两种桉树木材在弦-弦方向胶合和弦-径方向胶合时，均有胶液渗透进入木射线当中，又以弦-弦胶合方向为最明显，原因是弦-弦两块板的木射线都是垂直与胶合面的，胶液能够进入上下胶合面，而径-径方向胶合未能观察到此情况（木射线平行于胶合面）。这主要是胶合面不同造成的结果，木射线是沿着髓心垂直年轮方向的，在弦-弦方向胶合情况下，木射线与胶线是垂直的关系，这样在加压作用下，胶液容易进入木射线中去；而在径-径方向胶合情况下，木射线通常是平行于胶线的，木射线于胶线没有必然的接触，因而也减少了胶液渗透的可能。不过，对于这种胶液渗透进入导

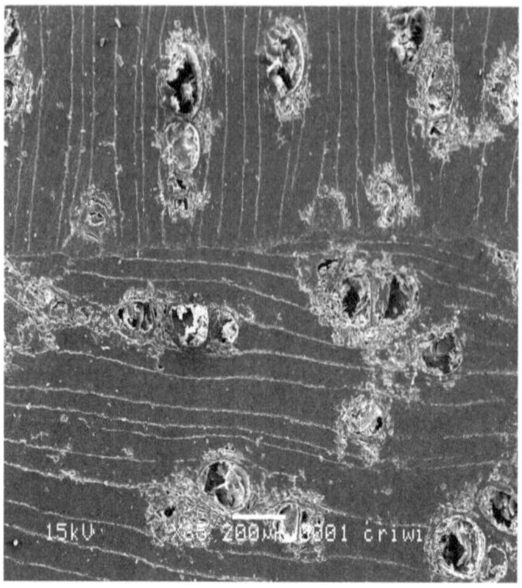

(a) 200×

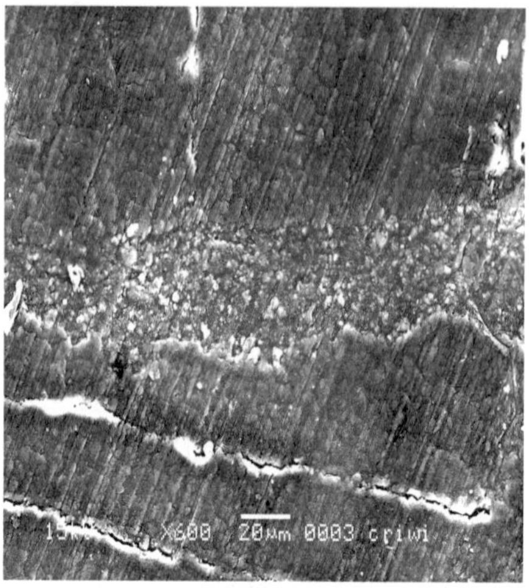

(b) 600×

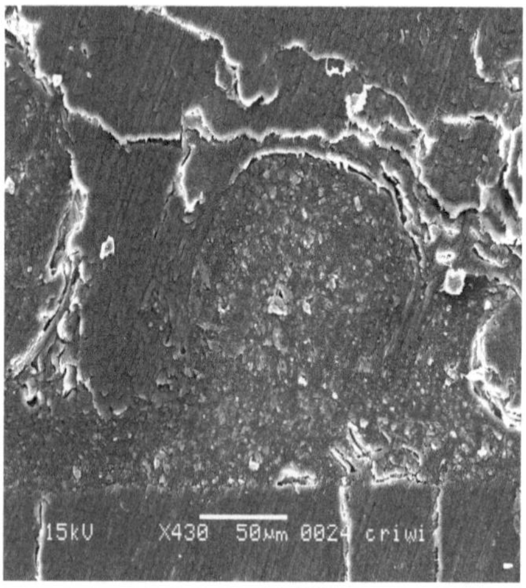

(c) 430×

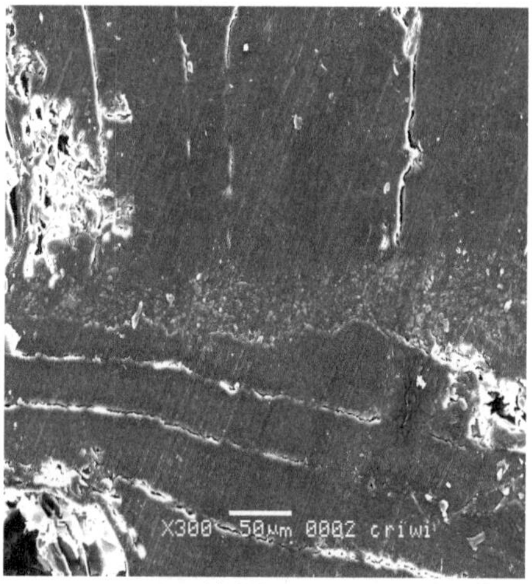

(d) 300×

图 6-3　柠檬桉弦-径胶合扫描电镜图片

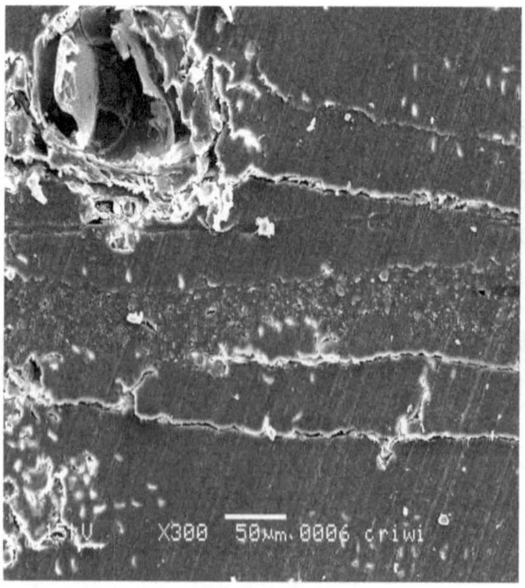

(a) 300×

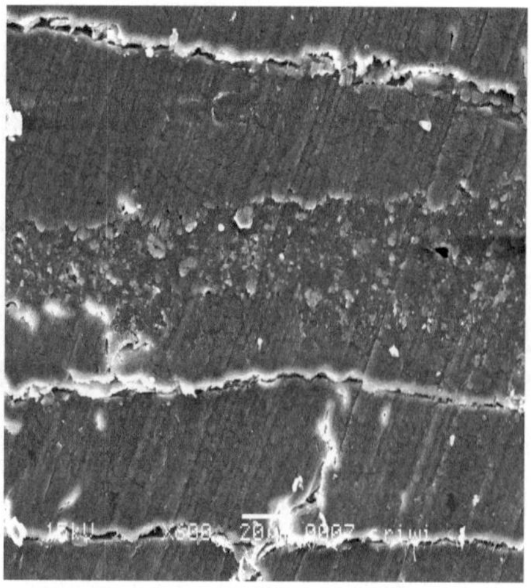

(b) 600×

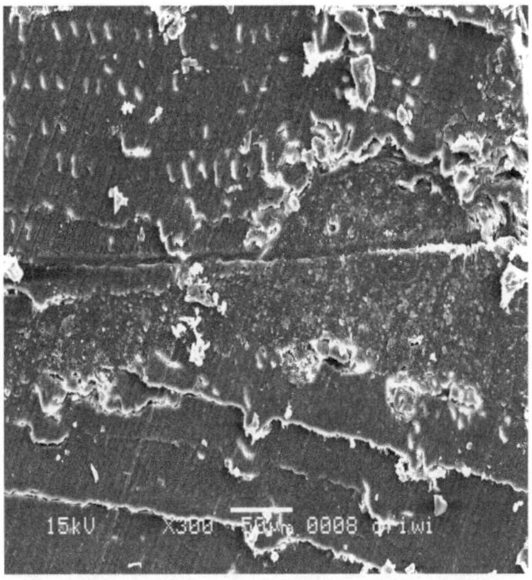

(c) 300×

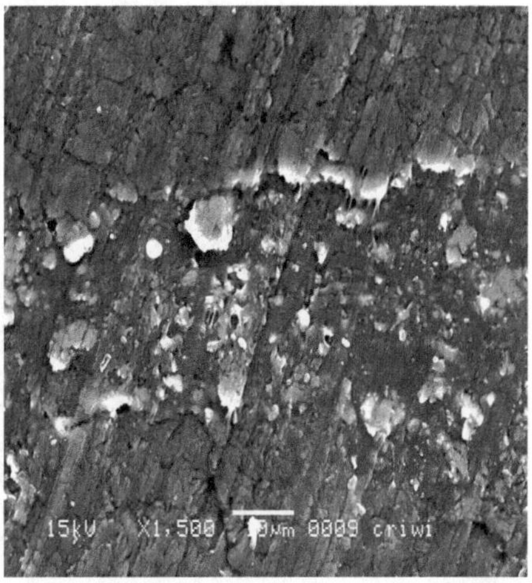

(d) 1500×

图 6-4　柠檬桉径-径胶合扫描电镜图片

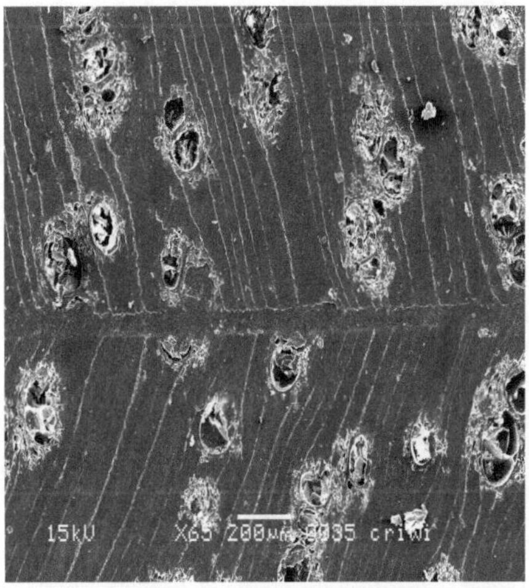

(a) 65×

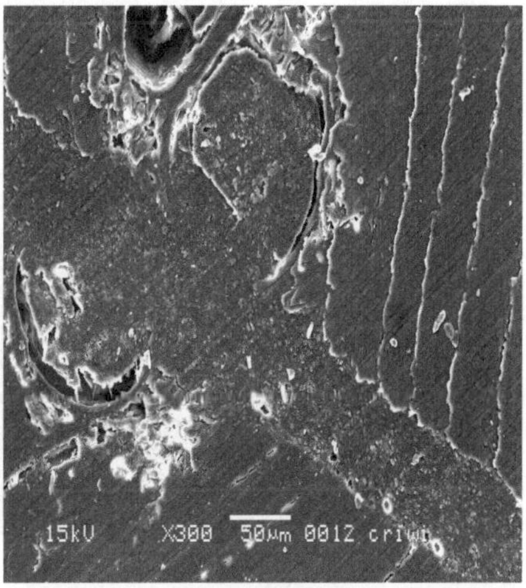

(b) 300×

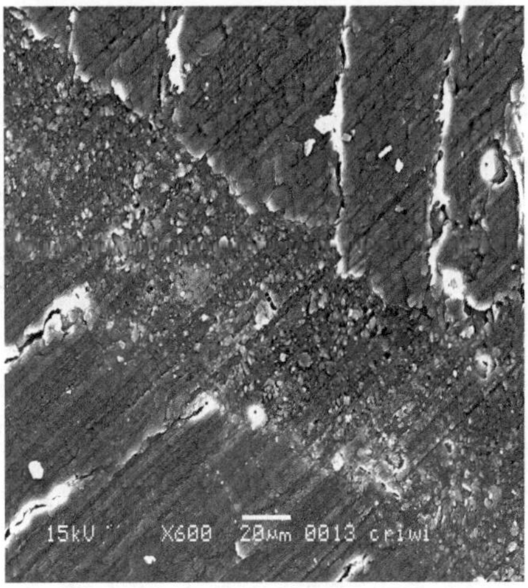

(c) 600×

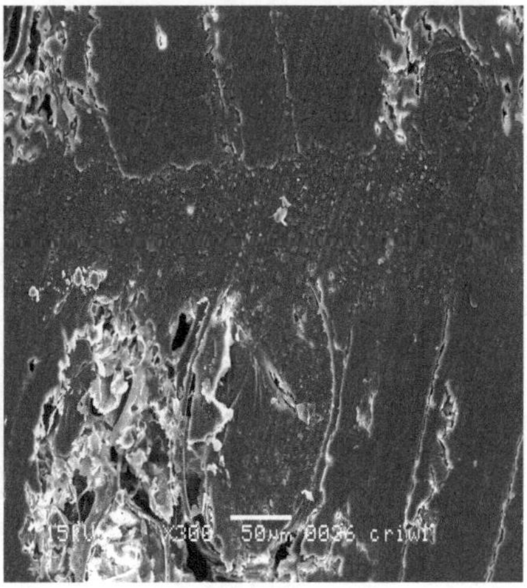

(d) 300×

图 6-5　柠檬桉弦-弦胶合扫描电镜图片

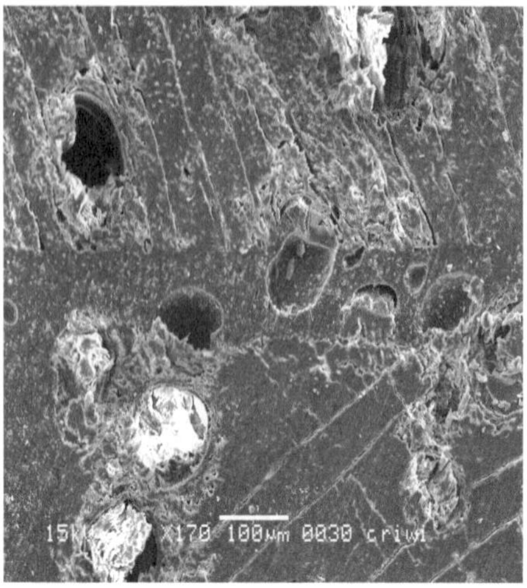

(a) 170×

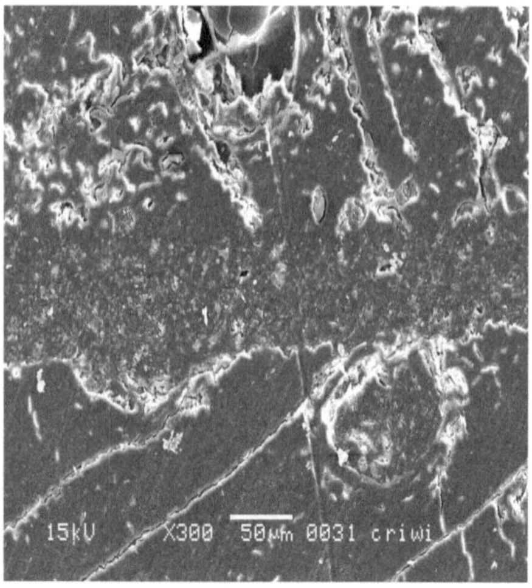

(b) 300×

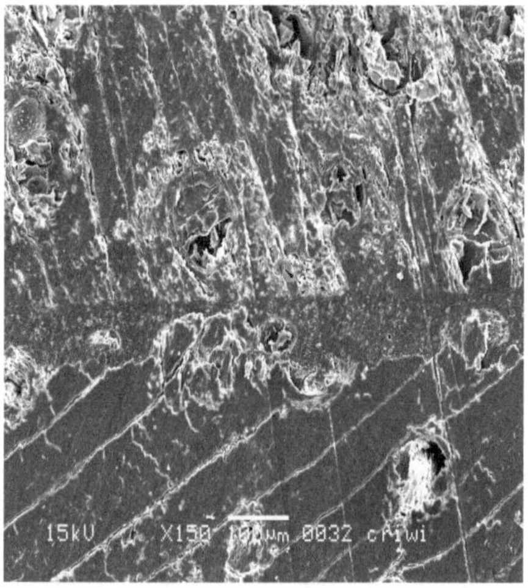

(c) 150×

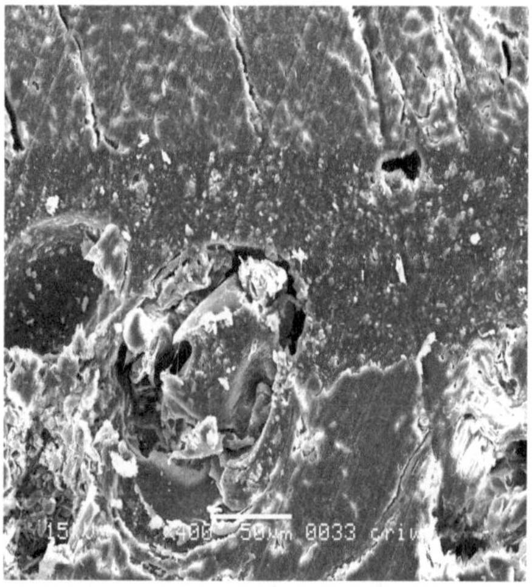
(d) 600×

图 6-6　窿缘桉弦-径胶合扫描电镜图片

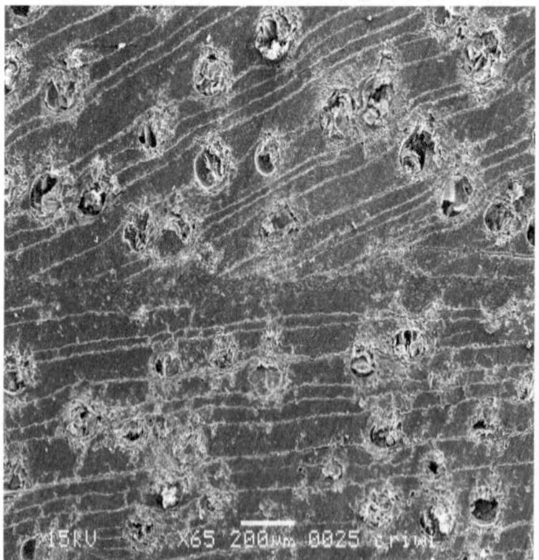

(a) 65×

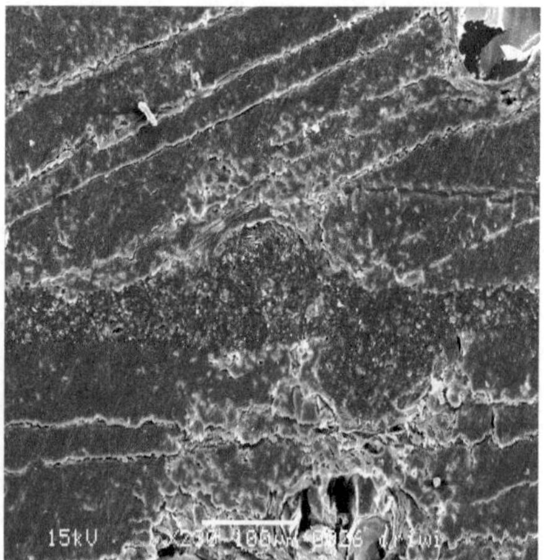
(b) 250×

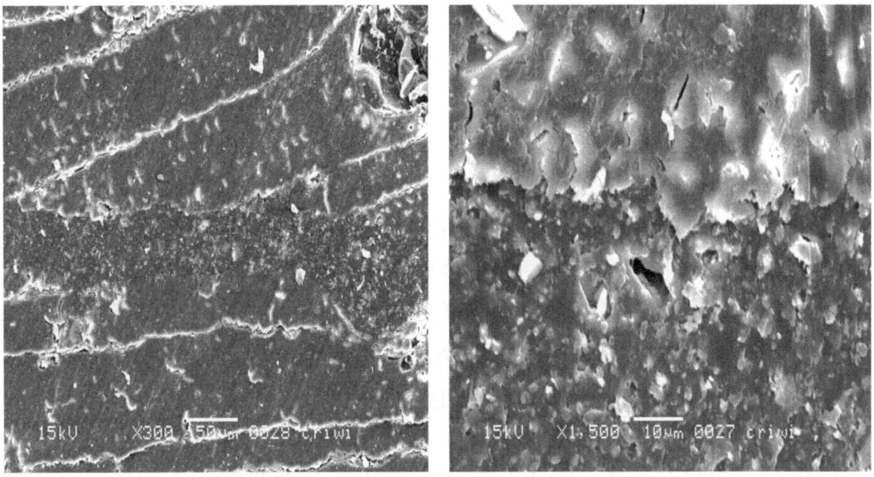

(c) 300×　　(d) 1500×

图 6-7　窿缘桉径-径胶合扫描电镜图片

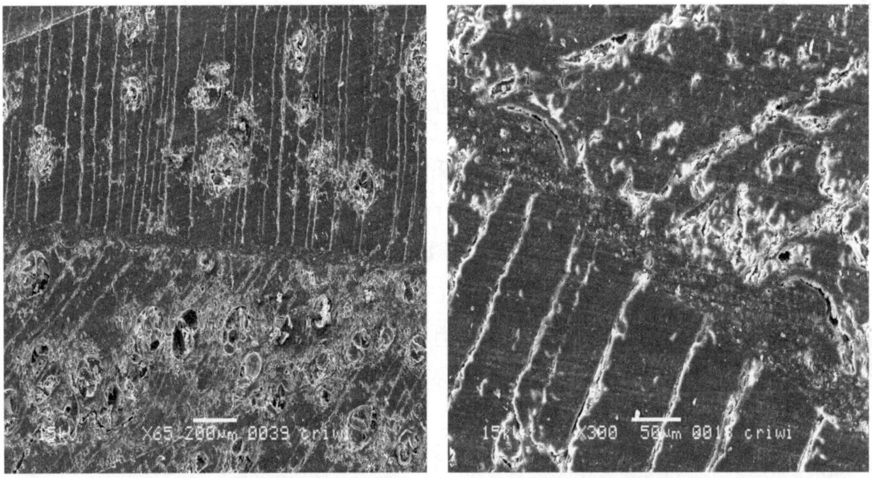

(a) 65×　　(b) 300×

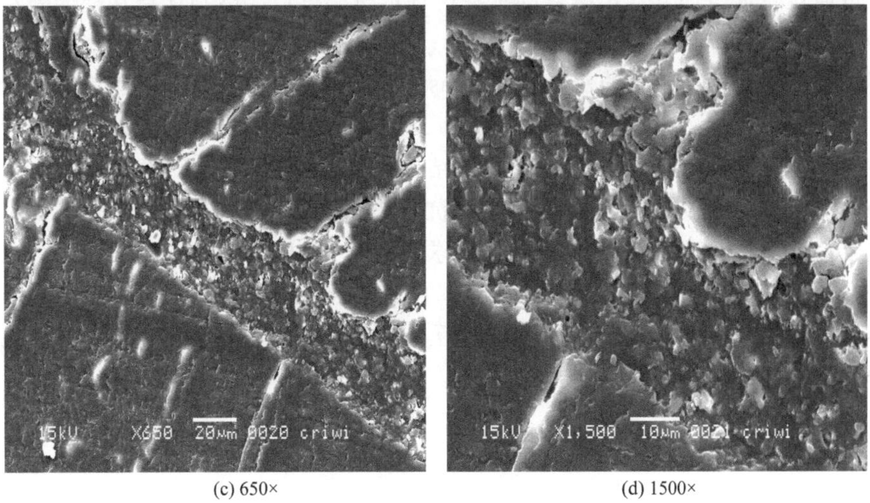

(c) 650×　　(d) 1500×

图 6-8　窿缘桉弦-弦胶合扫描电镜图片

管或木射线腔中的胶合作用，还是起到了“胶钉”作用，从两种桉树的胶合强度结果看来，均是弦-弦结合的胶合强度大于其他两种结合方式，说明了木射线在其中至少发挥了胶接的作用。

胶黏剂向木材中进行一定程度的浸透是必要的，通常认为从表面开始浸入1～3个细胞为宜，一般希望胶层厚度在20～50μm（顾继友，1999）。胶液进入导管，固化后在导管中形成硬化胶棒（rigid rod），当这些硬化胶棒受到平行纹理的张力时，破坏更容易发生在硬化胶棒之间。硬化胶棒的直径大小是胶合界面破坏的决定因素（Kyokong et al.，1986）。从以上图中可发现，靠近胶线的管孔腔中均充满胶液，而且可以观察到木射线中也渗透有胶液，少数位置有胶层剥离现象和胶层不均匀情况，胶层中往往带有气泡，可能是空气在涂胶过程中残留在胶液中，而加压后未能释放出来。

而White（1995）在研究间苯二酚对南方松的渗透时指出，在木材弦切面上可以看到某些射线细胞中有间苯二酚的渗入，而径切面未看到有胶黏剂的渗入，说明弦切面上的木射线起到引导胶黏剂渗入木材的作用。木射线在弦切面上是横断的，木射线多少还能起到胶钉的作用（程瑞香和顾继友，2001）。研究山毛榉也发现，其薄的晚材带具有少而小的导管，阻碍了径向的胶液渗透；弦向比径向导管具有更多的纹孔，这样弦向胶合胶液更易渗透，弦向的渗透率是径向的90倍（Sernek et al.，1999）。

第三节 混合树种胶合的胶合性能

目前，我国人工林林分面积超过50万hm^2的优势树种就有杉木、杨树和桉树等10个树种（雷加富，2005），同一地区常有多个树种，木材加工企业很难保证单一树种连续的原材料供给。不同树种间木材的胶合性能差异显著，木材胶合企业需要不断地调整生产工艺来适应不同的原材料，还会影响产品质量。此外，由于人工林木材树种丰富，不同树种间密度和强度差异大，而密度与强度成正比，低密度木材质量轻但强度低，而高密度的木材强度高但密度大。因此，尝试混合树种胶合可适应企业多种原材料供应问题，同时还可通过合理组坯方式，综合利用各树种木材的特点，达到优势互补提高木材利用率（Sellers et al.，1988）。

国外关于混合树种胶合的研究较多（Castro and Paganini，1999；2003；McNamara and Waters，1970），Castro和Paganini（1999；2003）研究将杨树分别与杉木、落叶松和多种桉树混合胶合生产单板层积材（LVL），结果发现树种混合的胶合性能达到标准要求；如将杨树与巨桉混合胶合LVL时，LVL的抗弯弹性模量（MOE）、抗弯强度（MOR）和剪切强度都能达到欧洲标准（EN 1194）要求，并且MOE、MOR等力学强度与试件密度的比值，比单一树种胶合时的比值要高。国内有关混合树种胶合的研究较少，因此，本节以杉木、杨树和桉树三类木材为原料，旨在探索不同树种混合胶合的胶合性能，为树种混合胶合生产提供理论基础。

一、材料和方法

试材制备和胶黏剂选择等见表6-2和表2-6。

将 6 种木材两两组合，共搭配成 15 组树种混合（表 6-11）。为了比较不同树种混合的胶合性能，根据前期试验结果设定 15 组树种混合采用相同的胶合工艺，即涂胶量 $250g/m^2$、单位压力 2.0MPa、加压时间 50min、胶合面纹理组合为弦切面-弦切面（T-T）。同时，为了比较树种混合胶合（以下简称混胶）与单一树种胶合（以下简称单胶）之间的性能差异，安排了相同胶合工艺条件下 6 种木材单独胶合的试验。因此，共有 21 组树种组合，其中 15 组为树种混合胶合，6 组为单一树种胶合。根据单因子试验设计安排试验，相同条件重复 3 次，每次抽取试样本 4 个，共计样本 12 个。

表 6-11　树种混合的试验安排

序号	标号	树种组合	序号	标号	树种组合
01	F/P	杉木/杨树	12	J/L	巨桉/窿缘桉
02	F/J	杉木/巨桉	13	W/N	尾巨桉/柠檬桉
03	F/W	杉木/尾巨桉	14	W/L	尾巨桉/窿缘桉
04	F/N	杉木/柠檬桉	15	N/L	柠檬桉/窿缘桉
05	F/L	杉木/窿缘桉	16	F/F	杉木/杉木
06	P/J	杨树/巨桉	17	P/P	杨树/杨树
07	P/W	杨树/尾巨桉	18	J/J	巨桉/巨桉
08	P/N	杨树/柠檬桉	19	W/W	尾巨桉/尾巨桉
09	P/L	杨树/窿缘桉	20	N/N	柠檬桉/柠檬桉
10	J/W	巨桉/尾巨桉	21	L/L	窿缘桉/窿缘桉
11	J/N	巨桉/柠檬桉			

参照 Castro 和 Paganini（1999；2003）对杨树分别与杉木、落叶松和桉树等树种混合胶合时，采用弹性模量结构效率（structural efficiency of modulus of elasticity）、抗弯强度结构效率（structural efficiency of bending strength）和剪切弹性模量结构效率（structural efficiency of shear modulus）等指标来评价混合树种胶合的胶合性能，本节采用式（6-1）中剪切强度与密度的比值（简称“剪切强度效率”）综合评价不同密度的树种混合胶合材的强度与密度的关系，目的是在质量与性能间找到平衡点，从而为不同密度树种混合胶合材的合理利用提供依据。

$$\text{剪切强度效率}=\frac{\text{胶合剪切强度}/\text{MPa}}{\text{胶合试件的密度}/(\text{g}/\text{cm}^3)} \tag{6-1}$$

二、不同混合树种胶合的胶合性能

表 6-12 是 21 种组合胶合试件剪切强度和木破率的检测结果。从表中可知，不同树种组合的剪切强度和木破率有差异，平均值为 5.81～22.96MPa 和 6%～100%。根据 JAS SE-9 可知，除柠檬桉与窿缘桉混合胶合以外，其他 14 组混合的剪切强度和木破率都达到了 JAS SE-9 的最低要求，表明人工林木材树种混合胶合是可行的。

表 6-12　不同树种混合胶合的胶合性能

序号	树种	气干密度/（g/cm³）		剪切强度/MPa		木破率/%		剪切强度效率
		平均值	标准差	平均值	标准差	平均值	标准差	
01	F/P	0.346	0.095	9.68	2.25	100	0	28.0
02	F/J	0.574	0.164	7.67	2.94	100	0	13.4
03	F/W	0.499	0.191	9.42	1.57	100	0	18.9
04	F/N	0.686	0.415	5.81	2.59	83	30	8.5
05	F/L	0.642	0.362	9.97	3.84	100	0	15.5
06	P/J	0.497	0.201	15.85	2.18	100	0	31.9
07	P/W	0.493	0.188	12.47	2.35	100	0	25.3
08	P/N	0.687	0.415	10.24	3.40	100	0	14.9
09	P/L	0.602	0.332	15.01	2.10	100	0	24.9
10	J/W	0.661	0.040	22.47	3.28	95	15	34.0
11	J/N	0.844	0.232	14.73	6.59	99	13	17.5
12	J/L	0.796	0.179	15.55	6.53	97	10	19.5
13	W/N	0.837	0.192	17.16	4.10	73	30	20.5
14	W/L	0.783	0.140	20.05	4.94	88	14	25.6
15	N/L	1.034	0.016	17.59	5.43	37	28	17.0
16	F/F	0.401	0.064	9.09	1.72	100	0	22.7
17	P/P	0.357	0.005	13.40	1.00	100	0	37.5
18	J/J	0.632	0.049	20.00	3.41	100	1	31.6
19	W/W	0.653	0.030	20.33	1.46	100	0	31.1
20	N/N	1.047	0.014	20.01	5.97	19	17	19.1
21	L/L	0.890	0.051	22.96	1.60	6	8	25.8

注：表中“树种”一栏的字母“F、P、J、W、N 和 L”依次表示“杉木、杨树、巨桉、尾巨桉、柠檬桉和窿缘桉”，如“F/J”表示“杉木与巨桉”混合胶合；表中除“F/F、F/P、F/J、F/W、F/N 和 F/L”的 MC = 8.2%之外，其他 9 组 MC = 7.8%

对 15 组混合树种胶合的强度和木破率进行方差分析结果见表 6-13。综合表 6-12 和表 6-13 可知，混合树种胶合对木材剪切强度和木破率的影响显著，15 组树种混合的剪切强度差异显著，木破率个别组合间有差异。

表 6-13　树种混合对木材胶合性能影响的方差分析

	变异来源	自由度	平方和	均方和	F 值	显著性
剪切强度	模型	14	3 785.59	270.40	17.53	***
	误差	165	2 545.19	15.42		
	总计	179	6 330.78			
木破率	模型	14	50 744.40	3 624.60	19.31	***
	误差	165	30 975.00	187.73		
	总计	179	81 719.40			

注：“***”表示 $\alpha = 0.01$ 水平下显著

进一步分析不同组合间的胶合性能差异，对其进行了显著水平 $\alpha = 0.05$ 的聚类分析，分析结果见图 6-9 和图 6-10。

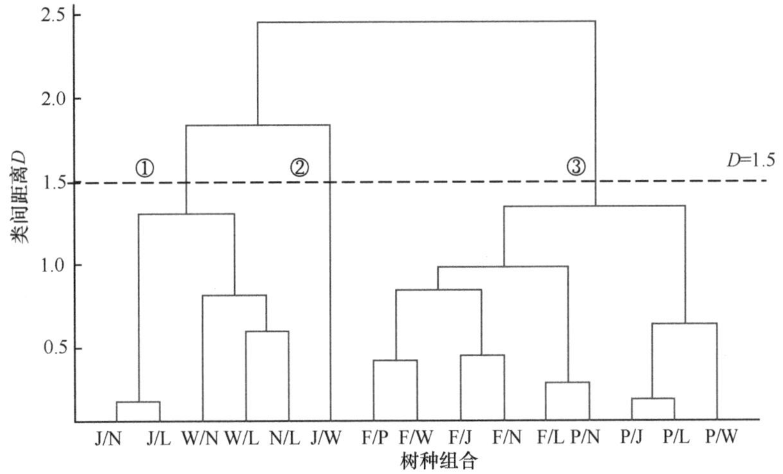

图 6-9　15 组树种混合组合的剪切强度聚类分析图

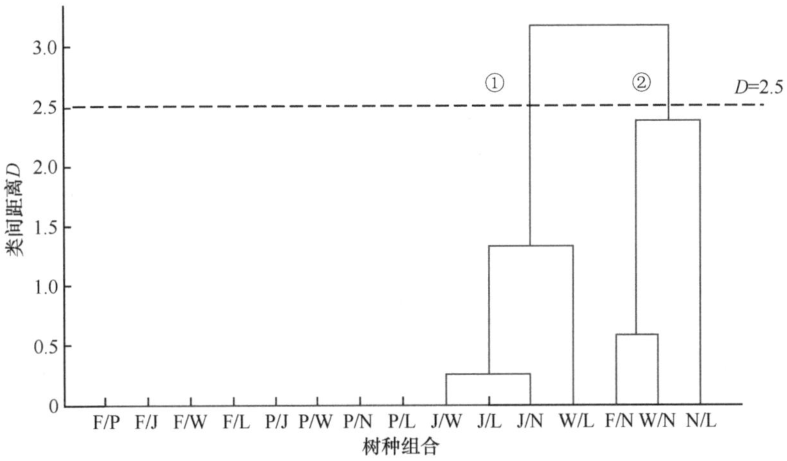

图 6-10　15 组树种混合胶合的木破率聚类分析图

从图 6-9 可知，在类间距离（distance）大于 1.5 时，15 组树种混合的剪切强度可分为 3 类，其中“J/N、J/L、W/N、W/L、N/L”聚为一类，“J/W”单独聚为一类，“F/P、F/W、F/J、F/N、F/L、P/N、P/J、P/L、P/W”另聚一类。结合分析可知，中等密度的巨桉与尾巨桉混合胶合时，胶合剪切强度最高，单独聚为一类；中等密度的巨桉和尾巨桉分别与高密度的柠檬桉和窿缘桉胶合时聚为一类，胶合强度比巨桉与尾巨桉混合胶合要低；低密度的杉木和杨树分别与 4 种桉树混合胶合聚为一类，剪切强度最低。从图 6-10 可知，在类间距离 D=2.5 时，15 组树种混合的木破率可分为两类，即“N/L、W/N 和 F/N”混合胶合单独聚为一类，其他的 12 组混合胶合另聚为一类。结合表 6-13 可知，15 组树种混合胶合中，柠檬桉与窿缘桉的混合胶合木破率为 37%，没有达到标准要求，其他 14 组混合胶合的木破率达到标准要求，并且平均值较高。

从表 6-13 还可得出，不同组合间剪切强度的聚类与胶合时的密度等木材特征有关。“F/P、F/J、F/W、F/N、F/L、P/J、P/W、P/N、P/L”这 9 种组合都是由低密度木材与中等或高密度的木材混合，混合后的密度在 0.346～0.687g/cm³，胶合破坏产生在低密度的木材中，剪切强度在 5.81～15.85MPa，木破率较高，约 100%。“J/W”组合的两种木材都为中等密度，且较接近，混合胶合后剪切强度和木破率均较高，胶合破坏两种木材中都有。“J/L、J/N、W/L”3 种组合都为中等密度木材与高密度木材的混合胶合，胶合破坏产生在中等密度木材中，剪切强度高，木破率在 80%～100%。“N/L”组合的两种木材具有密度都高、硬度大、纹理扭曲和加工困难等木材特征，胶合破坏时剪切强度高，但木破率低。

三、树种混合胶合的剪切强度效率

通过前文分析可知，混合树种胶合剪切强度与被胶合木材的密度等特征有关。因此，根据 6 种人工林木材的密度大小，将 21 组树种组合分为 6 类，分别为低密度与低密度混合（低/低）、低密度与中等密度混合（低/中）、低密度与高密度混合（低/高）、中等密度与中等密度混合（中/中）、中等密度与高密度混合（中/高）和高密度与高密度混合（高/高），对各组的剪切强度和木破率进行多重比较，并分别计算各组的平均密度、剪切强度、木破率和剪切强度效率，结果见表 6-14。

表 6-14　不同树种混合胶合的剪切强度效率

密度组合	密度/（g/cm³）	剪切强度/MPa		木破率/%		剪切强度效率		树种组合
	平均值	平均值	TG	平均值	TG	平均值	TG	
低/低	0.368（0.055）	10.72（2.56）	C	100（0）	A	29.1（6.5）	AB	F/F，F/P，P/P
低/中	0.516（0.186）	11.35（3.86）	C	100（0）	A	22.0（7.6）	BC	F/J，F/W，P/J，P/W
低/高	0.655（0.381）	10.26（4.43）	C	96（16）	AB	15.7（6.7）	C	F/N，F/L，P/N，P/L
中/中	0.649（0.040）	20.93（2.99）	A	100（1）	A	32.3（2.4）	A	J/J，J/W，W/W
中/高	0.815（0.186）	16.87（5.83）	B	90（20）	B	20.7（3.3）	C	J/N，J/L，W/N，W/L
高/高	0.990（0.027）	20.19（5.12）	A	20（23）	C	20.4（3.7）	C	N/N，N/L，L/L

注：括号内数值为对应项的标准偏差；相同字母表示差异不显著，不同字母表示差异显著

由表 6-14 可知，“中/中”和“高/高”组合的剪切强度最高，“中/高”次之，“低/低”、“低/中”和“低/高”强度较低；“中/中”、“低/低”、“低/中”和“低/高”的木破率较高，接近 100%，“中/高”组合略低，平均为 90%，“高/高”组合最低，平均为 20%，并且变异大，不稳定；“中/中”和“低/低”的剪切强度效率最高，“低/中”次之，“低/高”、“中/高”和“高/高”的剪切强度效率最低。分析原因可知，“低/低”、“低/中”和“低/高”三种组合中，由于低密度木材的实木强度低，胶合结构受压破坏时，破坏产生在低密度的木材一侧，因此胶合强度主要由低密度木材自身强度决定，故这三种组合的强度较其他三种组合低，但木破率比其他三种组合高。由于“高/高”组合的基材密度高，故胶合强度较高，但是受其较高强度的影响，胶合破坏多为界面破坏，木破率低。试验中，“中/中”和“中/高”两种组合的胶合破坏为基材破坏，并且“中/高”组合中破坏发生在中等密度的木材一侧，因此其强度主要由中等密度木材决定，但由于受柠檬桉和窿缘桉两种

木材的高密度和高抽提物等对胶合性能的影响（郝金城，2001），巨桉和尾巨桉分别与柠檬桉和窿缘桉混合胶合后，剪切强度和木破率降低。

为便于探索胶合木材的胶合性能与胶合材密度间的关系，绘制了上述 6 类树种混合胶合的剪切强度、木破率和剪切强度效率的折线图（图 6-11）。由图 6-11 可知，“中/中”组合的剪切强度、木破率和剪切强度效率最高，表明中等密度与中等密度木材混合胶合是可行的，并且胶合性能较好，即说明巨桉与尾巨桉混合胶合是可行的。“低/低”的剪切强度和木破率达到标准要求，并且剪切强度效率较高，表明低密度与低密度混合胶合也是可行的，即说明杉木与杨树混合胶合是可行的。“低/高”混合胶合的剪切强度效率最低，剪切强度与“低/低”差异不显著，明显低于 “高/高”组合的剪切强度，表明低密度与高密度混合胶合对胶合性能的没有明显改进作用，如书中的杉木和杨树分别与柠檬桉和窿缘桉的混合胶合。因此，树种混合胶合时应尽量避免低密度与高密度木材的混合胶合。

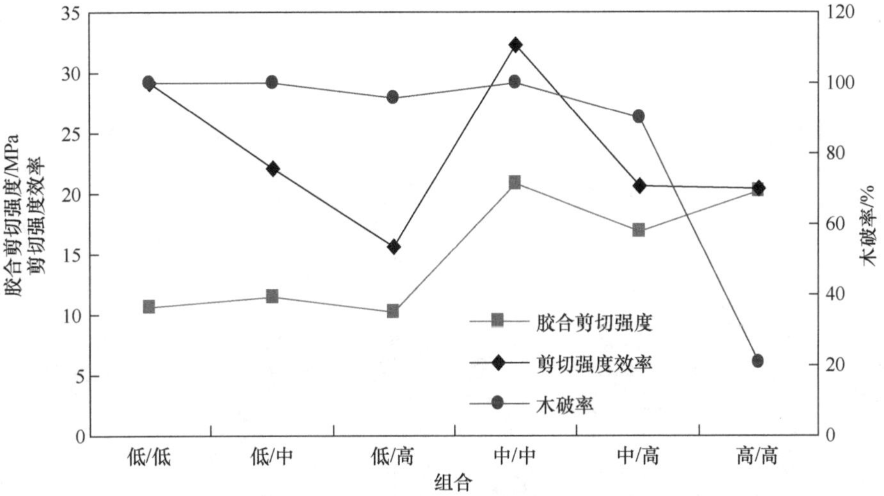

图 6-11　6 类树种组合的胶合性能差异

研究表明，胶的厚度在不产生缺胶的情况下应当尽可能薄，并且均匀方能获得良好的胶接层，一般希望胶接层在 20～50μm（Kollmann，1984），胶合强度随着胶层厚度的减小而增加。从以上两个试验得到的胶合强度结果也知道并不是涂胶量越多越好，应该控制在一定范围内才能得到较好的效果。

胶合剂渗入木材不宜过深，其原因有二：①浪费胶料；②胶合面易产生缺胶。因此，在胶压过程中必须按照液体胶的黏度调节其压力。如果所用的胶浓度太低或选用的压力过高，则胶液就会产生局部流失，形成“缺胶接合”（Kollmann，1984）。

图 6-12 至图 6-15 是杨树和杉木胶合界面处的扫描电镜图片。从图 6-12 中可知，杨树弦切面木射线中进入大量胶黏剂，且与胶层距离较远的导管中也存在大量的胶黏剂，胶层附近只有 4～6 层细胞中充满胶黏剂，稍远的木纤维中没有观察到胶黏剂的存在。图 6-13 中杨树径切板中只有少量胶层附近的木射线中进入胶黏剂，由于木射线方向与胶层

方向一致，只有距离胶层较近的木射线中观察到少量胶黏剂的存在，距离胶层较远的导管中只有少数能够观察到胶黏剂的存在。图 6-14 中杉木弦切板木射线有大量胶黏剂。与胶层接近的 3～5 层管胞中充满胶液，稍远的管胞中很难观察到胶黏剂的存在。图 6-15 是胶层缺胶的图片，这样的胶接状况很难达到理想的胶接性能。

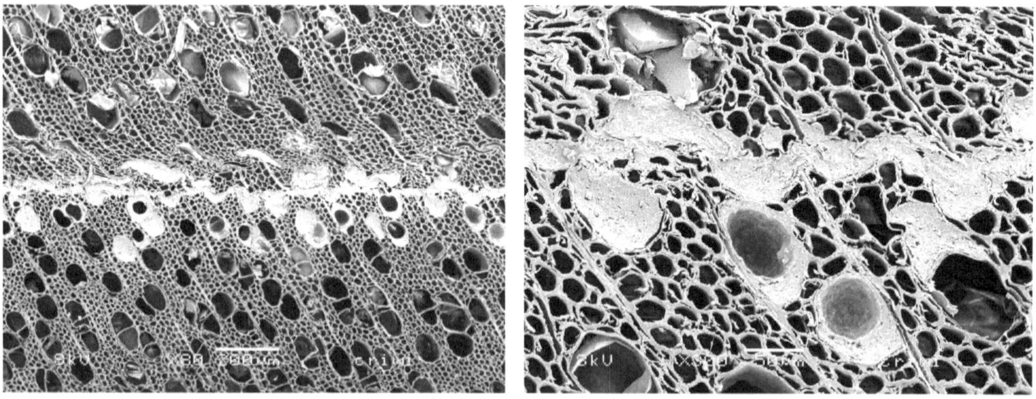

图 6-12　杨树横切面弦-弦向扫描电镜图片

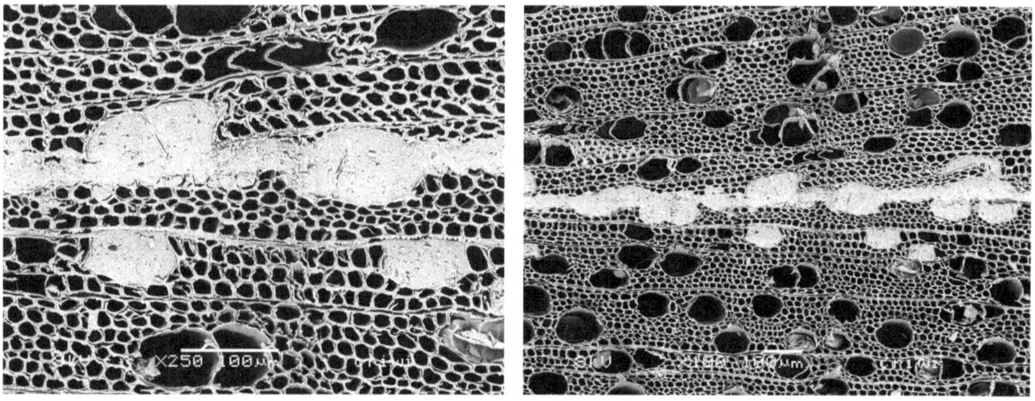

图 6-13　杨树横切面径-径向扫描电镜图片

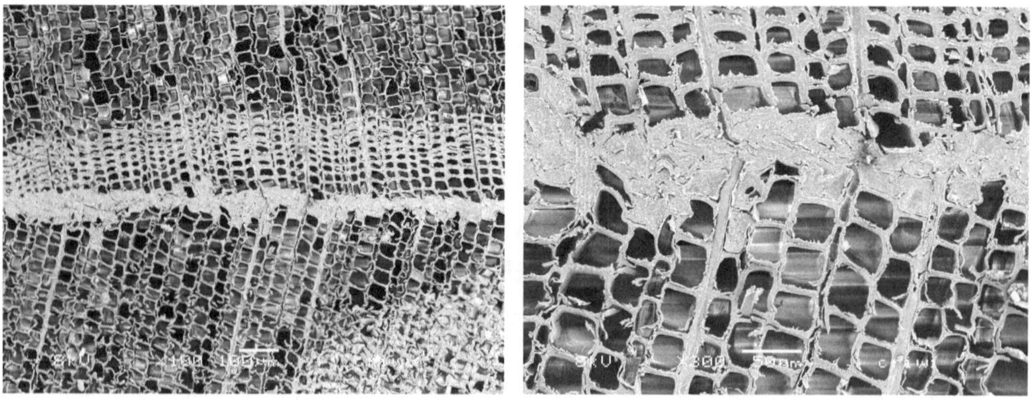

图 6-14　杉木横切面弦-弦向扫描电镜图片

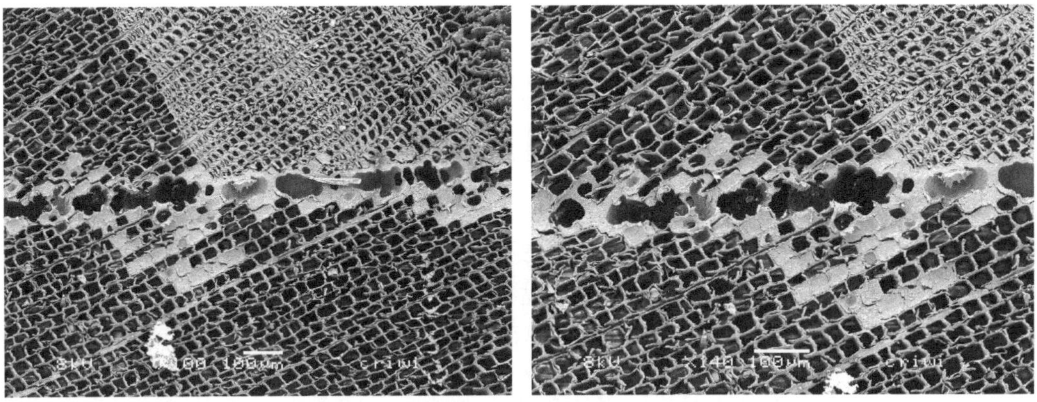

图 6-15　杉木横切面径-径向扫描电镜图片

在胶层内，胶从液态到凝胶状态的转变是一个变化过程，胶合强度逐渐增加。胶合强度的增加并不是一个连续增加的过程，在达到最大强度值之后，随后就会下降，直到胶合达到平衡强度为止，胶合强度在最初一段时间是增加的，接着就迅速下降，此时如果胶合物不再夹紧，处于外界受力状态，则有可能引起胶合降效（Kollmann，1984）。

主要参考文献

程瑞香，顾继友. 2001. 改善难胶合材胶合性能的方法. 木材加工机械, 3: 2-4.
程瑞香，顾继友. 2004. 落叶松木材 EPI 胶粘剂胶合面胶接强度的差异. 林业科学, 40(4): 157-161.
付跃进. 2003. 柠檬桉、窿缘桉木材胶合工艺及胶合性能的研究. 北京：中国林业科学研究院硕士学位论文.
顾继友. 1999. 胶粘剂与涂料. 北京：中国林业出版社.
郭柏林，吴景信，苏伟华. 1994. 木材胶粘剂知识入门. 哈尔滨：东北林业大学出版社.
郝金城. 2001. 集成材制造技术. 哈尔滨：东北林业大学出版社.
雷加富. 2005. 中国森林资源. 北京：中国林业出版社.
赵喜龙. 2004. 人工林杨树、杉木木材胶合工艺和性能的研究. 呼和浩特：内蒙古农业大学硕士学位论文.
Castro G, Paganini F. 1999. Poplar-eucalyptus glued laminated timber. Proceedings of the Euro Wood Technical Workshop on 'Industrial end-uses of fast-grown species', Florence, IT.
Castro G, Paganini F. 2003. Mixed glued laminated timber of polar and *E. grandis* clones. Holz als Roh-und Werkstoff, 61(4): 291-298.
Freeman H A. 1959. Relation between physical and chemical properties of wood and adhesion. Forest Products Journal, 9(12): 451-458.
Hillis W E, Brown A G. 1990. 桉树培育与利用. 王豁然译. 北京：中国林业出版社.
Kollmann F F P. 1984. 木材学与木材工艺学原理(人造板). 北京：中国林业出版社.
Kyokong B, Keenan F J, Boyd S J. 1986. Fracture behavior of adhesive joints in poplar. Wood and Fiber Science, 18(4): 499-525.
Marian J E, Stumbo D A, Maxey C W. 1958. Surface texture of wood as related to glue-joint strength. Forest Products Journal, 8(12): 345-351.
Marian J E, Stumbo D A. 1962. Physical-chemical surface phenomena and the thermodynamic approach to adhesion. Holzforschung, 16(6): 168-181.
Martin S, Manfred D. 1998. Measurement of dynamic and static contact angles on wood for the determination of its surface tension and the penetration of liquids into the wood surface. Holzforschung, 52(1): 89-94.
McNamara W S, Waters D. 1970. Comparison of the rate of glue-line strength development for oak and maple. Forest Products Journal, 20(3): 34-35.
Sellers T J, McSween J R, Nearn W T. 1988. Gluing of eastern hardwood a review: General technical report SO-71, Southern Forest Experiment Station, Forest Service, USDA.
Sernek M, Resink J, Kamke F A. 1999. Penetration of liquid urea-formaldehyde adhesive into beech wood. Wood and Fiber Science, 19(1): 59-67.
White J T. 1995. Wood adhesives and binders: What's the outlook. Forest Products Journal, 45(3): 21-28.

第七章　人工林木材胶合性能的改善措施

影响木材胶合性能的因素很多，其中主要包括胶合的木材种类及性质、所用的胶黏剂种类，以及胶合面的状况，即木材与胶黏剂的胶合面表面状况。其中木材胶合表面的好坏对胶合性能影响较大，胶合表面的润湿性、新旧程度、表面纹理方向、表面粗糙度、表面硬度、表面树脂状况、木材表面加工特征等均对木材胶合质量有重要影响。本章就目前常用的改善木材胶合性能的方法，重点对胶合面的改善进行了胶合试验和结果评价。

第一节　胶合面性能及胶合表面处理方法

木材的胶合、涂饰及耐候性等在很大程度上受其表面物理化学性质的影响。曾有许多研究者证实，木材表面的润湿性对木质材料的胶合质量有重要影响。胶接时，首先胶黏剂必须在胶接体表面浸润扩散开来，这是获得高质量胶接接头的必要条件，所以有必要了解液体胶黏剂和被胶接材料固体的界面化学性质。

木材表面有极性，组成木材的主要化学成分是纤维素、半纤维素和木素，它们均是有机高分子化合物，分子结构中含有大量的极性官能团。这些极性基团在木材的内部相互吸引达到平衡，而位于木材表面的分子尚有极性，具有一定的表面自由能，当与极性胶黏剂或者其他处理溶液接触时可以彼此吸引而相互结合。即胶黏剂的极性基团和羟基或者羧基与被黏物表面的极性基团相互结合，这种结合力称之为附着强度，它们之间的极性基团要相互结合的好，首先聚合物分子必须流动，使被黏物表面润湿，这种润湿过程即聚合物的溶液或者融液向固体表面扩散移动，而使胶黏剂中的极性基团接近于被黏物表面的极性基团。

通常，木质材料的润湿性以液滴在木材表面上接触角 θ 的大小来表征，当 $\theta<90°$时，液滴在木材表面上形成扁平状，表征这种液体能够部分润湿木材；$\theta>90°$时，液滴在木材表面上形成滚珠状，表征液体不能润湿木材；当 $\theta=0$ 时表征液体能全部润湿木材。据有关资料报道，研究发现树种不同，即使对同一种胶黏剂，其润湿性不同。润湿性因其木材切面和纹理方向有所变异。

木材切面和纹理不同所产生的润湿性的变化，其原因是因为切削时可以暴露出不同解剖分子的胞间层，细胞壁 S_1、S_2 和 S_3 层以及不同的细胞种类，这些均可导致木材的不同切面具有不同的化学组成。在胞间层中含有木素和果胶质，在 S_1、S_2 和 S_3 层中含有不同比例的木素、纤维素和半纤维素及其木材抽提物，这些化学组分的亲水性不同，因此对液体的润湿性有所变异。此外，在锯截或切削木材时所产生的热量也可使表面发生一些变化，如来自加工器械的痕量金属物质残积在木材切面上，降低了表面润湿性。下面就从木材的表面粗糙度和表面接触角两个表面指标来探讨木材表面的润湿性。

一、胶合面的表面性能

（一）表面粗糙度

有关资料提出了表面粗糙度与接触角之间关系的方程式：$R = \cos\theta_1/\cos\theta$；式中，$R$ 为粗糙度系数，θ 为真实接触角，θ_1 为视在接触角（测得的接触角）。由于材料表面粗糙度的影响，视在接触角与材料的真实接触角有区别；当真实接触角＜90°时，视在接触角低于真实接触角，而当真实接触角＞90°时，则相反。下面就杨树和杉木的表面粗糙度进行试验研究。

将第二章采集的试验用的杨树和杉木试材锯解刨切成为四面刨光材，试样尺寸为300mm×30mm×25mm，分为弦切板和径切板，用可拆装式粗糙度测定仪（型号 HandySurf E-35A）测量顺纤维和垂直纤维两个方向的表面粗糙度。图 7-1 中曲线是可拆装式粗糙度测定仪探头在木材表面移动时，测得的木材表面形状的变化情况。

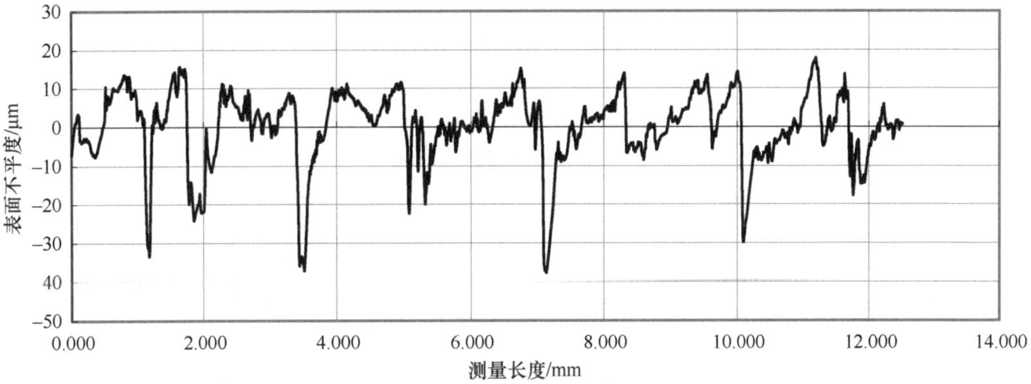

图 7-1　杨树径切板顺纤维方向粗糙度变异曲线

表 7-1 是人工林杨树、杉木表面粗糙度测定结果。由表 7-1 可知，人工林杨树和杉木的顺纤维方向的粗糙度小于垂直纤维的值，杉木的粗糙度值均小于对应杨树的值。杨树径面的粗糙度小于弦面的对应值，杉木的变异情况不是很明显。

表 7-1　人工林杨树、杉木表面粗糙度测定结果（单位：μm）

纹理方向		杨树		杉木	
		平均值	标准差	平均值	标准差
径面	顺纤维	7.43	0.22	4.61	0.57
	垂直纤维	8.92	0.64	6.63	0.49
	平均	8.18	0.43	5.62	0.53
弦面	顺纤维	8.75	0.85	4.72	0.73
	垂直纤维	11.40	0.68	5.22	0.21
	平均	10.08	0.77	4.97	0.47
总平均		9.13	0.60	5.29	0.50

刨刀切削木材表面时，木材顺纤维方向的切削，是刨刀沿着切割方向重复作用；垂直木材纤维方向的切削，是在刨刀长度方向上的变异。所以在顺纤维方向主要是木材本身纤维轴向的变异，垂直纤维方向切削产生了木材垂直纤维的变异和刨刀刀身长度方向的变异，所以，顺纤维方向的粗糙度小于垂直纤维方向的粗糙度值。

人工林杨树由于含有大量的胶质木纤维，加工时容易起毛，表面光洁度较差，不易加工得到高质量的光滑表面。相对而言，杉木的密度较大，细胞的组成相对单一，硬度适中，容易得到加工质量较好的表面。

对人工林杨树和杉木进行机械加工时，当以粗糙度评定表面质量时，杨树的粗糙度 *R*a 为 9.13μm，杉木的粗糙度平均值 *R*a 为 5.29μm，杉木的表面质量优于杨树。杨树的径面粗糙度为和弦面区分明显，径面粗糙度 *R*a 为 8.18μm，优于弦面 *R*a 的 10.08μm；而杉木的径面弦面变化不显著。两种人工林树种粗糙度顺纤维方向粗糙度值均小于垂直纤维方向的值。

（二）表面接触角

木材的表面接触角表征木材表面自由能，是木材表面性能的重要参数（Gray，1962）。结合接触角能够更好地说明表面的性能对胶合性能的影响。

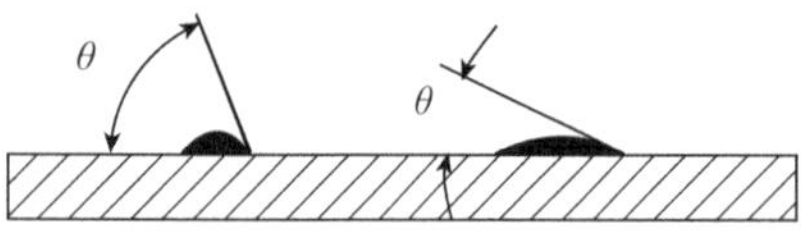

图 7-2　接触角示意图

接触角定义为液滴的支撑面和液滴与物体的接触点的切线的夹角（图 7-2），液滴放置在固体表面，在同一均匀表面，接触角具有单一值。

接触角可以用来反映木材表面的润湿性情况，它体现木材表面的活性和对液体的浸润性能，通过检测木材的表面接触角及其变化情况，可以测得其表面自由能，同时能够了解木材表面对胶液的润湿状况，为胶合研究提供依据（Gray，1962）。液体在表面达到均衡稳定的时间取决于被使用的液体，对于水滴而言，达到均衡在数秒之间；对于油滴，均衡大约要 3min。接触角的读数应该在此时间间隙读取，达到均衡前接触角是增加的，一旦均衡后接触角开始下降。

用接触角测定仪（型号 CAM-MICRO）测定第二章采集的柠檬桉和窿缘桉木材表面的接触角，同时对比柠檬桉和窿缘桉刨切新材和旧材的接触角。选择水和胶合试验用 EPI 分别作为试验对象，检测它们与桉树表面的接触角的变化情况，对比不同溶液的浸润程度。两种溶液分别做接触角检测的桉树材料选自同一块板材，分别取陈旧刨切材（刨切后放置 45 天以上）和新鲜刨切材（刨切后 6h 内），切成 60mm×30mm×5mm 的小板条，两面刨切光滑平整，弦、径向各刨切若干块，在同一板条上水溶液和 EPI 溶液分别测定 3 或 4 个点的接触角值，而且尽量保持两种溶液所选取的测定点在同一条顺纹理方向的直线上，尽量保持液滴在同一早、晚材带，避免早材表面的变形性比晚材好而且容易润湿的情况，最好两种溶液的测定点交替在该直线上，如图 7-3 所示。

分别将试验中液体滴在木材表面上，一定时间后通过显微镜远测角仪测出该液体与木材表面之间的接触角。其中水滴为润湿 2～3s 后测定，EPI 主剂为润湿 5s 后测定。水和 EPI 主剂对柠檬桉、窿缘桉木材表面接触角的测定结果见表 7-2。

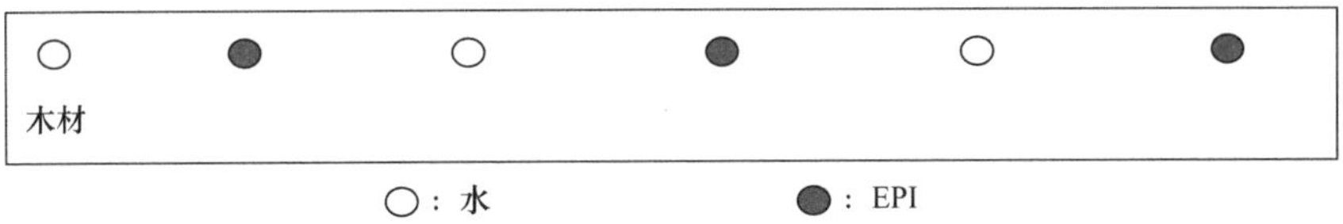

图 7-3　测定水和 EPI 接触角位置

表 7-2　柠檬桉和窿缘桉的水与 EPI 主剂的接触角（°）

液体	项目	柠檬桉				窿缘桉			
		弦向		径向		弦向		径向	
		新材	旧材	新材	旧材	新材	旧材	新材	旧材
水	平均值	22.3	48.7	31.7	47.7	32.3	46.0	21.0	37.7
	标准差	2.3	5.1	3.8	4.2	2.5	5.2	3.6	4.9
EPI 主剂	平均值	72.3	80.3	67.0	81.3	71.7	79.7	61.3	76.2
	标准差	0.6	3.2	5.0	2.3	2.1	5.7	2.7	1.5

从表 7-2 结果可知，两种木材表面水接触角要远远小于 EPI 主剂接触角，说明水在木材表面润湿性能要远远好于 EPI 胶液主剂；此外，新、旧刨切材的接触角对比可以得到，新鲜刨切木材总是比陈旧刨切木材具有更低的接触角，体现为更好的表面润湿性；而弦、径面的接触角大小对比不太显著，窿缘桉的弦向接触角略大于径向接触角。

为说明水的表面张力随时间的变化情况，选择两种桉树木材的陈旧刨切材来对比不同方向水的表面张力的变化情况，如表 7-3 所示。

表 7-3　柠檬桉、窿缘桉木材水的接触角及表面张力随时间变化趋势

时间/s	水的表面张力/（dyn/cm）				接触角/（°）			
	柠檬桉		窿缘桉		柠檬桉		窿缘桉	
	弦向	径向	弦向	径向	弦向	径向	弦向	径向
5	45	44	49	54	71.2	72.0	64.7	57.3
65	51	50	53	57	61.3	62.7	57.7	51.0
125	54	54	56	60	56.4	56.3	53.0	46.3
185	57	57	58	62	52.0	52.0	49.0	41.3
245	58	59	60	—	48.7	47.7	46.0	37.7

注：$1\mathrm{dyn}=10^{-5}\mathrm{N}$

表面张力需要引入 Young 方程：

$$r_{\text{s-g}} = r_{\text{s-l}}+r_{\text{l-g}}\cos\theta \tag{7-1}$$

式中，$r_{\text{s-g}}$ 为固体对空气的表面张力；$r_{\text{s-l}}$ 为液固界面表面张力；$r_{\text{l-g}}$ 为液体对空气的表面张力；θ 为接触角。

接触角与物体表面能相关，接触角大小取决于物体表面能和液体的表面张力。液体的表面张力是对木材表面吸湿性能的一个表征量。如果两者完全润湿，液体会在物体表面充分流展，接触角将达到 0 值，反之如果只是部分润湿，接触角应该在 0～180°。胶黏剂的表面张力大小对保证木材的胶合质量有重要作用。当胶黏剂的表面张力等于或低于木材的表面自由能时，胶液在木材表面上完全铺展，接触角等于 0。当胶液的表面张力高于木材的表面自由能时，接触角大于 0，胶黏剂在木材上可以部分润湿或不能润湿木材（杜官本和华毓坤，1998）。

聚合物的表面自由能不易直接测定，但可由接触角评价。表面润湿张力可以比较可靠描述表面能量。润湿张力（wetting tension）等于液体的表面张力（接触角等于 0 时的表面张力）。固体的表面自由能 Y_s 由两部分组成，扩散（非极性）和极性，均反映两阶段分子相互作用的类型。

$$Y_s=Y_{svd}+Y_{sp} \tag{7-2}$$

式中，Y_{svd} 为非极性成分；Y_{sp} 为极性成分。

材料表面极性越高，越容易与不同极性界面反应，高极性提高表面润湿性和帮助胶合。表面处理（如火焰、电晕、等离子处理），可使材料表面极性增加，处理越强极性越高。

表 7-3 表明，随着接触时间延长，两种木材的表面张力值逐渐增大，说明液体在滴注木材表面后，其与木材的润湿能力逐渐是下降的，可能木材中有化学物质进入水滴里。尤其是 EPI 主剂，其在 5min 左右即开始出现胶滴硬化现象，此时与木材的浸润几乎不再进行。由表 7-3 还可以得出，窿缘桉弦、径向水的接触角有差异，而柠檬桉弦、径向水的接触角差异不大，这与柠檬桉化学物质渗透到表面有关，这种化学因素超过了木材本身结构的各向异性的影响。

两种木材新、旧表面接触角随时间变化的关系，如图 7-4 所示。从图 7-4 可知，柠檬桉和窿缘桉新、旧刨切的木材表面（不区分弦径向）接触角随着液滴在表面时间的延长而逐渐降低，呈现线性相关的下降趋势。图中也看到，测得两种桉树的旧材的表面接触角均大于新材的表面接触角。柠檬桉的新、旧材表面接触角比相应的窿缘桉新、旧材

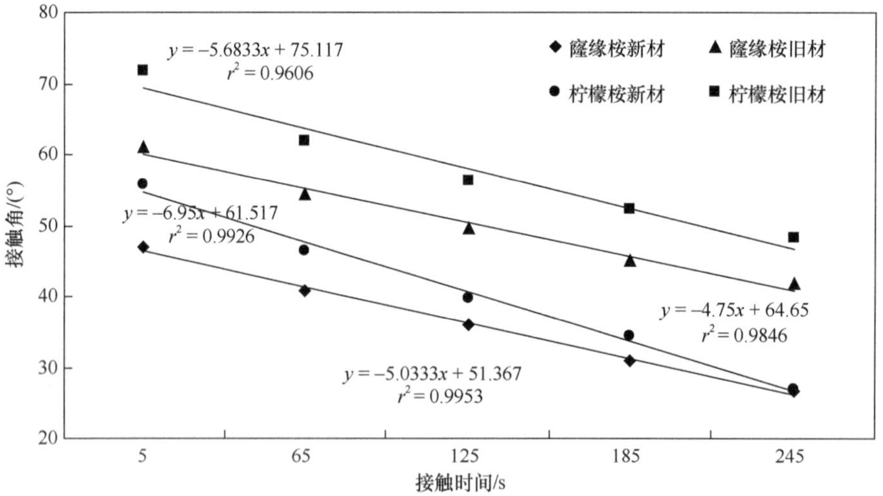

图 7-4　两种木材的水接触角随时间变化情况

接触角要大一些。说明两者的新鲜刨切材的木材表面润湿性能要好于长期放置的旧刨切材，而柠檬桉木材的表面润湿性随着时间变化的影响程度要高于窿缘桉木材。

因此，在今后的工艺设计中，要避免木材本身条件对胶合性能的影响，胶合时采用新鲜刨切的木材，一方面可以减少木材的表面污染，表面木材抽提物渗出到木材表面；另一方面可以暴露木材中大量具有活性的基团，以易于胶黏剂的交联和渗透。图 7-4 中还可看出窿缘桉新、旧材水的接触角趋势线随时间的推移，在 245s 处出现重合，说明新、旧材在润湿时间足够长的情况下，具有相近的水的润湿能力。

图 7-5 是柠檬桉和窿缘桉新、旧材的水和 EPI 接触角的对比。对比两种介质的接触角试验结果可知，无论是新材、旧材，还是弦向或径向，两种木材在相同条件下测得的水接触角总是要小于 EPI 接触角，说明水溶液对窿缘桉、柠檬桉木材的浸润效果要好于 EPI 乳液对两种木材的润湿性能；水和 EPI 溶液分别在 5min 内测定的接触角结果显示，无论新材及旧材，弦向或径向，两种桉树木材水溶液的接触角变化趋势总比 EPI 胶液的接触角变化趋势大，即 5min 内水溶液接触角下降的斜率要大于 EPI 胶液接触角下降的斜率，水溶液接触角下降较激烈，EPI 胶液接触角下降较平缓，反映出在木材表面水的浸润性要优于 EPI 胶溶液；此外，两种桉树木材无论弦面还是径面上，新材的 EPI 胶液的接触角总是大于旧材的水溶液的接触角，说明溶液性能对接触角的影响要比刨切加工性能对接触角的影响大。

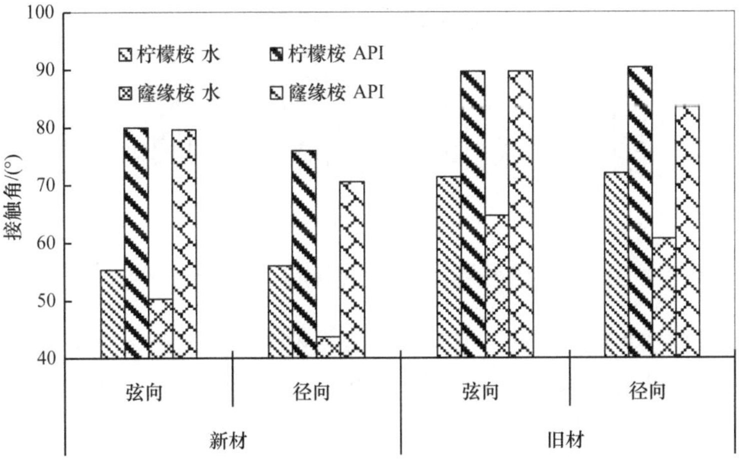

图 7-5　柠檬桉和窿缘桉新、旧材的水和 EPI 接触角的对比

图 7-6 和图 7-7 分别是柠檬桉和窿缘桉新、旧材水接触角随时间变化的关系。从图中试验结果可知，随着接触时间的延长，窿缘桉和柠檬桉的接触角逐渐减小，呈现下降的趋势；无论在弦面或径面，新鲜刨切的木材的接触角都比刨切旧材的接触角小，而且前者随着接触时间变化的下降趋势也较之后者为大，即相同时间内前者的接触角降低程度比后者快，也就是润湿性更好；无论新、旧刨切材，窿缘桉和柠檬桉的弦、径向接触角差异不显著，可能由于是柠檬桉、窿缘桉木材的抽提物的渗透到木材表面，致使弦、径面表面性质比较接近；而在新刨切材上，木材的接触角略有差异，但差异不明显。

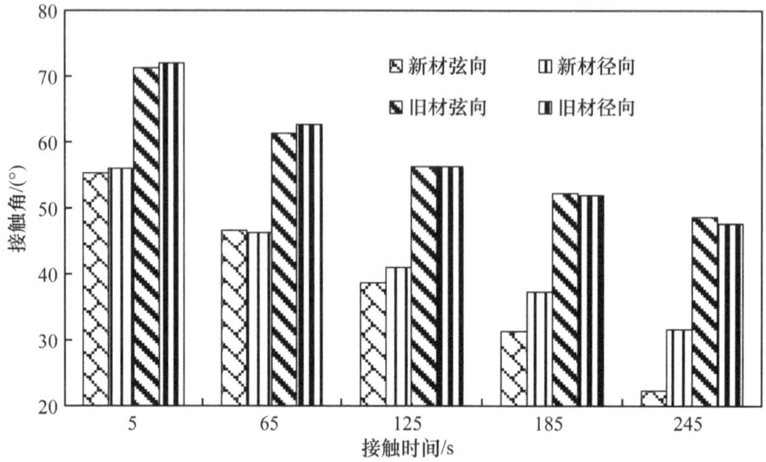

图 7-6　柠檬桉新、旧材水接触角随时间变化的对比

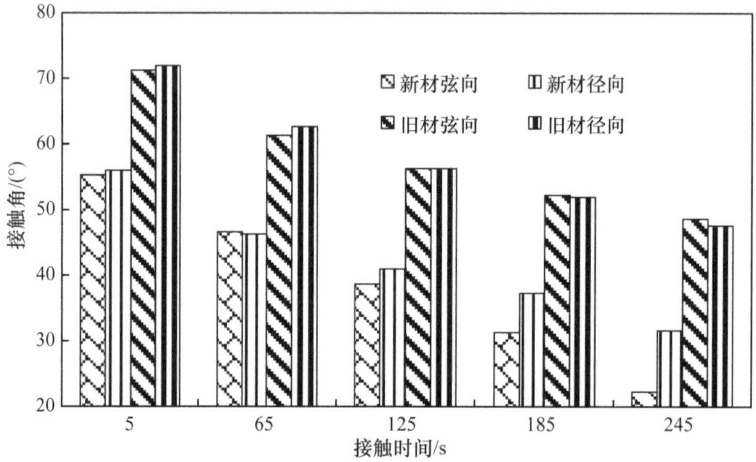

图 7-7　窿缘桉新、旧材水接触角随时间变化的对比

图 7-8 是柠檬桉和窿缘桉新、旧材 EPI 胶接触角随时间变化的关系。从图 7-8 试验结果可知，EPI 乳液胶基本上呈现与水介质相似的情形，无论是新材或旧刨切材，也是随着接触时间的延长，接触角不断下降，反映出胶液在不断渗透到木材当中去；同时，两种木材也均体现出新材的弦、径向的接触角分别比同条件下测得的旧材的弦、径向的接触角小，但差值不是很明显；此外，无论新材还是旧材，窿缘桉表现为弦向接触角略为大于径向接触角；反之，在新材和旧材上，柠檬桉弦、径向接触角差别不大，只在新材的弦、径向上接触角略有差异。

两种桉树木材的表面水接触角要远小于 EPI 胶液在木材表面的接触角，表明水比 EPI 胶溶液在木材表面有更好的润湿性。新鲜刨切材总是比陈旧刨切材具有更小的接触角，新鲜材表现出良好的润湿能力。如柠檬桉新材弦向水和 EPI 主剂接触角分别为 22.3°和 72.3°。

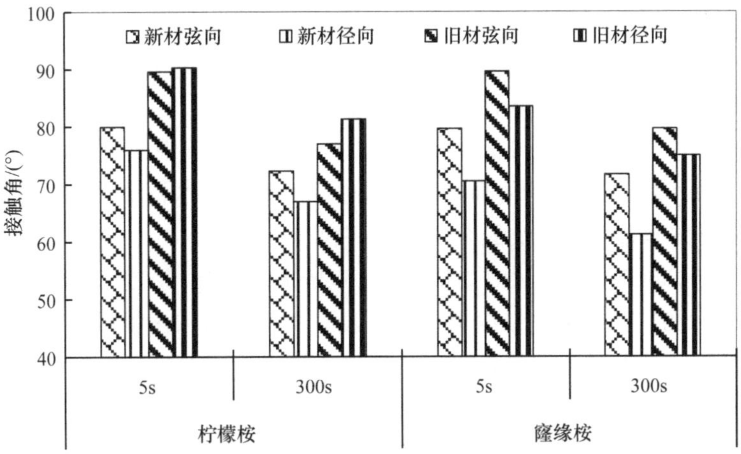

图 7-8　柠檬桉和窿缘桉新、旧材 EPI 胶接触角随时间变化的对比

通过测定随着时间变化的接触角的变化情况，发现无论水溶液或是胶溶液，其接触角都随时间延长而变小，体现为液体逐渐与木材浸润而延展开来。不过，随着时间推移，水溶液的接触角变化要明显于 EPI 胶液的接触角变化，水溶液在很短的时间内即可以跟木材完全浸润；反之，EPI 胶液充分浸润就要困难得多。对比柠檬桉和窿缘桉两种木材的水和 EPI 胶液的接触角，窿缘桉木材表面的两种溶液接触角要低于柠檬桉木材表面的两种接触角。表明窿缘桉木材比柠檬桉木材具有更为良好的表面润湿性能。如窿缘桉新材径向水和 EPI 主剂接触角分别为 21.0°和 61.3°，而柠檬桉新材径向水和 EPI 接触角分别为 31.7°和 67.0°。此外，窿缘桉木材无论新、旧刨切材径向接触角比弦向的要小，而柠檬桉木材则表现的不明显。

二、胶合面处理方法

木材润湿性是液体与木材接触时，液体在木材表面上润湿、铺展及黏附的难易程度和效果。而木材的表面老化是影响润湿性和胶合质量一个很重要因子。长期暴露在不同环境中的木材表面由于氧化作用、吸附作用和水合作用等使其润湿性发生变化，暴露于空气中的木材表面在不长时间内覆盖一层多脂物质，约有一个分子厚，足以使木材的润湿性降低。而影响木材表面胶合性质的 4 种可能机理有：表面抽提物的迁移；木材表面的主要化学组分及抽提物的化学变化；空气中悬浮物或微粒在表面上沉积或产生化学变化均可降低木材表面自由能；减少木材表面纤维的强度。

根据有关报道，在加工和使用中只要将材料的界面性质加以改变就可以满足某些特殊用途，提高使用价值，扩大应用范围。据此有人提出改善胶合质量的措施：

1）机械处理：砂光或刨光。不仅可以去除表面污染，且可以暴露出具有很强极性的细胞壁 S_2 层，改善胶合。

2）化学处理：用中性有机溶剂或稀碱液（1% NaOH 或 1% Na_2CO_3）处理界面（Hse and Kuo，1988）。资料显示，采用酚胶时，阔叶材大片板采用钠氧化物处理的胶合效果最好（Garder and Elder，1990）。木材表面用适量的氢氧化钠溶液进行处理可以消除抽提物引起的低 pH 的有害影响及其他污染物。硝酸、氢氧化钠处理竹木材不仅可以改变材料酸含量，而且可以增加材料表面的自由基浓度和润湿性。因此，竹木材经氢氧化钠处理，胶合性能改善使材料酸性降低、自由基浓度增高和润湿性改善共同作用的结果。

3）溶剂干燥法：用溶剂（丙酮）干燥木材，抽提物随木材中的水分一起排出，能够有效地改善木材的润湿性，提高胶合性能。

4）等离子体、电晕或表面火焰灼烧处理（Rehn and Viöl，2003；Podgorski et al.，2000；Winfield et al.，2001）：采用电晕放电使木材表面产生物理和化学作用而改善木材的润湿性，提高胶合质量。木材经电晕处理后，能使液体很好润湿表面，并促使与极性分子的胶合作用，再者电晕放电后氧化了的木材表面产生了羟基、羰基和氨基等极性基团，这些有利于表面润湿，从而改善胶合质量。Rehn 和 Viöl（2003）研究不同类型的等离子处理松木木材表面，改变了木材的润湿性能，结果表明，用氦、氮、氩和低温空气等离子体处理 1～50s，木材表面极性增强；用 CH_4 的 C_2H_2 等离子体处理时，木材表面变成疏水性。大气压下低温等离子体处理后的润湿性能是最好的，若处理 20s 后木材吸水性能可提高 22 倍，用三聚氰胺树脂胶黏剂胶合时，松木的剪切强度比未处理的提高了 68%。Winfield 等（2001）发现火焰离子化氧化活化木材表面性能与树种有关，阔叶材处理效果优于针叶材。Podgorski 等（2000）和杜官本等（1998）用微波等离子体处理木材表面，通过检测接触角，发现处理后木材的润湿性能显著提高。此外，Sernek（2002）研究指出，低温干燥、不同含水率木材分开干燥、干燥前对木材进行化学处理（抽提处理）等措施可有效地改善木材的润湿性，提高胶合性能。

第二节　人工林木材胶合性能的改善措施

一、材料和方法

采用第二章采集的柠檬桉和窿缘桉木材，分别用 4 种木材表面处理方式，对 4 种方法得到的胶合强度和木破率的结果进行分析。其中，4 种方法的试件均为来自于同一块板材，并在相同试验条件（胶合工艺参数选用单位压力 2.0MPa、时间 60min，涂胶量 $200g/m^2$；试件加载速度为 1mm/min，并在相同环境条件下完成检测）下完成胶合强度和木破率的测定，以确保结果的可靠性。

4 种木材表面处理方式如下：

a）陈旧刨切材胶合。采用四面刨光材，放置在干燥、清洁的室内环境中 45 天以上。

b）氢氧化钠溶液表面处理。选择表面平整、没有缺陷的陈旧刨切板材，采用浓度为 1%的氢氧化钠溶液涂刷木材表面，干燥至最初含水率。

c）硫酸亚铁粉末胶液处理。选择表面平整、没有缺陷的陈旧刨切板材，在 EPI 主剂和交联剂混合后，加入重量比为 1.5%的硫酸亚铁粉末，充分搅拌均匀进行胶合。

d）新鲜刨切材处理。新鲜刨切的四面刨光材，选择无缺陷、表面质量良好的板材在刨切处理完毕 6h 内完成胶合。

二、胶合面处理对木材胶合性能的影响

由表 7-4 可知，对于柠檬桉和窿缘桉而言，4 种表面处理方式对两个树种的剪切强度和木破率影响均显著。

表 7-4　不同处理方式剪切强度和木破率显著性分析

树种		来源	自由度	平方和	均方	F 值	显著程度
柠檬桉	剪切强度	模型	3	10.383	3.461	3.06	**
		误差	80	90.462	1.131		
		总和	83	100.845			
	木破率	模型	3	26 465.560	8 821.853	12.08	***
		误差	80	58 403.429	730.043		
		总和	83	84 868.988			
窿缘桉	剪切强度	模型	3	111.611	37.204	69.87	***
		误差	80	42.598	0.532		
		总和	83	154.209			
	木破率	模型	3	57 998.095	19 332.698	205.80	***
		误差	80	7 515.143	93.939		
		总和	83	65 513.238			

注：**表示在 0.05 水平下显著；***表示在 0.01 水平下显著

表 7-5 是不同处理条件下的胶合强度和木破率。由表 7-5 结果可知，柠檬桉胶合剪切强度和木破率在不同处理条件下是不同的。新鲜刨切的木材胶合效果最好，其次是 1% 氢氧化钠溶液处理的木材，硫酸亚铁处理对柠檬桉的胶合没有影响，甚至有削弱作用。

表 7-5　不同处理条件下的胶合强度和木破率

树种	处理方法	试件数量	剪切强度/MPa		木破率/%	
			平均值	标准差	平均值	标准差
柠檬桉	未处理	42	5.29 AB	0.98	21.1 B	19.0
	硫酸亚铁处理	42	4.80 B	0.57	56.6 A	32.9
	氢氧化钠处理	42	5.72 B	0.90	56.7 A	27.9
	新刨切处理	42	5.59 A	1.55	68.3 A	26.3
窿缘桉	未处理	42	4.51 C	0.46	4.95 BC	6.58
	硫酸亚铁处理	42	3.04 D	0.44	0.00 C	0.00
	氢氧化钠处理	42	5.29 B	0.75	12.5 B	9.56
	新刨切处理	42	6.18 A	1.07	65.6 A	15.5

新鲜刨切的木材表面平整，具有高的活性表面，而且表面洁净无污物，也没有木材树胶类物质渗透到表面上，因此可以大大提高木材胶合的剪切强度和木破率；而氢氧化钠溶液处理木材表面后，也能清除木材表面污物和溶解木材表面的渗出物（Chen，1970）。

碱溶液改变柠檬桉木材表面的弱酸性环境，主要是中和表面一些酸性物质，因此也能够改善柠檬桉木材的胶合性能。国外学者有直接用 40%的硝酸溶液喷射在木材表面，约 2.4kg/m^2，再进行胶合，发现胶合强度和木破率得到提高，不过木材表面 20～50 个细胞部分被破坏，木材表面木素和纤维素得到软化（Murmanis，1983）。由以上结果可知，窿缘桉胶合剪切强度和木破率在不同处理条件下也是不同的。就胶合剪切强度而言，新鲜刨切的木材的胶合效果最好，其次是氢氧化钠处理的木材；硫酸亚铁对窿缘桉的胶合强度影响不大，甚至稍有削弱作用。而对于木破率而言，新鲜刨切的木材显示较高的木材破坏率，其次硫酸亚铁和氢氧化钠处理的木材呈现的木破率无差异。对比新鲜刨切材而言，国外有学者用激光切割木材，极大地提高了生产率，不过胶合强度和木破率都较一般木材有所降低，但去除 1mm 厚的表面炭化层后，胶合性能得到改善，与新刨材接近（Rabiej et al.，1993）。

柠檬桉经过新鲜刨切和 1%氢氧化钠溶液处理后胶合强度最好，而采用硫酸亚铁粉末处理以及未处理木材的剪切强度均低于前两者（图 7-9）；但是，就木材破坏率来看，以新鲜刨切处理的效果为最好，而硫酸亚铁处理木材的胶合后木破率最低。国外学者发现锯制的云杉木材在存放 3 天后，木材表面润湿性明显下降（Nussbaum，1996）。分析其原因，由于柠檬桉木材含有较多内含物。木材化学成分是影响木材材性和利用的重要因素。木材抽提物对于木材材性具有显著影响，材性的一个重要要求就是材性的均匀性，而材性的均匀性是受木材抽提成分的类型和含量的影响的。木材抽提物多存在于木材组织的细胞腔内，但也常沉积在细胞壁和纹孔口上，因而阻碍了木材的渗透性。人造板工业经常遇到的问题，主要是木材的抽提物的性质问题。很多树种心材中含有大量的树胶、树脂或三萜类和甾醇类。当木材干燥后，木材表面成疏水性，能阻碍木材的渗透性，因而影响胶黏剂的有效胶着，也能影响表面涂料的黏附和稳定性。有时木材中的抽提物，还可能与胶黏剂反应，阻碍胶的聚合固化。

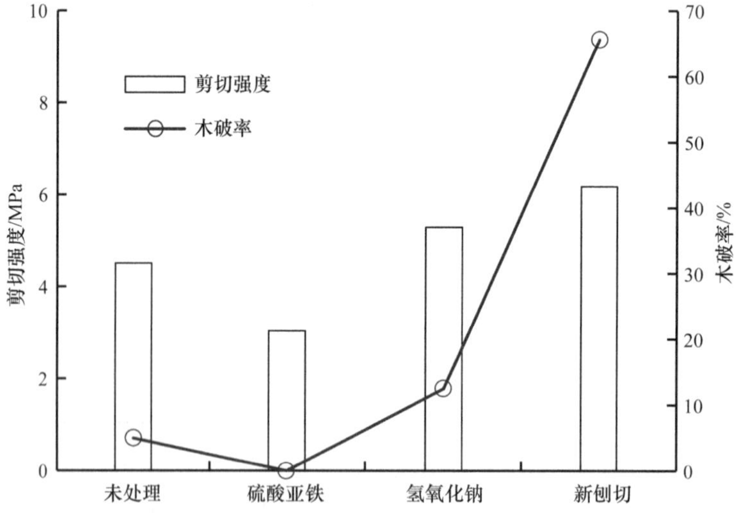

图 7-9　不同方法处理后柠檬桉木材胶合剪切强度和木破率

抽提物不断渗透到木材表面，产生污迹和沾染灰尘，而且桉树木材表面的弱酸性环境并不利于胶合理想完成。经过新鲜刨切处理、氢氧化钠溶液处理及硫酸亚铁粉末处理，可改善柠檬桉木材的表面状况，特别是新鲜刨切处理，木材在刨切后 6h 内完成胶合，检测的剪切强度值和木破率值较理想。

在新鲜刨切的木材表面，具有大量的活性基团，而且表面刨切平整、干净，还未有内含物等渗透到木材表面，因此其胶合效果是较好的（Liptakova，1995）。通过对比，采用新鲜刨切的柠檬桉木材在加工 6h 内完成胶合的方式，不但可提高生产率，而且可节约不必要的其他表面处理费用。采用新鲜刨切柠檬桉木材进行胶合是柠檬桉木材胶合的首选工艺。胶黏剂对木材的良好浸润是达到胶合目的的先决条件，经刨削加工的表面最有利于胶黏剂的浸润。为避免木材中的各种内含物与空气中各种成分反应，使木材表面活性基团减少并形成隔离膜，影响胶黏剂的浸润，故必须保持胶合面的新鲜，尽量减少基材加工和胶合两工段的中间库存（刘建萍，1998）。

几种表面处理方法对于柠檬桉木材而言，主要在于改变其表面状况，增加表面活化性能，柠檬桉化学成分及抽提物对胶合性能的影响要显著于窿缘桉，抽提物改变了木质材料界面的极性和可湿性：①极性的改变：组成木材的各成分都是高分子化合物，其分子结构中含有大量极性基团，如羧基、羰基、羟基等，这些极性基团在分子内部相互吸引而达到平衡，而位于木材表面的分子尚有极性，具有一定的表自由能，当极性胶黏剂溶液与之接触时，可彼此吸引，相互结合。表面自由能降低，使胶合状况恶化。②可湿性的改变：木材的可湿性是指木材表面受液体润湿的程度，润湿是实现良好胶合的前提，常用接触角 θ 来表征可湿性的大小（Dougal，1980）。接触角试验表明，柠檬桉表明润湿性不如窿缘桉，而且 EPI 主剂的接触角明显大于水的接触角。抽提物对不同胶黏剂的影响不同。例如，使用脲胶时，可湿性与胶合强度成正相关。抽提物的存在，降低了木材的表面自由能，减少了木材的极性和可湿性，由此导致木材渗透性和吸湿性相应降低，使胶液的黏性和流动性发生变化，影响了胶合质量（陆文达，1989）。抽提物是污染木材表面有碍于木材胶合的最普遍和主要根源之一。抽提物延长了胶液的固化时间，抽提物对碱性催化型酚醛树脂的影响不大。抽提物的酸性降低了胶合界面的 pH，不仅延长了加压时间，而且析出了胶中的固体物质，削弱了木材和胶液之间的交联（余德新等，1990）。

图 7-10 是不同处理方法后窿缘桉木材胶合剪切强度和木破率。从图 7-10 可知，窿缘桉不同处理结果可能与柠檬桉有相似之处，木材在放置过程中不断在木材表面产生污迹和沾染灰尘，而且木材表面的弱酸性环境不利于胶合理想完成。经过新鲜刨切处理、氢氧化钠溶液处理及硫酸亚铁粉末处理，会或多或少改善柠檬桉木材的表面状况；而氢氧化钠溶液处理窿缘桉木材不像处理柠檬桉木材那么显著的原因，可能是窿缘桉木材不像柠檬桉木材那样内含物丰富，这些弱酸性内含物溢流到木材表面可以通过氢氧化钠溶液中和清洗掉。新鲜刨切处理，木材在刨切后 6h 内完成胶合，检测的剪切强度值和木破率值较理想，可以想象，在新鲜刨切的木材表面，具有大量的活性基团，而且表面刨切平整、干净，还未有内含物等渗透到木材表面，因此其胶合效果理应是较好的。

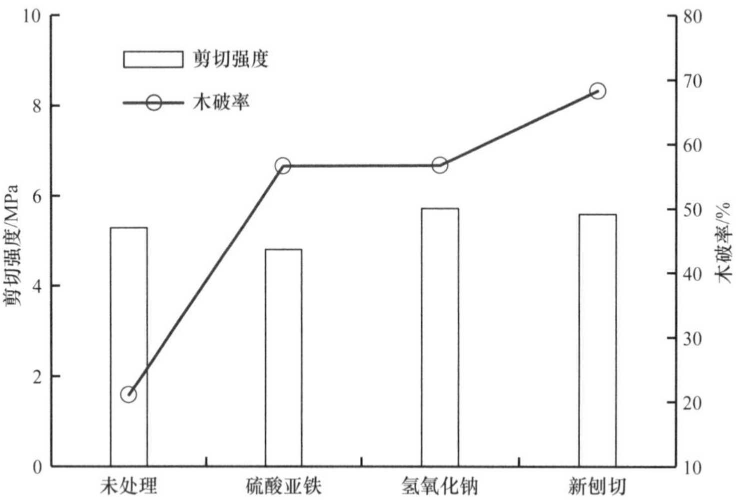

图 7-10　不同处理方法后窿缘桉木材胶合剪切强度和木破率

通过以上对比，我们认为采用新鲜刨切的窿缘桉木材在加工 6h 内完成胶合的方式，不但可以提高生产效，而且可以节约不必要的其他表面处理费用。就胶合强度和木破率结果看，选择新刨切窿缘桉木材或采用氢氧化钠表面处理进行胶合是适宜的和有效的。

分析窿缘桉木材的几种表面处理的方法，其受抽提物影响比柠檬桉木材要小一些，由第二章知道，柠檬桉抽提物含量要高于窿缘桉。木材表面用适量的氢氧化钠溶液进行处理可以消除抽提物引起的低 pH 的有害影响及其他污染物。另外，对窿缘桉木材表面处理，尤其是刨切处理，可以改善木材表面状况。木材的表面性状是实现木质材料胶合的重要因素，木材是被胶合材料表面具有最不均匀表面的胶料之一，刨切后的木材表面在显微镜下仍显得粗糙不平，这种现象有利有弊，利在于增加了木材的表面积，为胶黏剂的润湿、渗透和交联提供了方便；弊在于有空气含于其中，加之表面粗糙，对胶合界面形成紧密的接触不利。

最后，长期暴露在不同环境中的木材表面可以由氧化作用、吸附作用和水合作用等导致其润湿性发生变化。暴露于空气中的木材表面在不长的时间内将被一层多脂物质覆盖，约有一个分子厚，足以使木材的润湿性降低（Back，1991）。资料指出，随着老化时间延长，木材表面润湿性降低，这意味着木材表面自由能随老化而发生变化。木材表面比木材内部容易受到外界润湿和干燥条件的干扰，这样使木材表面细胞壁的微细结构发生显微变化。由于膨胀与干燥应力的作用使木材表面变得粗糙，纹理隆起，细胞裂纹等大得可见。随着时间的推移，裂纹的数量和尺寸不断增加，导致木材开裂翘曲以及连接紧固件松弛脱出。研究显示，至少有 5 种钝化机理可能同时发生（Back，1991）。正是由于木材表面弱界面层的形成、低分子质量物质的迁出、表面 pH 的变化、低能量表面、表面物理变化（表面小裂纹）等因素使得陈旧刨切材比新刨切材在胶合上差异显著。

新鲜刨切的木材表面平整，具有高的活性表面，而且表面洁净无污物，也没有木材树胶类物质渗透到表面上，因此可以大量提高木材的剪切强度和木破率；而氢氧化钠溶液处理木材表面后，也能清除木材表面污物和溶解木材表面的渗出物，因此也能够改善窿缘桉木材的胶合性能。对于硫酸亚铁来说，情况比较复杂。窿缘桉木材在剪切强度没有改善的情况下其木破率得到较好的改善。观察检测后的木材表面均呈现紫褐色，可能是硫酸亚铁与胶黏剂或木材组织进行化学反应，导致木材结构发生变化，组织软化，从而在较低的剪切强度下产生较高的木破率。大部分化学胶都不是纯的，而是混合物。由于表面张力对胶合具有重要意义，所以在加入某些材料后表面张力会显著降低。如果添加物是低分子质量化合物，则胶合质量可以获得改进，因为它具有较大的活性和较好的渗透能力（Kollmann，1984），加入硫酸亚铁可能也有这种作用。这些需要我们在今后的工作中进一步确定和研究。

对比不同处理方法对木材胶合性能的影响，结果表明，各种处理方法均对柠檬桉和窿缘桉木材的胶合剪切强度和木破率造成影响。新鲜刨切的木材胶合性能最好；其次是表面涂刷 1%氢氧化钠处理；再次是在胶液中加入硫酸亚铁粉末处理，但该处理方法对柠檬桉木材胶合效果没有影响，甚至稍有削弱；而刨切后长期放置的木材胶合后检测性能最差，无论剪切强度和木破率均是最低。虽然经过表面化学处理也能提高木材的胶合性能，但化学处理可能只会改善木材表面质量的一个或几个方面的问题，而比较新鲜刨切材表面而言，后者应该算是一种既经济又高效的木材表面处理方式。

第三节 节子对木材胶合性能的影响

节子是木材的主要缺陷，就木材利用而言，节子破坏木材构造的均匀性，不仅影响木材表面美观，更重要的是降低木材的某些强度性质（Chui，1991），不利于木材的利用。节子也是木材中最普遍的一种缺陷，除某些尺寸较小的用材外，一般很难避免有节子存在。通常评定木材的等级，除腐朽外，等级的高低很大程度上是取决于节子的大小和数量，特别是承重结构所用木材的分等，与节子的数量和尺寸关系更为密切。但对节子的合理处理是提高木材出材率和木材利用率的关键，特别是在集成材的加工中，节子的合理处理尤为重要。节子本身硬，比较致密，树脂多，它的干缩方式又与四周的组织不同。因此，健全紧密的活节增加木材的抗弯强度、硬度和抗剪强度以及密度。然而节子也促使木材表面磨损不均匀，并伴随含水率的变化而开裂（柯病凡，1982）。原木表面的节子，通常呈圆形或椭圆形。板、方材上节子的形状，取决于锯切面。当锯切的表面与树枝基部的纵轴接近于直角时，会出现圆形或椭圆形的节子（图 7-11a），当锯切面通过树枝基部的纵向，木材锯切面会呈现条状节或称长节（图 7-11b）。

樟子松（*Pinus sylvestris*）作为我国三北地区优良的人工林造林树种，目前被大面积推广种植（陈东升等，2007）。樟子松木材的纹理直，质地较好，但是，它有着松科木材中较为普遍的节子多、树脂含量高等特点，这些都会对樟子松木材的加工利用产生不良影响。特别是在刨花板、胶合板、纤维板等人造板的生产中，由于木材内部树脂含量高，这就会对产品的胶合性能产生影响，同时会污染和腐蚀刀具，而对材料进行脱脂处理又会极大地增加产品的生产成本。节子的存在不仅不利于进行切削加工，也会对胶合质量产生影响，特别是在胶合板生产中，单板中存在的大量死节和漏节会增加修补环节的难

a. 圆形节　　　　b. 条状节

图 7-11　圆形节和条状节

度。所以，目前人造板企业很少利用樟子松木材生产人造板产品。而如果将其用作指接材的生产原料时，在备料过程中可以截除节子以消除其对后续工序的影响，指接过程中树脂的影响也基本上可以忽略。在将指接材加工成大幅面的板方材时，也只需对其胶合面进行处理以避免树脂对胶合质量的影响。所以利用樟子松木材生产指接材是一种合理利用途径。

在集成材的标准中，其缺陷大致分为几类，其中第一类是节子。由此可见节子影响集成材质量的重要性。当节子在其他质量影响因子均属正常或合格时，常常是致使集成材产品降等的最主要因素。在产品检验中，节子是导致胶合降等的最主要缺陷。在针叶材胶合时，相较于其他缺陷，节子出现的次数和比例较大。但当节子的直径在允许范围内，它不但不影响木材胶合的各项指标要求，还会增加木材美学效果（Broman，2001）。以樟子松木材为例，樟子松是我国三北地区优良造林树种，目前被大面积推广种植。它的纹理直，质地较好，因此被广泛的用在中档实木家具、集成材、门窗等制品的生产中（陈东升等，2007）。但是，樟子松木材存在节子多的特点，这会对樟子松木材的加工利用产生不良影响。为此，本节以多节的樟子松木材为试验材料，分析材料中节子尺寸、节子类型对结构用樟子松集成材的胶合性能的影响，获得满足标准要求允许的节子尺寸和配板方式等，为多节类针叶材木材的高效利用提供理论依据。

一、材料和方法

将樟子松（*Pinus sylvestris*）木材加工成 100mm×88mm×24mm（长×宽×厚）的板条，含水率为 5%～11%。

胶黏剂选用集成材常用的双组分水性高分子异氰酸酯（EPI）胶黏剂，主剂与固化剂配比为 100∶15 的质量比混合调制，单面涂胶，涂胶量为 240g/m^2。

根据 GB/T 4823—1995《锯材缺陷》，对樟子松板材中节子尺寸进行检量和分类，按照无节-无节、有节-无节、有节-有节三种组坯方式，将试材两两一组，制成幅面为 100mm×88mm、厚度为 48mm 的试材，每一试验条件压制 6 块。进行全因子试验，分析讨论节子尺寸、节子类型和组坯方式对胶合性能的影响。试验因子及水平如表 7-6 所示。本试验所采用的胶合工艺为：单位压力 0.8MPa，加压时间 60min（张玉萍，2006）。

表 7-6　试验因子水平表

因子	水平		
	1	2	3
节子尺寸	大（>40mm）	中（25～40mm）	小（<25mm）
节子类型	圆形节	条状节	

以剪切强度、木破率和浸渍剥离率作为胶合性能评价指标，参照日本农业标准 JAS MAFF，Notification No.992《建筑用集成材物理力学性能指标及测试方法》评价有节樟子松的胶合性能。按照日本结构用集成材标准要求，对于松木类结构用集成材，其剪切强度和木破率应分别高于 7.06MPa 和 65%。浸渍剥离率测试参照标准中沸水浸渍剥离试验方法进行，标准要求的浸渍剥离结果应满足：试件两端面的总剥离率在 5%以下，并且任一胶层的最大剥离长度不大于胶层长度的 1/4。

二、节子对木材胶合性能的影响

不同节子尺寸、节子类型和组坯方式的樟子松结构集成材胶合性能见表 7-7。

通过 SAS 分析的结果表明，板材的组坯方式和节子的大小对胶合剪切强度、木破率和浸渍剥离率都有显著性影响（$\alpha = 0.05$）。

（一）组坯方式对胶合性能的影响

图 7-12 为三种组坯方式樟子松结构集成材胶合剪切强度与木破率的变化趋势。由表 7-7 和图 7-12 中可以看出，在无节-无节组坯方式下，其剪切强度和木破率均为最大，分别为 13.19MPa 和 92.9%，有节-无节组坯方式下的剪切强度和木破率次之，而有节-有节组坯方式下的剪切强度和木破率最小，分别为 10.15MPa 和 55.6%。该试验结果表明，胶合面中节子的存在会降低结构集成材的胶合强度，且对木破率的影响尤为显著。

根据日本农业标准《建筑用集成材物理力学性能指标及测试方法》标准要求，松木类木材的胶合剪切强度应大于 7.06MPa，木破率应大于 65%。因此，在无节-无节和有节-无节两种组坯方式下，其胶合剪切强度和木破率都能满足标准要求。而有节-有节组坯方式下，虽然其剪切强度可以达到标准要求，但木破率不能达到标准要求。

分析本试验结果的原因：首先，从木材构造上看，节子的存在会对木材的正常构造产生变化，如斜纹理。除了人为斜纹（木材的锯切方向造成）外，节子是斜纹理产生的主要原因，而紊乱的纹理会对材料的胶合性能产生影响。其次，从力学强度上看，虽然节子本身的强度很高，但是由于与周围木材结合不紧密而造成整体强度下降，而当实木本身的强度下降时，其胶合强度也会随之下降（柯病凡，1982）。最后，从樟子松木材来

表 7-7　胶合性能试验结果

胶合类型	大小	剪切强度/MPa	木破率/%	单边剥离率＞1/4	剥离率/%
无节-无节	—	13.19（1.9）	92.9（8.6）	否	0.0（0.0）
圆形节-无节	小	14.1（1.4）	81.7（15.1）	否	1.7（4.1）
	中	10.9（2.0）	70.0（19.0）	否	0.0（0.0）
	大	10.9（2.6）	74.0（11.4）	否	0.0（0.0）
条状节-无节	小	13.1（1.8）	87.5（16.4）	否	2.2（5.4）
	中	9.6（3.3）	65.0（20.8）	否	0.0（0.0）
	大	12.3（2.4）	80.0（3.2）	否	1.0（2.4）
圆形节-条状节	小-小	9.2（0.7）	67.5（23.6）	否	0.0（0.0）
	小-中	10.7（1.9）	66.7（23.6）	否	0.0（0.0）
	小-大	11.6（0.5）	50.0（10.0）	否	1.1（1.9）
	中-小	11.5（0.4）	45.0（8.7）	否	0.0（0.0）
	中-中	10.5（1.3）	61.7（2.9）	否	1.7（3.0）
	中-大	9.1（1.2）	51.7（10.4）	是	2.9（5.1）
	大-小	10.6（2.3）	55.0（13.2）	是	5.9（5.3）
	大-中	9.6（2.6）	36.7（12.6）	是	2.1（3.6）
	大-大	9.1（0.2）	48.3（25.2）	是	8.9（15.3）
圆形节-圆形节	小-小	12.9（1.5）	78.3（16.1）	否	0.0（0.0）
	小-中	11.0（1.1）	58.3（11.5）	否	1.6（2.8）
	小-大	7.0（2.3）	58.3（17.6）	否	0.0（0.0）
	中-中	12.7（2.7）	63.3（32.5）	否	0.0（0.0）
	中-大	11.5（2.8）	40.0（27.8）	是	22.9（8.7）
	大-大	8.1（2.8）	48.3（36.2）	是	12.1（14.7）
条状节-条状节	小-小	12.1（0.8）	85.0（13.2）	否	0.0（0.0）
	小-中	13.3（0.7）	65.0（22.9）	否	2.6（4.6）
	小-大	8.6（0.6）	46.7（11.6）	是	6.8（11.8）
	中-中	9.2（2.8）	50.0（16.1）	否	0.0（0.0）
	中-大	5.7（1.0）	70.0（22.9）	是	6.0（10.4）
	大-大	9.6（2.9）	58.3（7.6）	是	8.4（7.3）

注：表中括号内数值为标准差，表中数据检测样本数≥6

看，由于其内部树脂含量高，锯切木材时损伤树脂道，使材面受到树脂污染，影响木材的胶合。而当有节子存在时，由于节子相对于树干部分的木材结构更为致密，树脂道相对分布更多，且锯切时更接近于端向切削，对木材树脂道损伤更大，因此材面上节子区域的树脂含量相对于其他区域更高，对其胶合性能影响更大。

（二）节子类型对胶合性能影响

图 7-13 所示为不同类型节子组合的樟子松木材的胶合性能的变化趋势。从表 7-7 和图 7-13 可以看出，在有节-无节的胶合条件下，圆形节和条状节与无节木材胶合时，胶合性能没有显著差异（$\alpha = 0.05$），且都能达到检测标准的要求；条状节的胶合剪切强度

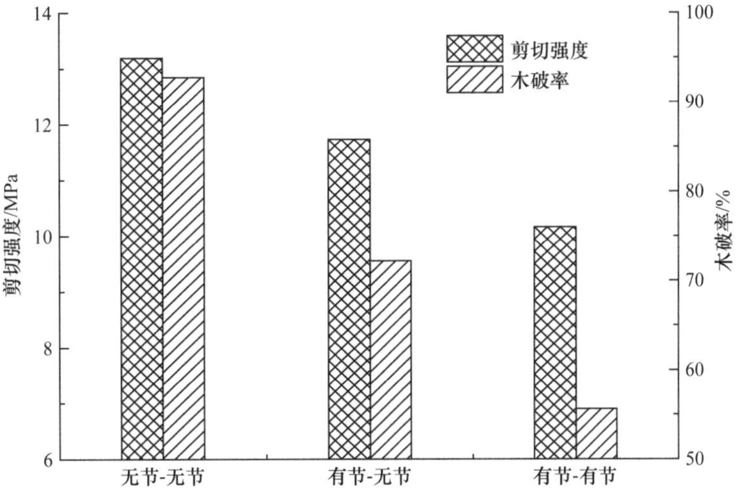

图 7-12　组坯方式对胶合性能的影响

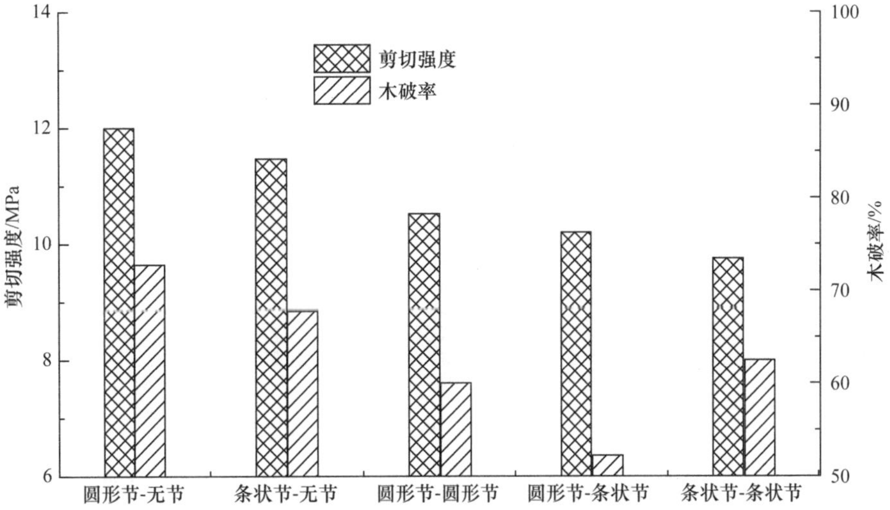

图 7-13　节子类型对胶合性能的影响

和浸渍剥离率低于圆形节的胶合剪切强度和浸渍剥离率。这是因为节子中纤维方向与板材胶合面纤维方向不同。在板材胶合过程中，节子区域与板材其他部位的胶合强度差异明显。试件受到载荷作用时，破坏首先从节子与胶合面其他部分木材的接合处产生破坏，一旦有微小破坏产生后，应力容易在此处集中，直至试件产生破坏。条状节的存在使节子与胶合面接合的上下两部分纤维完全中断，而圆形活节周边区域存在扭转纹理，但纤维连续性未完全中断。这就导致含有条状节的试件相对含有圆形节的试件更易在节子与胶合面其他部分木材所的接合处产生破坏，更早产生集中应力，剪切强度更小。在有节-有节胶合条件下，其剪切强度和木破率没有显著差异，木破率平均值均低于检测标准的规定值；但圆形节-圆形节与圆形节-条状节的浸渍剥离率存在显著差异（$\alpha = 0.05$），其中圆形节-圆形节胶合时平均的浸渍剥离率为 6.1%，不满足标准中两端胶线剥离率不应大于 5%的要求。

（三）节子尺寸对胶合性能的影响

图 7-14 为有节-无节胶合类型下胶合性能随节子尺寸的变化趋势。方差分析结果表明，有节-无节胶合类型下，节子尺寸对胶合性能无显著性影响；其中，当节子直径小于 25mm 时，其胶合性能与无节胶合时相近，其剪切强度、木破率和浸渍剥离率的平均值分别为 13.62MPa、84.6%和 1.9%。由此结果可知，在结构用集成材的制材和木材分等时，可将 25mm 以下的节子保留，以提高木材的出材率和利用率。

图 7-15 为有节-有节组坯方式下胶合性能随节子尺寸的变化趋势。从图中可以看出，节子尺寸小于 25mm 时对应的胶合剪切强度和木破率明显高于节子尺寸大于 25mm 时对

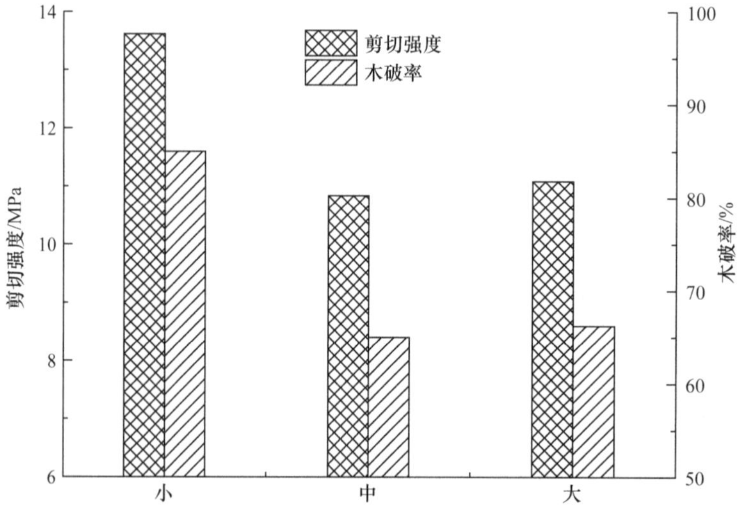

图 7-14　有节-无节胶合时节子尺寸对胶合性能的影响

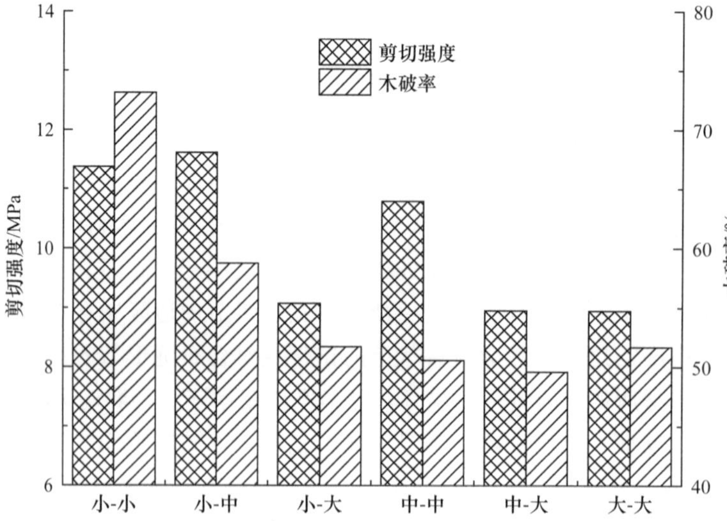

图 7-15　有节-有节胶合时节子尺寸对胶合性能的影响

接的胶合剪切强度和木破率。且胶合面均为小尺寸节子（25mm 以下）时，胶合性能的各项指标均能满足日本农业标准《建筑用集成材物理力学性能指标及测试方法》标准的要求，其胶合剪切强度、木破率和浸渍剥离率分别为 11.4MPa、72.8%和 0。而当至少有一个胶合面节子尺寸大于 25mm 时，其胶合剪切强度和浸渍剥离率能满足标准要求，但木破率却均低于标准要求值。而节子尺寸在 25～40mm 和大于 40mm 对接时胶合性能无差异（$\alpha = 0.05$），但不能满足标准中单边胶线剥离率小于 1/4 这一要求。

以上结果表明，节子尺寸大于 25mm 时对结构集成材的胶合性能有显著影响。这是因为节子的存在，引起树干中木材局部纹理产生歪斜，这种斜纹的程度也与节子的大小有关。节子尺寸超过 25mm 时，尺寸越大，其四周倾斜纹理的斜率越陡，木材的强度损失也越大，其木材胶合性能越低。

第四节　抽提物含量对胶合性能的影响

木材是天然生长形成的一种有机物，除纤维素、半纤维素及木素等主要组分外，还含有其他一些少量组分，它们一般称为提取物、抽提（出）物、浸出成分、内含物、非细胞壁组分等。木材抽提物是用乙醇、苯、乙醚、丙酮或二氯甲烷等有机溶剂以及水抽提出来的物质的总称，大量地存在于树脂道、树胶道、薄壁细胞中，成因十分复杂，其含量及其化学组成也因树种、部位、产地、采伐季节、存放时间及抽提方法而异。由于木材中富含树脂等抽提物，以其为原材料制作的木制品在使用过程中会出现树脂溢出，从而导致木材表面污染，胶接界面破坏和漆膜脱落等问题（Moredo and Skuno，1991；李坚，1994；Pohjamo et al.，2003；郭明辉，2008）。

本节以苯-乙醇混合溶液作为抽提液，利用索氏提取法测定樟子松板材内部的苯醇抽提物含量。根据材料内部树脂含量对材料分类，通过测定樟子松木材胶合后的剪切强度及木破率，分析苯醇抽提物含量对樟子松木材胶合性能的影响，为樟子松木材的加工利用提供理论依据。

一、材料和方法

试材采用俄罗斯进口樟子松（*Pinus sylvestris*）板材，试材尺寸 200mm×88mm×24mm（长×宽×厚），含水率 5%～11%。按照标准 GB/T 1933—2009《木材密度测定方法》测量每一块试材密度。试验过程采用苯及乙醇为抽提液。按照苯：95%乙醇溶液=2：1 的比例配制苯醇抽提液，抽提温度为 80℃。胶黏剂为双组分水性高分子异氰酸酯胶黏剂，购于上海太尔化工有限公司。主剂与固化剂配比为 100：15，涂胶量为 240g/m^2。

在每一块试材端部锯取长度为 1cm 小块，用刀将其劈成薄片状，放入植物纤维粉碎机中磨成木粉，取其中 60 目以上的木粉，参照标准 GB/T 2677.6—1994《造纸原料有机溶剂抽出物含量的测定》测定试材的苯醇抽提物含量。

采用单因素试验设计方法，试验因子为胶合过程中上下两块试材抽提物含量。首先将试材抽提物含量分为三个水平，即低（小于 8%）、中（8%～15%）、高（大于 15%），试材密度也相应分为三个水平，即低（小于 0.5g/cm^3）、中（0.5～0.6g/cm^3）、高（大于 0.6g/cm^3）。胶合过程中相应的组合类型有 6 种，即抽提物含量高-抽提物含量高（高-高）、抽提物含量中-抽提物含量中（中-中）、抽提物含量低-抽提物含量低（低-低）、抽提物含量高-抽提物含量中（高-中）、抽提物含量高-抽提物含量低（高-低）、抽提物含量中-抽提物含量低（中-低）。

试验过程中采用的胶合工艺为：涂胶量为 240g/m^2，压力 1.5MPa，加压时间 50min。试验结束后，参照日本集成材性能测试标准 JAS MAFF，Notification No.991 测试材料的剪切强度和木破率。每一试验条件下测试试件量为 15 个。

二、抽提物含量对樟子松胶合性能的影响

经过测试，胶合后试材的力学性能检测结果见表 7-8。对试验结果进行方差分析和多重比较，得到表 7-9 和表 7-10 所示的分析结果。

表 7-8　试验条件及性能测试结果

试验条件	密度与抽提物含量				胶合性能	
	密度/（g/cm^3）	抽提物含量/%	密度/（g/cm^3）	抽提物含量/%	剪切强度/MPa	木破率/%
高-高	0.629/0.140	23.17/0.248	0.633/0.131	23.47/0.229	10.67/0.218	67.3/0.528
中-中	0.526/0.037	12.61/0.265	0.562/0.089	12.96/0.197	13.15/0.117	82.0/0.140
低-低	0.419/0.147	5.85/0.261	0.496/0.195	6.48/0.135	10.40/0.178	92.0/0.094
高-中	0.611/0.098	20.89/0.067	0.580/0.083	11.23/0.269	13.94/0.148	76.7/0.337
高-低	0.575/0.042	18.94/0.136	0.518/0.120	6.43/0.136	12.97/0.104	86.7/0.225
中-低	0.524/0.096	12.08/0.259	0.545/0.124	5.98/0.260	13.68/0.152	88.0/0.115

注：表中数值按“平均值/变异系数”排列

表 7-9　物理力学性能方差分析

变异来源	剪切强度			木破率		
	自由度	*F* 值	显著性	自由度	*F* 值	显著性
抽提物	5	9.38	***	5	3.57	***
密度	5	0.85	/	5	3.97	***
抽提物×密度	7	2.17	**	7	2.44	**
模型	17	3.90	***	17	3.22	***
误差	72			72		
总计	89			89		

注：“/”表示在 0.1 水平下不显著；“**”表示在 0.05 水平下显著；“***”表示在 0.01 水平下显著

从方差分析结果（表 7-9）可以看出，试材抽提物含量对樟子松木材胶合剪切强度和木破率的影响极显著；密度对剪切强度无显著影响，对木破率影响极显著；而试材抽提物含量与密度的交互作用对其剪切强度和木破率均影响显著。根据抽提物含量对樟子松

表 7-10 不同抽提物含量对剪切强度及木破率影响的多重比较

组合类型	剪切强度/MPa		木破率/%	
	平均值	TG	平均值	TG
中-低	13.68	A	88.00	A
中-高	13.21	A	76.67	AB
中-中	13.15	A	82.00	AB
高-低	12.97	A	86.67	AB
高-高	10.67	B	67.33	B
低-低	10.40	B	92.00	A

木材胶合性能影响的多重比较分析结果可以看出（表 7-10），组合类型为高-高或低-低时，其剪切强度与其他组合类型差异显著。而组合类型为低-低及中-低时，其木破率与组合类型为高-高之间有明显差异。

(一) 树脂含量与木材密度的关系

不同组合类型条件下，苯醇抽提物含量及密度对胶合剪切强度和木破率的影响如图 7-16 所示。从图中可以看出，樟子松木材苯醇抽提物含量与密度对其胶合性能的影响趋势基本一致。这是因为木材密度除受到外界因子含水率的影响外，还与本身因子，如抽提物含量有关。一般来说，木材在胞壁率相同的条件下，抽提物含量越高则密度越大。本章所选用的樟子松试材中，其所含的抽提物主要为树脂，而抽提物含量会对木材的密度产生重大影响（尹思慈，2002）。

根据试验过程中所选用试材的密度及抽提物含量，建立两者的相关关系，如图 7-17 所示。从图中可以看出，随着密度的增大，樟子松木材内部苯醇抽提物含量呈增大趋势。对樟子松木材的密度与其对应的苯醇抽提物含量进行一元线性回归，得到回归方程为 $y = 71.55x - 24.83$，调整后 r^2 为 0.65，即相关系数为 0.813，表明樟子松木材密度与抽提物含量之间有较好的相关性。

(二) 组合类型对剪切强度的影响

从图 7-16 可以看出，抽提物含量低的木材胶合时（组合类型为低-低），剪切强度最小；均为高抽提物含量木材胶合时（组合类型为高-高），剪切强度略高。这是因为木材的抽提物含量会对木材强度产生影响。根据文献记载，木材的顺纹抗压强度受抽提物含量的影响最大，它随着木材抽提物含量的增加而增大。试件在进行剪切强度测试时，木材本身所承受的力为顺纹压缩载荷。假设试件胶层的胶合状态良好，剪切强度高于木材的顺纹抗压强度，那么试件的剪切强度测试结果主要取决于木材本身的顺纹抗压强度。因此，随着试材树脂含量的增大，木材本身的顺纹抗压强度增大，理论上试件的剪切强度也随之增大。

然而，抽提物含量增大虽然可以增强木材本身的强度，但抽提物同样是污染木材表面有碍木材胶合的最主要的根源之一。首先，大量抽提物沉积于木材表面，增加了木材

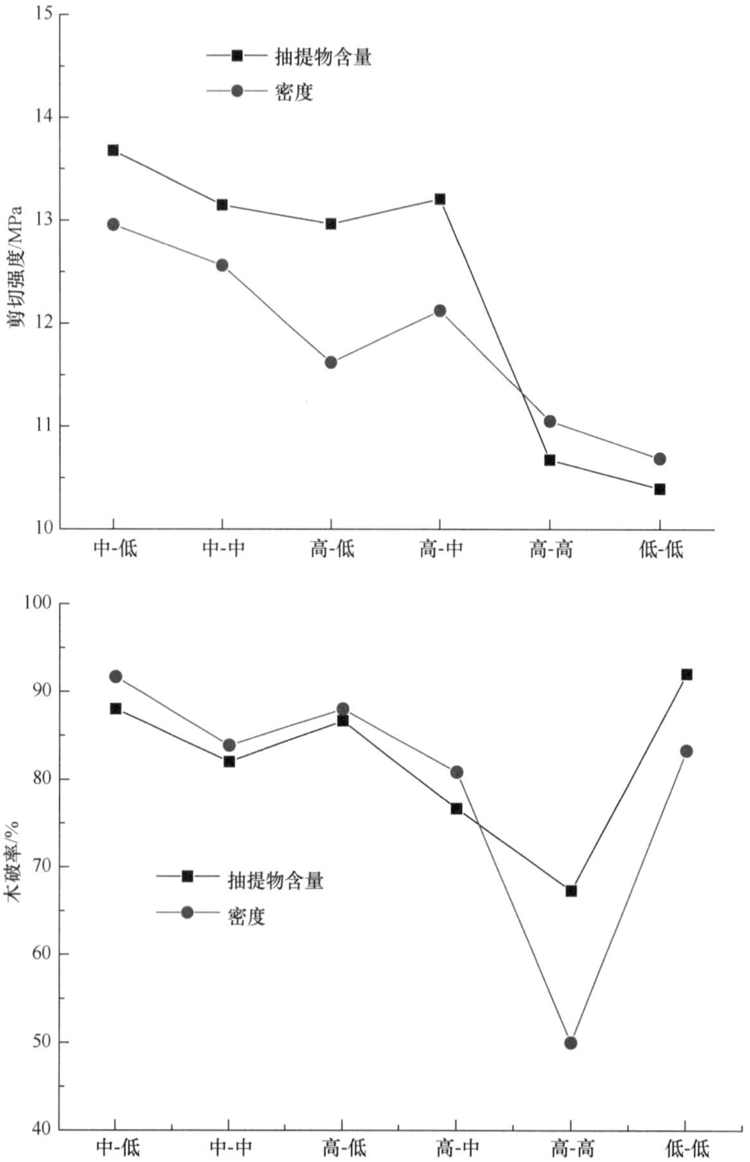

图 7-16　抽提物含量及密度对剪切强度和木破率的影响

表面的污染程度，从而降低界面间的胶合强度；其次，疏水性抽提物会降低木材表面润湿性，改变胶黏剂的特性、影响胶液的正常流动及其在木材表面的铺展，破坏木材表面反应场所，阻碍界面胶层的固化（彭万喜等，2004）；此外，抽提物的氧化有增加木材表面酸性的趋势，促进木材表面的降解，降低其表面强度（尹思慈，2002）。由此可见，试材抽提物含量的增大会对其胶合性能产生负面影响。

结合抽提物含量对木材强度及界面胶合性能两者的影响，分析不同组合类型条件下木材的剪切强度测试结果。抽提物含量低的木材之间胶合时，其界面胶合性能良好，但木材本身强度低，其剪切强度测试结果较小主要是由木材本身的强度低造成的。抽提物

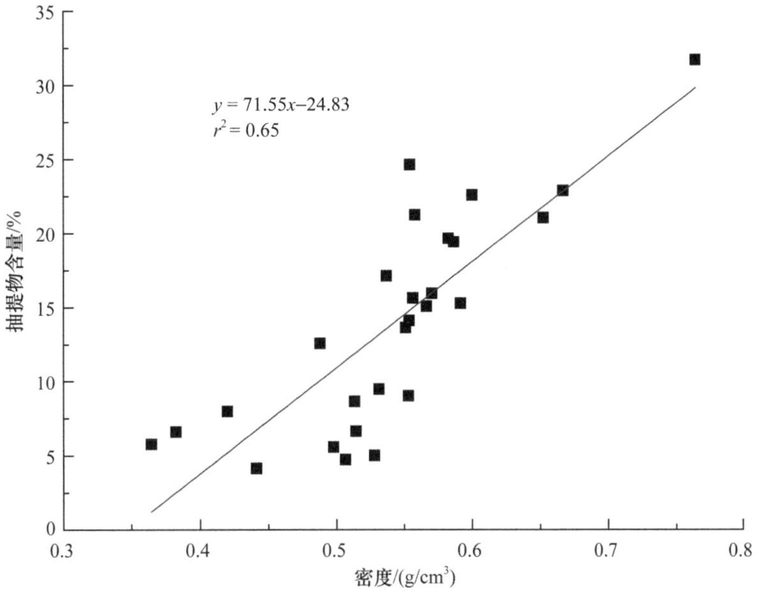

图 7-17　试材密度与抽提物含量的关系

含量高的木材之间胶合时，木材本身强度高，但其界面胶合性能较差，剪切强度测试结果较小主要是由界面胶合性能较差造成的。在其他 4 种组合类型条件下，受木材强度及界面胶合性能的综合作用影响，其剪切强度显著高于低-低及高-高两种组合类型条件下的剪切强度，但四者之间并无显著差异。

（三）组合类型对木破率的影响

从表 7-9 的方差分析结果可以看出，试材抽提物含量对木破率有极显著影响。经多重比较（表 7-10）可知，只有组合类型低-低及中-低时的木破率与组合类型为高-高之间有明显差异。而其他几种组合类型间均无明显差异。

不同组合类型条件下木破率测试结果之间的差异，同样与抽提物含量对木材强度及界面胶合性能的影响有关。抽提物含量低的木材之间胶合时，其胶接性能良好，可形成良好的胶合界面。但木材本身强度低，剪切强度测试过程中的破坏主要从木材本身开始产生，胶合面不易产生破坏，因此其木破率高。而抽提物含量高的木材进行胶合时，由于抽提物存在会造成木材的界面胶合性能下降，使胶液难以渗入木材内部，胶合过程中不能形成胶钉，造成试件在剪切破坏时木破率小。

主要参考文献

陈东升，金钟跃，李凤日，等. 2007. 樟子松节子的大小及分布. 东北林业大学学报, 35(5): 20-21.
杜官本，华毓坤，王真. 1998. 微波等离子体处理对杉木表面性能的影响. 木材工业, 12(6): 17-20.
杜官本，华毓坤. 1998. 微波等离子体处理对杉木表面性能的影响. 木材工业, 6: 17-20.
郭明辉. 2008. 脱脂处理对樟子松单板苯醇抽提物含量的影响. 材料科学与工艺, 16(6): 852-854.
柯病凡. 1982. 节子对马尾松木构件抗弯强度及抗弯弹性模量的影响. 安徽农学院学报, (2): 11-21.
李坚. 1994. 木材科学. 哈尔滨: 东北林业大学出版社.

刘建萍. 1998. 胶合木胶合质量影响因素浅析. 中国木材工业, 12(6):28-30.
陆文达. 1989. 木材抽提物与木材胶合性能浅析. 林业科技, 65(5): 37-38.
彭万喜, 朱同林, 郑真真, 等. 2004. 木材抽提物的研究现状与趋势. 林业科技开发, 18(5): 6-9.
尹思慈. 2002. 木材学. 北京: 中国林业出版社.
余德新, 范毬仔, 方玉林. 1990. 柠檬桉利用的研究. 桉树科技, (1, 2): 123-130.
张玉萍. 2006. 六种人工林木材实木胶合性能的研究. 北京: 中国林业科学研究院硕士学位论文.
Back E L. 1991. Oxidative activation of wood surface for glue bonding. Forest Products Journal, 41(2): 30-36.
Broman N O. 2001. Aesthetic properties in knotty wood surfaces and their connection with people's preferences. Journal of Wood Science, 47(3): 192-198.
Chen C M. 1970. Effect of extractive removal on adhesion and wettability of some tropical woods. Forest Products Journal, 20(1): 36-41.
Chui Y H. 1991. Simultaneous evaluation of bending and shear modules of wood and the influence of knots on these parameters. Wood Science and Technology, 25(2): 125-134.
Dougal E F. 1980. Glueline characteristics and bond durability of southeast Asian species after solvent extraction and planning of veneers. Forest Products Journal, 30(7): 48-53.
Garder D J, Elder T J. 1990. Bonding surface activated hardwood flake-board with PF resin: Physical and mechanical properties. Holzforschung, 44(3): 201-206.
Gray V R. 1962. The wettability of wood. Forest Products Journal, 12(9): 452-461.
Hse C Y, Kuo M L. 1988. Influence of extractives on wood gluing and finishing: A review. Forest Products Journal, 38(1): 52-56.
Kollmann F F P. 1984. 木材学与木材工艺学原理(人造板). 北京: 中国林业出版社.
Liptakova E. 1995. Influence of mechanical surface treatment of wood on the wetting process. Holzforschung, 49(4): 369-375.
Moredo C C, Skuno T. 1991. Effects of apitong extractives on bond strength development and curing rate of adhesives. Int. J. Adhesion and Adhesives, 11(4): 228-234.
Murmanis L. 1983. Microscopy of acid-activated bonding in wood. Wood and Fiber Science, 15(3): 203-211.
Nussbaum R M. 1996. The critical time limit to avoid natural inactivation of spruce surface intended for painting or gluing. Holz als Roh-und Werkstoff, 53(6): 384.
Podgorski L, Chevet B, Onic L, et al. 2000. Modification of wood wettability by plasma and corona treatments. International Journal of Adhesion and Adhesives, 20: 103-111.
Pohjamo S P, Hemming J E, Willfor S M, et al. 2003. Phenolic extractives in *Salix caprea* wood and knot. Phytochemistry, 63(2): 165-169.
Rabiej R J, Ramrattan S N, Droll W J. 1993. Glueline shear strength of laser-cut wood. Forest Prod. J., 43(2): 45-54.
Rehn P, Viöl W. 2003. Dielectric barrier discharge treatments at atmospheric pressure for wood surface modification. Holz als Roh-und, 61(2): 145-150.
Sernek M. 2002. Comparative analysis of inactivated wood surfaces. Blacksburg: Virginia Polytechnic Institute and State University.
Winfield P H, Harris A F, Hutchinson A R. 2001. The use of flame ionization technology to improve the wettability and adhesion properties of wood. International Journal of Adhesion & Adhesives, 21: 107-114.

第八章　胶合性能的耐久性评价

胶合是用胶黏剂将两个或多个物体连接在一起的过程，木材的胶合强度、木破率和胶层的浸渍剥离性能都是评价木材胶合性能的重要指标（余先纯等，2011）。胶合性能又分为干状胶合性能和湿状胶合性能，后者即木材胶合耐久性评价的方法之一。湿状胶合性能实际上是一种加速老化的性能评价方法，目前，根据板材的使用等级，分室外完全暴露使用、室外部分暴露使用、室内潮湿条件下使用、室内干燥条件下使用等使用等级，把加速老化的胶合性能试验要求进行了分级，分别在不同的加速老化条件下测试胶黏剂木材的胶合强度、木破率和胶层的浸渍剥离性能。

本章采用沸水-干燥交替、冷水浸泡-干燥交替两种实验室加速老化处理方法，对杉木、杨树、巨桉、尾巨桉、柠檬桉和窿缘桉 6 种人工林木材以 EPI 和 PVAc 胶合的耐久性进行了评价，旨在为人工林木材胶合耐久性的评价提供参考依据。

第一节　胶合耐久性的检测方法

木材胶合性能耐久性评价实验室条件下的加速老化相对的是自然老化，自然老化是胶合制品在自然使用条件的长期老化过程，自然老化时间长，对胶合性能的评价较难，因此，目前多用实验室的加速老化来评价木材的胶合耐久性。

影响木材胶合耐久性的因素很多，其中有胶黏剂种类、木材本身结构与性能（木材的相对密度、木材的收缩膨胀率、木材的含水率及干燥历程、木材的纤维走向、木材的提取成分、木材的 pH、木材的表面状态）、木材加工质量、木材的化学成分、使用环境条件和使用的频次等（李和平，2008）。

胶合耐久性是胶接面在使用和存放过程中长期保存其性能的能力。胶接面的使用条件主要有力的作用和环境的作用，两者同时存在又相互影响。力的作用导致胶接面的蠕变破坏和疲劳破坏，环境的作用导致胶接面的老化破坏。由于在使用和存放过程中受热、光、水、氧以及盐类和微生物等环境因素的作用，胶合性能会逐渐下降，这就是胶接面的环境老化问题，即胶合耐老化性能（顾继友，1999）。

胶合材在使用过程中，由于受外界环境温湿度变化等的影响，胶合部位的强度、尺寸稳定性等性能发生变化，从而影响胶合材整体的使用性能，因此，胶合耐久性检测尤为重要（Gillespie，1965；Shen and Wrangham，1971；River，1994）。加速老化试验方法（accelerated aging test）是实验室内检测胶合耐久性的常用方法，由于温度、水分和压力是影响胶合老化的主要因素，所以实验室加速老化检测方法基本都由这三个因子组成（Gillespie，1965；Shen and Wrangham，1971；River et al.，1980；Stumbo，1964）。通过已有样品建立的实验室加速老化与环境中实际使用中的老化之间的关系，来评价新产品的胶合性能也是可行的。

目前，欧洲一些国家及美国、日本等国都有相应的检测胶合耐久性的国家标准，检测条件各国互有差异，但基本分为以下 4 类：沸水-干燥交替处理（cyclic boil-dry）、真空-加压-浸泡-干燥交替处理（cyclic vacuum pressure，soak-dry）、冷水浸泡-干燥交替处理（cyclic soak-dry）和室外风化处理（outdoor weathering）。胶合老化评价指标主要有弹性模量（modulus of elasticity）、静曲强度（modulus of rupture）、剪切强度（block shear test）和浸渍剥离率（ratio of delamination）等（River et al.，1980）。

通过环境条件的改变和循环，来检测胶合性能随外界条件变化而产生的影响，研究 6 种人工林胶合材在经过冷水和沸水循环后，胶层与木材的结合情况，以及胶合强度的变化情况。试验试材的制备同第二章第三节，胶黏剂选用 EPI 和 PVAc，两种胶黏剂的技术参数和使用方法等见第二章表 2-6。胶合前，根据前期试验结果设定如表 8-1 所示的胶合工艺，采用析因设计安排试验。此外，安排了不同处理的实木试样作为空白对照样，以期比较胶合强度与实木强度间的差异，进而评价木材的胶合耐久性。

表 8-1 胶合耐久性评价试验的胶合工艺

树种	胶黏剂	单位压力/MPa	涂胶量/（g/m^2）	加压时间/min	胶合面纹理
杉木 杨树	EPI	1.5	250	50	T-T
	PVAc	1.5	250	60	T-T
巨桉 尾巨桉	EPI	2.0	250	50	T-T
	PVAc	2.0	250	60	T-T
柠檬桉 窿缘桉	EPI	2.0	200	50	T-T
	PVAc	2.0	200	60	T-T

注：EPI 和 PVAc 两种胶黏剂都采用冷压胶合，即室温 20～25℃。T 指弦向

根据 JAS SE-9 和 JAS SE-8 分别检测 6 种木材 EPI 和 PVAc 胶合时的胶合耐久性，检测具体条件见表 8-2，检测指标有剪切强度、木破率和浸渍剥离率[图 8-1 和式（8-1）]。

$$\text{浸渍剥离率}/\% = \frac{\text{开缝长度}/\text{mm}}{\text{胶层长度}/\text{mm}} \times 100\% \tag{8-1}$$

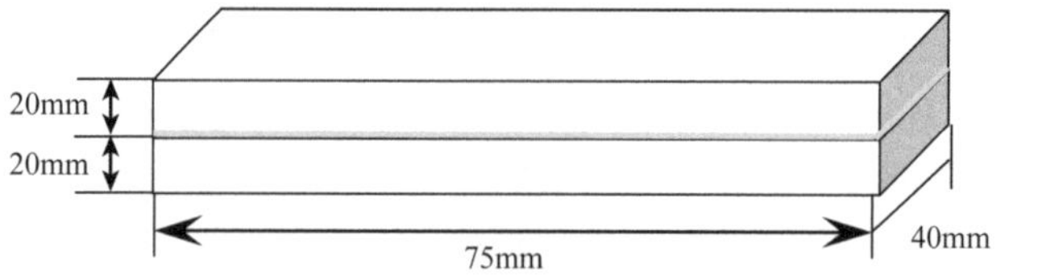

图 8-1 JAS 浸渍剥离率检测试件

表 8-2 加速老化处理方法

胶黏剂	加速老化方法	加速老化处理条件	参考标准
EPI	沸水-干燥交替处理	沸水煮 4h，20℃冷水中浸泡 1h，70℃±3℃通风条件下烘干 24h	JAS SE-9
	冷水浸泡-干燥交替处理（Ⅰ）	20℃冷水中浸泡 24h，70℃±3℃通风条件下烘干 24h	JAS SE-9
PVAc	冷水浸泡-干燥交替处理（Ⅱ）	20℃冷水中浸泡 6h，40℃±3℃通风条件下烘干 18h	JAS SE-8

第二节　EPI 的胶合耐久性

一、杉木的 EPI 胶合耐久性

分别检测杉木 EPI 胶合试件的沸水老化一次（沸水一次）、冷水老化一次（冷水一次）和冷水老化两次（冷水两次）的剪切强度、木破率、剥离率和失重率，以及相同处理的实木剪切强度，结果见表 8-3。对不同处理的剪切强度和木破率进行多重比较，结果见表 8-3 中的“TG”列和图 8-2。

表 8-3　杉木的 EPI 胶合耐久性与实木耐久性 [a]

条件	处理条件	剪切强度/MPa			木破率/%			剥离率/%	失重率/%
		平均值	TG	标准偏差	平均值	TG	标准偏差		
EPI 胶合	未处理 [b]	8.17	A	2.37	100	A	0	0.0	0.0
	沸水一次 [c]	6.67	ABC	1.87	72	B	28	0.0	7.2
	冷水一次 [d]	7.21	AB	2.42	100	A	0	0.0	7.8
	冷水两次 [e]	4.12	DE	1.73	100	A	0	0.0	7.9
实木	未处理	8.06	A	1.27					0.0
	沸水一次	4.88	CD	0.97					7.4
	冷水一次	5.45	BCD	1.01					7.6
	冷水两次	2.77	E	0.32					7.8

a 表中各项数据的样本数为 12；b“未处理”检测条件为未处理，即常态剪切强度；c“沸水一次”检测条件为经“沸水-干燥交替处理”老化处理一次；d“冷水一次”检测条件为经“冷水浸泡-干燥交替处理（Ⅰ）”老化处理一次；e“冷水两次”检测条件为经“冷水浸泡-干燥交替处理（Ⅱ）”老化处理两次

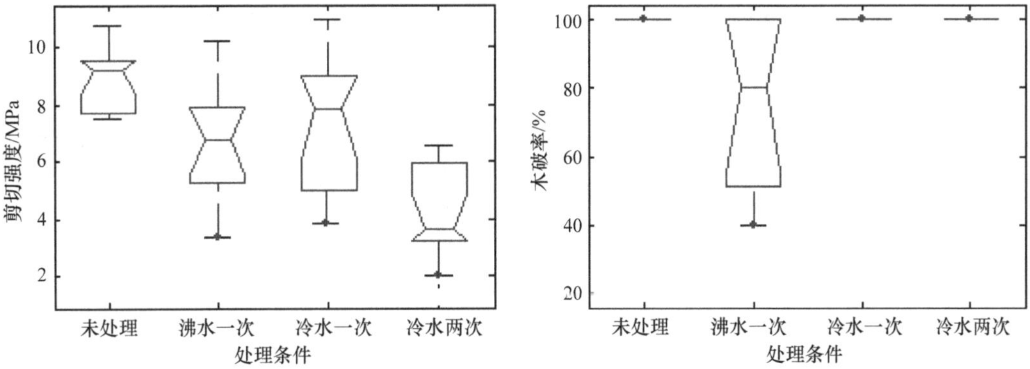

图 8-2　老化处理后杉木 EPI 胶合的剪切强度和木破率

综合表 8-3 和图 8-2 可知，常态检测时杉木的 EPI 剪切强度与实木强度差异不显著，分别为 8.17MPa 和 8.06MPa，木破率为 100%，表明杉木的 EPI 常态胶合性能好。杉木沸水一次的剪切强度与常态剪切强度和相同处理的实木强度差异不显著；木破率与常态时的差异显著，平均值降为 72%，并且变异性增大；沸水剥离率 0。冷水一次后杉木的剪切强度与常态剪切强度和相同处理的实木强度的差异不显著；木破率与常态差异不显著，

仍为 100%；胶层无开缝现象，剥离率为 0。冷水两次后杉木的剪切强度显著低于常态和冷水一次的剪切强度，但与相同处理的实木强度差异不显著；木破率与常态木破率的差异不显著，平均值仍为 100%；胶层无开缝现象，剥离率为 0。

分析三种老化后杉木 EPI 胶合性能变化，主要原因与基材物理力学性能变化有关。从表 8-3 中可知，沸水一次后实木强度显著降低，由 8.06MPa 降至 4.88MPa，且变异性增大；冷水一次和两次的实木强度都显著低于常态实木强度，且随着处理次数的增加，实木强度下降越明显。结合三种老化处理条件下较高的木破率和 0 的剥离率，表明胶合破坏为基材破坏，胶层耐老化性好。因此，杉木的 EPI 常态剪切强度和木破率高，胶合耐久性好。

二、杨树的 EPI 胶合耐久性

分别检测杨树 EPI 常态剪切强度和木破率，沸水一次、冷水一次和冷水两次的剪切强度、木破率和剥离率，结果见表 8-4。对不同检测条件的剪切强度和木破率进行多重比较，结果见表 8-4 中的“TG”列。

表 8-4　杨树的 EPI 胶合耐久性与实木耐久性

条件	处理条件	剪切强度/MPa			木破率/%			剥离率/%	失重率/%
		平均值	TG	标准偏差	平均值	TG	标准偏差		
EPI 胶合	未处理	9.21	AB	2.15	100	A	0	0.0	0.0
	沸水一次	7.68	AB	2.73	83	A	37	0.0	10.0
	冷水一次	8.08	AB	2.00	100	A	0	0.0	6.8
	冷水两次	6.73	B	1.61	94	A	20	5.6	6.7
实木	未处理	10.70	A	2.15					0.0
	沸水一次	7.96	AB	2.73					7.0
	冷水一次	8.90	AB	3.42					6.6
	冷水两次	7.40	AB	3.25					6.6

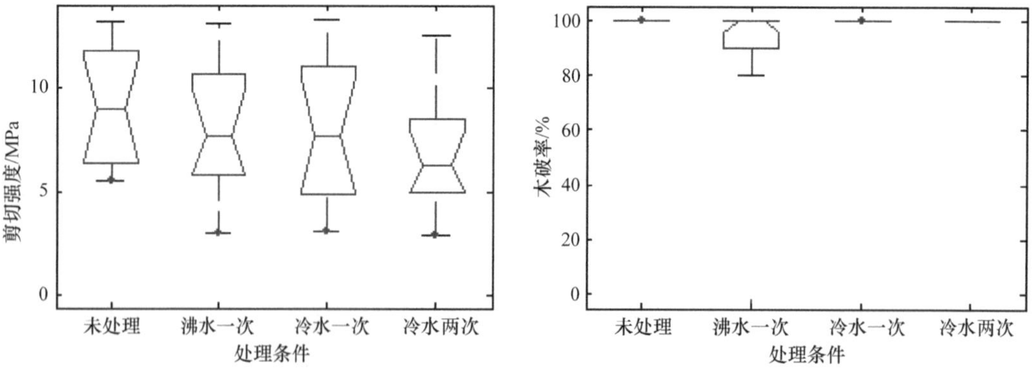

图 8-3　老化处理后杨树 EPI 胶合的剪切强度和木破率

综合表 8-4 和图 8-3 可知，常态检测时杨树 EPI 剪切强度与实木强度差异不显著，分别为 9.21MPa 和 10.70MPa，木破率为 100%，表明杨树 EPI 常态胶合性能好。沸水一次的剪切强度与常态剪切强度和相同处理的实木强度差异不显著；木破率与常态的差异不显著，平均值为 83%，但变异性增大；沸水剥离率为 0。冷水一次的剪切强度与常态剪切强度和相同处理的实木剪切强度的差异不显著；木破率与常态差异不显著，仍为 100%；胶层无开缝现象，剥离率为 0。冷水两次的剪切强度显著低于常态实木强度，但与常态和冷水一次的剪切强度差异不显著，与相同处理的实木强度差异也不显著；木破率与常态木破率的差异不显著，平均值 94%，但离散性增大；胶层有轻微开缝现象，剥离率为 5.6%。

分析杨树 EPI 胶合性能三种老化处理后变化的原因，主要与试件基材在老化过程中物理力学性能变化有关。从表 8-4 和图 8-3 中可知，三种老化后的实木强度与常态实木强度差异不显著，表明老化过程中胶合试件的基材强度下降不明显。三种老化条件下的较高的木破率表明，胶合破坏基本全是基材破坏，胶合强度主要由基材强度决定，因此，三种老化处理的胶合强度间与常态强度差异不明显。因此，杨树木材的 EPI 常态剪切强度和木破率高，胶合耐久性好。

三、巨桉的 EPI 胶合耐久性

分别检测巨桉 EPI 常态剪切强度和木破率，以及沸水一次、冷水一次和冷水两次的剪切强度、木破率、剥离率和失重率，结果见表 8-5。对不同条件间的剪切强度和木破率进行多重比较，结果见表 8-5 中“TG”列。

表 8-5　巨桉的 EPI 胶合耐久性与实木耐久性

条件	处理条件	剪切强度/MPa			木破率/%			剥离率/%	失重率/%
		平均值	TG	标准偏差	平均值	TG	标准偏差		
EPI 胶合	未处理	16.28	B	5.07	95	A	8	0.0	0.0
	沸水一次	6.10	D	5.22	28	C	36	51.3	5.7
	冷水一次	14.21	BC	2.85	84	AB	33	0.0	6.4
	冷水两次	9.85	DC	4.75	57	BC	38	41.7	6.8
实木	未处理	23.22	A	5.07					0.0
	沸水一次	18.21	AB	5.22					8.6
	冷水一次	20.41	AB	5.45					8.1
	冷水两次	16.88	B	5.53					8.1

综合表 8-5 和图 8-4 可知，巨桉的 EPI 常态和三种老化后的剪切强度都明显比常态实木剪切强度要低。沸水一次巨桉的剪切强度和木破率显著降低，从 16.28MPa 和 95%降至 6.10MPa 和 28%，并且变异性增大；胶层出现了明显的开缝现象，沸水剥离率增至 51.3%。冷水一次巨桉的剪切强度和木破率分别与常态剪切强度和木破率间差异不显著，平均值分别为 14.21MPa 和 84%；胶层没有开缝现象，剥离率为 0。冷水两次巨桉的剪切强度和木破率明显比常态时的低，平均值分别为 9.85MPa 和 57%，并且变异性增大，但是与冷水一次的剪切强度和木破率差异不显著；胶层有明显的开缝现象，剥离率为 41.7%。

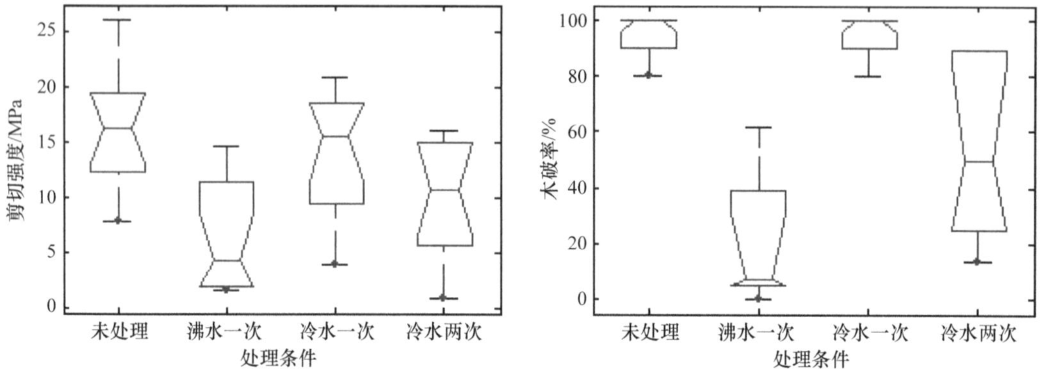

图 8-4　老化处理后巨桉 EPI 胶合的剪切强度和木破率

分析巨桉 EPI 胶合三种老化处理后性能变化的原因，主要与胶合试件的基材在处理过程中的变化，以及基材与胶黏剂间形成复合层的变化有关。从表 8-5 和图 8-4 可知，在沸水一次时巨桉的实木强度与常态实木强度差异不显著，表明胶合试件的基材强度变化不大。结合沸水一次后的较低的木破率和较高的剥离率，说明沸水一次胶合破坏是以界面破坏为主的混合破坏，此时强度主要由复合界面的强度决定。基材与胶黏剂间的界面强度在老化处理过程中，受基材尺寸变化产生的内应力的影响，沸水老化过程中试件首先经过 4h 的沸水浸泡，然后直接取出放入 20℃的冷水中浸泡 1h，最后再在 70℃的通风条件下干燥 24h，整个过程的温度和湿度变化大，干缩变异性大，因此胶合强度和木破率显著下降。在冷水一次时，巨桉的剪切强度与相同处理的实木强度差异不显著，且木破率高、剥离率为 0，表明此时破坏为基材破坏，胶合强度主要由基材决定。在冷水两次后剪切强度和木破率下降的原因与沸水一次时相同。因此，巨桉 EPI 常态剪切强度和木破率高，超过了 JAS SE-9 的要求，冷水老化的耐久性能比沸水老化耐久性好。

四、尾巨桉的 EPI 胶合耐久性

表 8-6 是对尾巨桉的 EPI 常态剪切强度和木破率，以及沸水一次、冷水一次和冷水两次的剪切强度、木破率、剥离率和失重率的检测结果。对不同条件间的剪切强度和木破率进行多重比较，结果见表 8-6 中“TG”列。

表 8-6　尾巨桉的 EPI 胶合耐久性与实木耐久性

条件	处理条件	剪切强度/MPa			木破率/%			剥离率/%	失重率/%
		平均值	TG	标准偏差	平均值	TG	标准偏差		
EPI胶合	未处理	18.30	A	3.27	100	A	0	0.0	0.0
	沸水一次	3.42	D	1.96	13	C	26	46.8	5.5
	冷水一次	12.10	BC	4.99	52	B	37	0.0	7.6
	冷水两次	8.16	DC	2.52	59	B	35	84.2	6.9
实木	未处理	20.32	A	1.18					0.0
	沸水一次	18.12	A	1.96					8.2
	冷水一次	19.58	A	5.16					8.2
	冷水两次	17.21	AB	6.20					8.3

综合表 8-6 和图 8-5 可知，常态检测时尾巨桉的剪切强度与实木强度间差异不显著，木破率为 100%，表明尾巨桉常态胶合性能好。沸水一次后检测时，尾巨桉的剪切强度和木破率显著降低，从 18.30MPa 和 100%降至 3.42MPa 和 13%，并且变异性增大；胶层有明显的开缝现象，剥离率为 46.8%。冷水一次后检测时，尾巨桉的剪切强度和木破率明显比常态剪切强度和木破率低，平均值分别为 12.10MPa 和 52%，并且变异性增大；胶层没有开缝现象，剥离率为 0。冷水两次后检测时，尾巨桉的剪切强度和木破率明显低于常态剪切强度和木破率，平均值分别为 8.16MPa 和 59%，并且变异性增大，但是与冷水一次时的剪切强度和木破率差异不显著；胶层有明显的开缝现象，剥离率平均值为 84.2%。

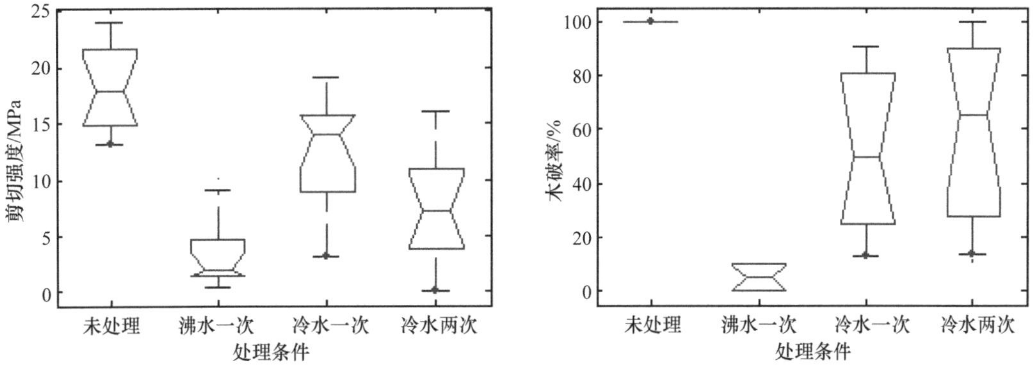

图 8-5　老化处理后尾巨桉 EPI 胶合的剪切强度和木破率

分析三种老化后尾巨桉 EPI 胶合性能变化的原因，主要与基材在处理过程中的变化以及基材与胶黏剂间复合层的变化有关。从表 8-6 和图 8-5 可知，4 种检测条件（常态和三种老化条件）的实木强度间差异不显著，表明尾巨桉 EPI 胶合试件在老化处理过程中，基材强度变异不大。沸水一次和冷水两次检测时，较低的木破率和较高的剥离率，表明两种老化的胶合破坏是以界面破坏为主的混合破坏，此时强度主要由胶黏剂与木材表层细胞间复合界面的强度决定。基材与胶黏剂间的界面强度在老化处理过程中，受基材表层细胞的干缩湿胀等产生的应力的影响，沸水一次和冷水两次的整个过程的温度和湿度变化大，干缩变异性大，影响界面强度，因而剪切强度和木破率显著下降。因此，尾巨桉木材的 EPI 常态剪切强度和木破率高，超过 JAS SE-9 的要求，冷水老化的耐久性能比沸水老化耐久性好。

五、柠檬桉的 EPI 胶合耐久性

分别检测柠檬桉 EPI 常态剪切强度和木破率，以及沸水一次、冷水一次和冷水两次的剪切强度、木破率剥离率和失重率，结果见表 8-7。对不同条件间的剪切强度和木破率进行多重比较，结果见表 8-7 中“TG”列。

综合表 8-7 和图 8-6 可知，常态检测时柠檬桉的剪切强度明显比实木强度低，木破率低，平均值为 35%。沸水一次后检测时，柠檬桉的剪切强度和木破率显著降低，平均

表 8-7　柠檬桉的 EPI 胶合耐久性与实木耐久性

条件	处理条件	剪切强度/MPa			木破率/%			剥离率/%	失重率/%
		平均值	TG	标准偏差	平均值	TG	标准偏差		
EPI胶合	未处理	14.76	B	8.82	35	A	10	0.0	0.0
	沸水一次	0.56	C	3.60	0	B	0	50.0	3.8
	冷水一次	0.89	C	4.74	0	B	0	92.9	4.7
	冷水两次	0.68	C	6.23	0	B	0	100.0	4.2
实木	未处理	22.69	A	8.82					0.0
	沸水一次	17.25	AB	3.60					6.4
	冷水一次	18.39	AB	0.96					5.7
	冷水两次	13.04	B	0.48					6.4

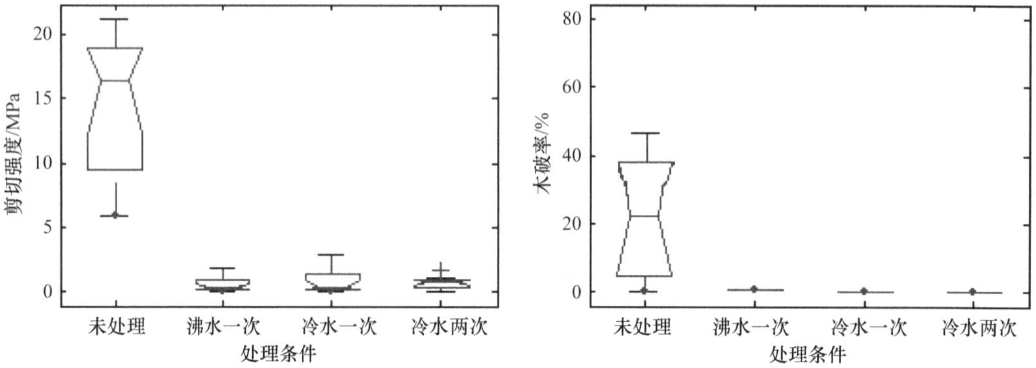

图 8-6　老化处理后柠檬桉 EPI 胶合的剪切强度和木破率

值分别从 14.76MPa 和 35%降至 0.56MPa 和 0，并且变异性增大，个别试件几乎完全剥离；胶层有明显的开缝现象，剥离率为 50.0%。冷水一次和冷水两次时，柠檬桉的胶合试件几乎完全剥离，剪切强度和木破率低，平均值分别为 0.89MPa、0 和 0.68MPa、0。

分析柠檬桉的 EPI 胶合三种老化处理后性能急剧下降的原因，主要与柠檬桉木材胶合困难有关。如前文所述，柠檬桉木材密度高、抽提物含量、纹理扭曲和硬度大等特征，使得柠檬桉木材难于胶合，表现为胶合强度常比实木强度低、木破率低，胶合破坏多界面破坏。因此，柠檬桉木材的 EPI 常态剪切强度达到 JAS SE-9 的要求，但木破率没有达到要求，并且胶合耐久性差。

六、窿缘桉的 EPI 胶合耐久性

分别检测了窿缘桉的 EPI 常态剪切强度和木破率，以及沸水一次、冷水一次和冷水两次的剪切强度、木破率和剥离率，结果见表 8-8。对不同条件间的剪切强度和木破率进行多重比较，结果见表 8-8 中“TG”列。

综合表 8-8 和图 8-7 可知，常态检测时窿缘桉的剪切强度明显比实木强度低，平均值为 16.84MPa，并且变异性大；木破率低，平均值为 28%，变异性大。三种老化处理后，窿缘桉的剪切强度和木破率都急剧降低，平均值分别降至 0.70MPa、0，0.71MPa、0 和

表 8-8 窿缘桉的 EPI 胶合耐久性与实木耐久性

条件	处理条件	剪切强度/MPa			木破率/%			剥离率/%	失重率/%
		平均值	TG	标准偏差	平均值	TG	标准偏差		
EPI胶合	未处理	16.84	B	5.06	28	A	21	0.0	0.0
	沸水一次	0.70	D	0.72	0	B	0	100.0	4.6
	冷水一次	0.71	D	0.52	0	B	0	89.6	5.8
	冷水两次	0.36	D	0.43	0	B	0	100.0	6.4
实木	未处理	22.84	A	3.21					0.0
	沸水一次	15.74	B	7.12					7.0
	冷水一次	15.05	B	0.62					5.9
	冷水两次	9.00	C	0.36					6.4

0.36MPa、0，并且胶合试件几乎完全剥离，平均剥离率为 100.0%、89.6%和 100.0%。分析窿缘桉 EPI 胶合三种老化处理后性能急剧下降的原因，主要与前文中讨论到的窿缘桉木材胶合困难的特征有关。因此，窿缘桉木材的 EPI 常态剪切强度达到 JAS SE-9 的要求，但木破率没有达到要求，并且胶合耐久性差。

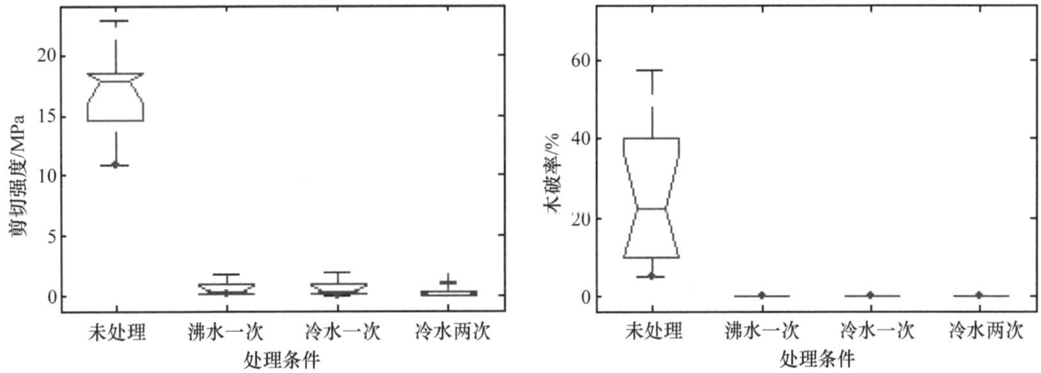

图 8-7 老化处理后窿缘桉 EPI 胶合的剪切强度和木破率

第三节 PVAc 的胶合耐久性

一、杉木的 PVAc 胶合耐久性

分别检测了杉木的 PVAc 常态剪切强度和木破率，以及冷水老化[冷水浸泡-干燥交替处理（Ⅱ）]一次、两次和三次后的剪切强度、木破率、剥离率和失重率，结果见表 8-9。对不同条件的剪切强度和木破率进行多重比较，结果见表 8-9 中“TG”列。

综合表 8-9 和图 8-8 可知，常态检测时杉木的 PVAc 剪切强度与实木强度差异不显著，平均值为 10.20MPa，木破率为 100%。冷水一次后，杉木剪切强度和木破率与常态检测时的差异不显著，但是胶层有开缝现象，剥离率为 20.3%。老化两次后，剪切强度和木破率明显比常态检测的要低，但剪切强度分别与老化一次后的剪切强度和相同处理的实

表 8-9　杉木的 PVAc 胶合耐久性与实木耐久性

条件	处理条件	剪切强度/MPa			木破率/%			剥离率/%	失重率/%
		平均值	TG	标准偏差	平均值	TG	标准偏差		
PVAc胶合	未处理	10.20	A	2.11	100	A	0	0.0	0.0
	处理一次	7.89	AB	2.41	100	A	0	20.3	0.3
	处理两次	7.51	B	2.44	63	B	39	25.0	1.1
	处理三次	5.98	B	2.16	82	AB	35	33.0	2.7
实木	未处理	8.06	AB	1.27					0.0
	处理一次	7.59	B	0.66					2.5
	处理两次	7.45	B	0.93					3.5
	处理三次	5.85	B	2.43					3.2

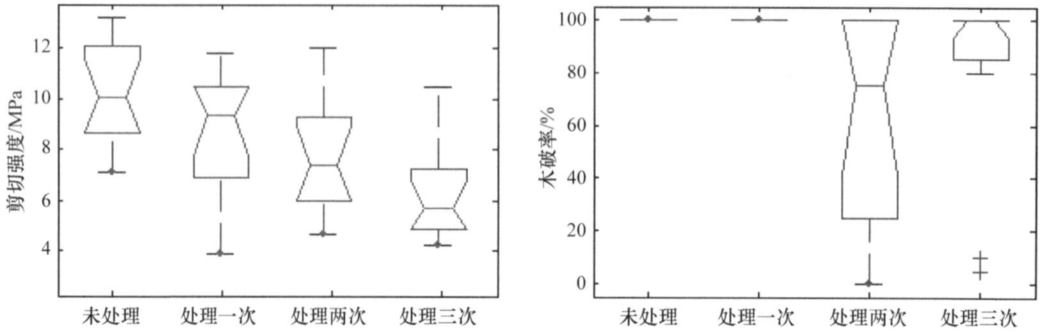

图 8-8　冷水老化后杉木 PVAc 胶合的剪切强度和木破率

木强度间差异不显著；胶层开缝现象更明显，剥离率为 25.0%。老化三次后，剪切强度显著低于常态胶合强度，但分别与老化一次和老化两次的胶合强度，以及相同处理的实木强度差异不显著；胶层开缝现象增大，剥离率为 33.0%。

分析冷水老化后杉木 PVAc 胶合性能的变化的原因主要与杉木的胶合性能和 PVAc 胶黏剂的耐水性有关。从表 8-9 和图 8-8 中可知，三种老化后的杉木实木强度都与常态实木强度差异不显著，表明在老化处理过程中胶合试件的基材强度变化不明显，由此可推知老化处理后胶合强度比常态强度低主要是由 PVAc 耐水性差引起。因此，杉木的 PVAc 常态胶合性能达到 JAS SE-8 的要求，冷水老化耐久性性好。

二、杨树的 PVAc 胶合耐久性

分别检测杨树 PVAc 常态剪切强度和木破率，以及冷水老化[冷水浸泡-干燥交替处理（Ⅱ）]一次、两次和三次后的剪切强度、木破率、剥离率和失重率，结果见表 8-10。对不同条件的剪切强度和木破率进行多重比较，结果见表 8-10 中“TG”列。

综合表 8-10 和图 8-9 可知，常态检测时杨树木材的 PVAc 剪切强度与实木强度差异不显著，平均值为 10.93MPa，木破率 100%。冷水老化一次后，杨树木材的剪切强度和木破率明显比常态检测时的要低，平均值为 7.43MPa 和 63%，并且胶层出现开缝现象，剥离率为 22.3%。冷水两次后，剪切强度和木破率明显比常态检测的要低，但与冷水一

表 8-10　杨树的 PVAc 胶合耐久性与实木耐久性

条件	处理条件	剪切强度/MPa			木破率/%			剥离率/%	失重率/%
		平均值	TG	标准偏差	平均值	TG	标准偏差		
PVAc 胶合	未处理	10.93	A	1.19	100	A	0	0.0	0.00
	处理一次	7.43	B	1.14	63	B	34	22.3	0.75
	处理两次	6.42	B	2.37	51	B	40	36.5	2.34
	处理三次	6.93	B	1.91	63	B	32	32.0	1.81
实木	未处理	10.70	A	2.15					0.00
	处理一次	10.91	A	0.77					1.11
	处理两次	10.42	A	1.49					0.69
	处理三次	9.93	A	1.47					1.94

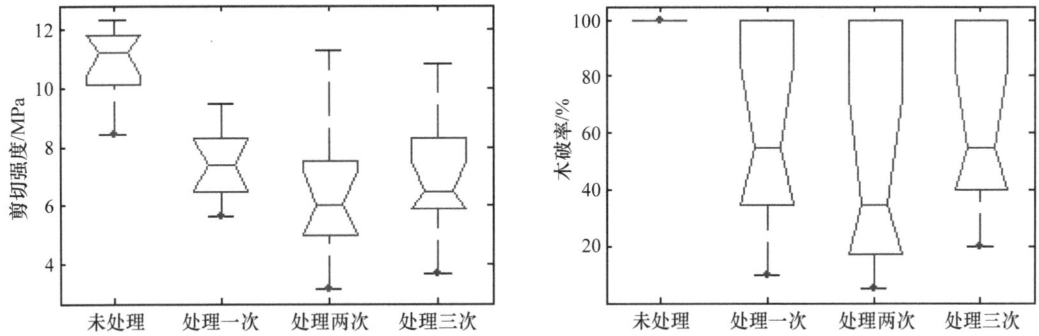

图 8-9　冷水老化后杨树 PVAc 胶合的剪切强度和木破率

次的差异不显著，剥离率增大至 36.5%。冷水三次剪切强度和木破率明显比常态时的要低，但与冷水一次和冷水两的差异不显著；胶层开缝现象更明显，剥离率为 32.0%。

分析冷水老化后杨树木材的PVAc胶合性能变化的原因主要与PVAc胶黏剂的耐水性有关。从表 8-10 和图 8-9 中可知，三种老化处理后的杨树木材实木强度都与常态实木强度差异不显著，表明在老化处理过程中胶合试件的基材强度变化不明显，由此可推知老化处理后胶合强度比常态强度低主要是由 PVAc 耐水性差引起。因此，杨树木材的 PVAc 常态胶合性能达到 JAS SE-8 的要求，冷水老化处理耐久性性好。

三、巨桉的 PVAc 胶合耐久性

表 8-11 是对巨桉木材的 PVAc 常态剪切强度和木破率，以及冷水老化[冷水浸泡-干燥交替处理（Ⅱ）]一次、两次和三次后的剪切强度、木破率、剥离率和失重率的检测结果。对不同条件的剪切强度和木破率进行多重比较，结果见表 8-11 中“TG”列。

综合表 8-11 和图 8-10 可知，常态检测时巨桉木材的 PVAc 剪切强度明显比实木强度低，但达到 JAS SE-8 要求，平均值为 19.19MPa，木破率为 98%。冷水老化一次后，巨桉木材的剪切强度和木破率与常态检测时的差异不显著；胶层无开缝现象。冷水两次剪切强度与常态和冷水一次的差异都不显著，但木破率明显降低，平均值为 53%；胶层有

表 8-11　巨桉的 PVAc 胶合耐久性与实木耐久性

条件	处理条件	剪切强度/MPa			木破率/%			剥离率/%	失重率/%
		平均值	TG	标准偏差	平均值	TG	标准偏差		
PVAc 胶合	未处理	19.19	B	1.79	98	A	6	0.0	0.00
	处理一次	18.54	BC	1.35	93	A	17	0.0	0.39
	处理两次	18.12	BC	1.63	53	B	38	1.7	0.78
	处理三次	15.36	C	3.12	59	B	28	28.9	1.83
实木	未处理	23.22	A	5.07					0.00
	处理一次	21.53	A	1.51					4.27
	处理两次	20.81	AB	4.45					3.77
	处理三次	18.71	B	1.70					4.24

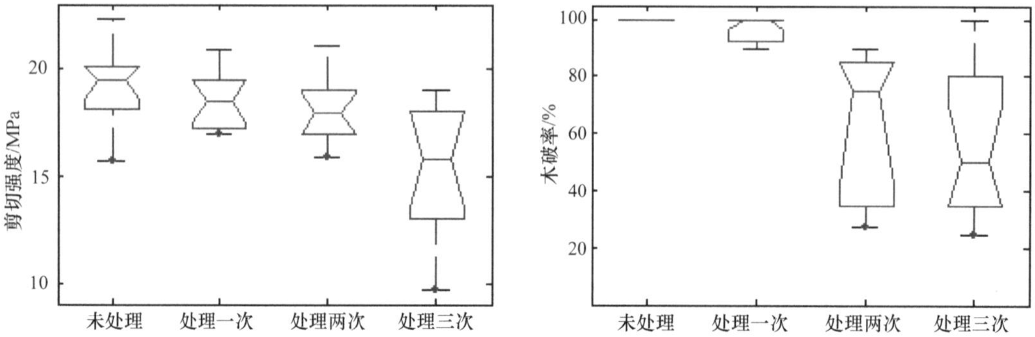

图 8-10　冷水老化后巨桉 PVAc 胶合的剪切强度和木破率

轻微的开缝现象，剥离率为 1.7%。冷水三次剪切强度和木破率明显比常态检测时的要低，但是胶合强度与冷水一次和两次的差异不显著，木破率与冷水两次时的差异不显著；胶层开缝现象明显，剥离率为 28.9%。

分析冷水老化处理后巨桉木材的PVAc胶合性能变化的原因主要与PVAc胶黏剂的耐水性有关。从表 8-11 和图 8-10 中可知，三种老化处理后的巨桉木材实木强度都与常态实木强度差异不显著，表明在老化处理过程中胶合试件的基材强度变化不明显；随着老化处理次数的增加，木破率降低，并且试件剥离率增大，胶层开缝现象加剧。由此可推知老化处理后胶合强度和木破常态强度低主要是由 PVAc 耐水性差引起。因此，巨桉木材的 PVAc 常态胶合性能达到 JAS SE-8 的要求，冷水老化处理耐久性性好。

四、尾巨桉的 PVAc 胶合耐久性

表 8-12 是对尾巨桉木材的 PVAc 常态剪切强度和木破率，以及冷水老化[冷水浸泡-干燥交替处理（Ⅱ）]一次、两次和三次后的剪切强度、木破率、剥离率和失重率的检测结果。对不同条件的剪切强度和木破率进行多重比较，结果见表 8-12 中“TG”列。

表 8-12　尾巨桉的 PVAc 胶合耐久性与实木耐久性

条件	处理条件	剪切强度/MPa			木破率/%			剥离率/%	失重率/%
		平均值	TG	标准偏差	平均值	TG	标准偏差		
PVAc胶合	未处理	19.44	AB	1.87	100	A	0	0.0	0.00
	处理一次	15.28	BCD	3.76	99	A	3	0.0	−0.52
	处理两次	13.99	CD	4.09	25	B	26	23.2	0.42
	处理三次	12.29	D	5.00	32	B	24	44.0	0.88
实木	未处理	20.32	A	3.21					0.00
	处理一次	17.50	BC	3.27					3.90
	处理两次	15.89	BC	4.15					3.80
	处理三次	14.75	C	1.14					4.56

综合表 8-12 和图 8-11 可知，常态检测时尾巨桉木材的 PVAc 剪切强度与实木强度差异不显著，平均值为 19.44MPa，木破率为 100%。冷水老化一次后，尾巨桉木材的剪切强度和木破率与常态检测时的差异不显著，胶层无开缝现象。冷水两次后，剪切强度明显比常态检测时的要低，但胶合强度与冷水一次的差异不显著；木破率为 25%，明显比常态和冷水一次的要低；胶层有开缝现象，剥离率为 23.2%。冷水三次剪切强度和木破率明显比常态时的要低，但是胶合强度与冷水一次和两次的差异不显著，木破率与冷水两次时的差异不显著；胶层开缝现象明显，剥离率为 44.0%。

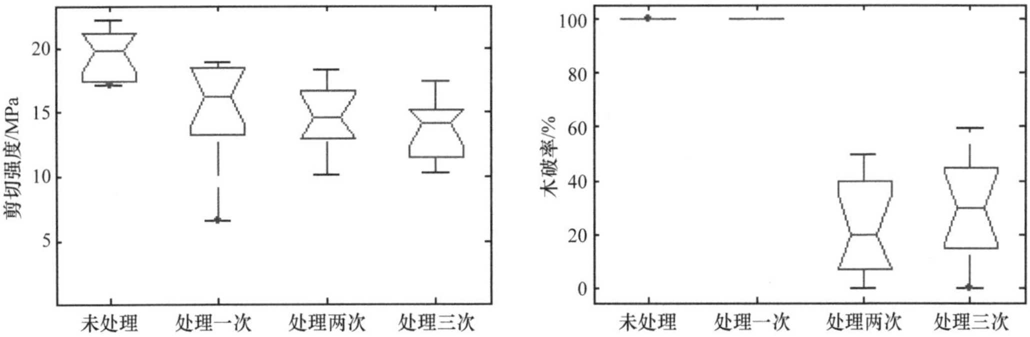

图 8-11　冷水老化后尾巨桉 PVAc 胶合的剪切强度和木破率

分析冷水老化后尾巨桉木材的 PVAc 胶合性能变化的原因，主要与尾巨桉木材特征和 PVAc 胶黏剂的耐水性有关。从表 8-12 和图 8-11 中可知，冷水一次后实木强度下降不明显，但处理两次和三次后，实木强度显著降低，结合三种老化处理后的木破率可推知，胶合试件的基材在老化处理过程中强度的降低影响着胶合强度。由冷水一次、两次和三次的木破率和剥离率的分别是 99%、0，25%、23.2%和 32%、44.0%可知，随着处理次数的增加木破率降低、剥离率增大，表明胶层在老化处理过程中强度降低，进而影响了胶合强度。因此，尾巨桉木材的 PVAc 常态胶合性能达到 JAS SE-8 的要求，冷水老化处理耐久性性好。

五、柠檬桉的 PVAc 胶合耐久性

表 8-13 是对柠檬桉木材的 PVAc 常态剪切强度和木破率，以及冷水老化[冷水浸泡-干燥交替处理（Ⅱ）]一次、两次和三次后的剪切强度、木破率、剥离率和失重率的检测结果。

表 8-13　柠檬桉的 PVAc 胶合耐久性与实木耐久性

条件	处理条件	剪切强度/MPa			木破率/%			剥离率/%	失重率/%
		平均值	TG	标准偏差	平均值	TG	标准偏差		
PVAc 胶合	未处理	14.34	BC	5.54	0	A	1	0.0	0.00
	处理一次	10.50	CD	3.67	0	A	0	13.4	–0.40
	处理两次	5.36	D	3.21	0	A	0	68.9	–0.20
	处理三次	4.45	D	3.25	0	A	0	63.0	0.01
实木	未处理	22.69	A	8.82					0.00
	处理一次	23.70	A	5.03					1.23
	处理两次	20.11	AB	9.29					0.63
	处理三次	18.66	AB	7.03					1.98

从表 8-13 和图 8-12 中可知，柠檬桉的 PVAc 常态剪切强度和木破率分别为 14.34MPa 和 0，不同老化处理次数时，剪切强度有变化，但木破率仍为 0。对不同条件的剪切强度进行了多重比较（结果见表 8-13 中“TG”列）。结果表明冷水一次时剪切强度与常态差异不显著，但胶层出现开缝现象，剥离率为 13.4%；冷水两次和三次胶合强度明显比常态检测时低，胶层开缝现象加剧，平均剥离率分别为 68.9%和 63.0%。因此，柠檬桉的 PVAc 常态胶合性能和冷水老化耐久性差。

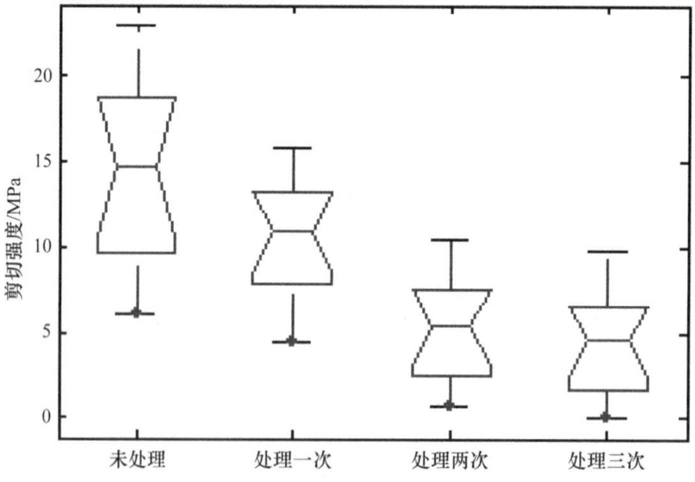

图 8-12　冷水老化后柠檬桉 PVAc 胶合的剪切强度

六、窿缘桉的 PVAc 胶合耐久性

表 8-14 是对窿缘桉木材的 PVAc 常态剪切强度和木破率，以及冷水老化[冷水浸泡-干燥交替处理（Ⅱ）]一次、两次和三次后的剪切强度、木破率、剥离率和失重率的检测结果。

表 8-14　窿缘桉的 PVAc 胶合耐久性与实木耐久性

条件	处理条件	剪切强度/MPa			木破率/%			剥离率/%	失重率/%
		平均值	TG	标准偏差	平均值	TG	标准偏差		
PVAc 胶合	未处理	15.87	ABC	8.04	0	A	0	0.0	0.00
	处理一次	14.78	C	5.20	0	A	0	0.0	0.05
	处理两次	11.57	C	4.69	0	A	0	19.2	0.06
	处理三次	10.23	C	3.82	0	A	0	57.4	0.38
实木	未处理	22.84	A	5.06					0.00
	处理一次	22.22	AB	5.93					1.24
	处理两次	15.16	BC	6.27					0.92
	处理三次	15.30	BC	5.00					1.53

从表 8-14 和图 8-13 可知，窿缘桉的 PVAc 常态剪切强度和木破率分别为 15.87MPa 和 0，不同老化处理次数时，剪切强度有变化，但木破率仍都为 0。为了分析不同老化处理条件下窿缘桉木材的 PVAc 胶合强度的差异，对其进行了多重比较。结果表明处理一次、两次和三次后的剪切强度明显比常态检测时的要低，但三种处理间的差异不显著，只是随着处理次数的增加，剥离率增大，平均值分别为 0、19.2%和 57.4%。因此，窿缘桉的 PVAc 常态胶合性能和冷水老化耐久性差。分析原因主要与窿缘桉木材密度高、富含抽提物，硬度高、纹理扭曲，机械加工性能差等材质特征造成的木材胶合困难，以及 PVAc 胶黏剂耐水性差等有关。

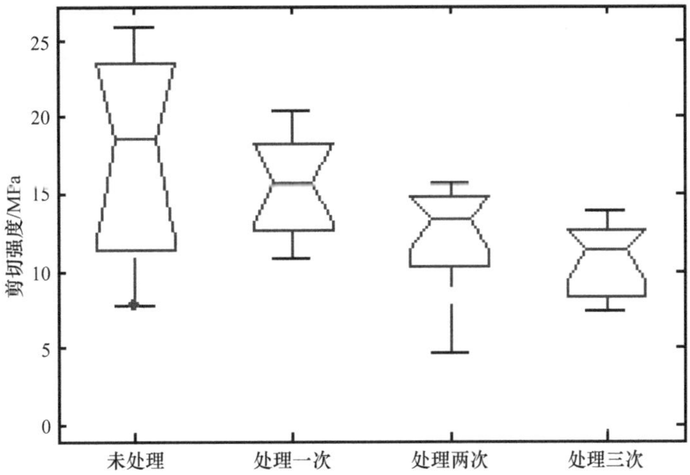

图 8-13　冷水老化后窿缘桉 PVAc 胶合的剪切强度

第四节　不同木材的胶合耐久性

在第二章第三节“常用胶黏剂的胶合性能”中，对 6 种木材 4 种胶黏剂的胶合性能进行了聚类分析，结果发现 6 种木材聚为三类，分别是杉木与杨树、巨桉与尾巨桉、柠檬桉与窿缘桉，表明相同胶黏剂胶合时，木材特征相近的木材胶合性能相近，材质差异大的木材胶合性能差异大。在本节中，对 6 种木材在不同老化处理条件下的 EPI 和 PVAc 的胶合性能也进行了聚类分析，聚类分析结果见图 8-14。

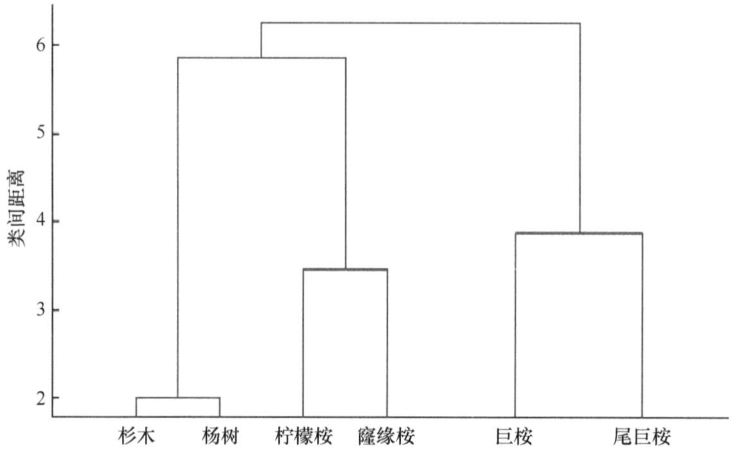

图 8-14　6 种木材胶合耐久性的聚类分析图

在聚类分析前，为避免各项性能的单位差异对数据分析结果的影响，对所有的剪切强度和木破率进行了数据标准化处理。聚类分析时的显著水平为 $\alpha = 0.05$，并根据最短距离法计算类间距离。从图 8-14 中可知，6 种木材的胶合耐久性聚为三类，分别是杉木与杨树、巨桉与尾巨桉、柠檬桉与窿缘桉。分析原因主要是由木材材质特征（包括物理力学性能、化学组成、机械加工特征等）引起。综合比较 6 种木材的特征可知，杉木与杨树相近，同属于低密度木材，具有胶合容易，耐腐性差等特征；巨桉与尾巨桉相近，属于中等密度的散孔材，胶合性能相似；而柠檬桉与窿缘桉，则是高密度的高抽提物含量以及胶合困难的阔叶材。

图 8-15 是杉木和杨树以 EPI 为胶黏剂时，胶合试件在不同老化处理条件下的剪切强度、木破率和剥离率变化的柱形图。结合前文中对杉木和杨树不同处理条件中的胶合性能的多重比较结果可知，杉木和杨树两种木材的冷水一次与沸水一次后的胶合性能间差异不显著。比较冷水老化和沸水老化两种方法的处理时间和过程可知，冷水处理的时间较沸水处理的时间长，因此建议在两种木材实验室胶合耐久性检测中采用检测周期较短的沸水加速老化处理方法。

图 8-16 是巨桉和尾巨桉以 EPI 为胶黏剂时，胶合试件在不同老化处理条件下的剪切强度、木破率和剥离率变化的柱形图。结合前文中对巨桉和尾巨桉不同处理条件中的胶

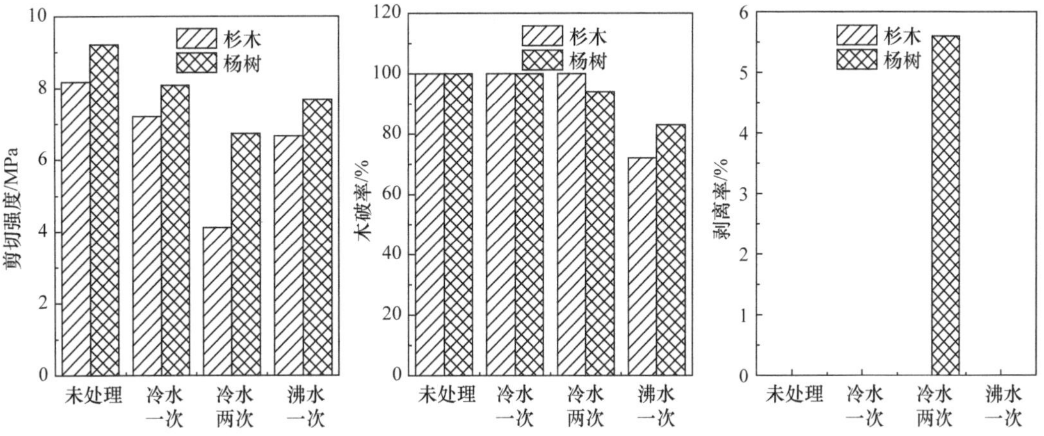

图 8-15　不同老化处理处理后杉木和杨树的胶合性能

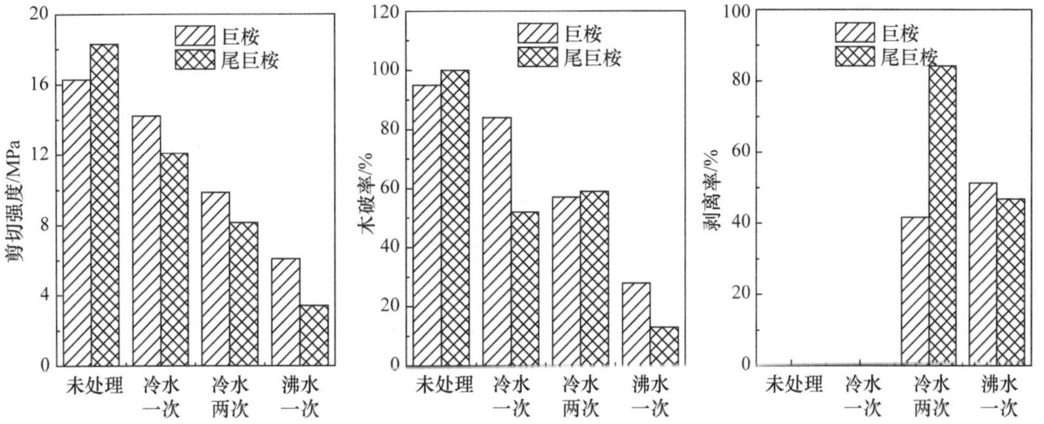

图 8-16　不同老化处理处理后巨桉和尾巨桉的胶合性能

合性能的多重比较结果可知，巨桉和尾巨桉两种木材的冷水一次后的胶合性能明显比沸水一次后的要高，沸水一次与冷水两次的剪切强度差异不显著。木破率比较中，巨桉冷水两次比沸水一次的要高，尾巨桉的冷水两次比沸水一次差异不显著。由此可知，巨桉与尾巨桉胶合耐久性的实验室加速成老化检测时，冷水老化方法处理时的胶合性能下降速度比沸水老化方法处理时的要慢。在实验室加速老化方法与模拟实际使用环境中的性能对比时，冷水老化方法更能反映胶合性能的变化情况。因此，建议实验室检测巨桉与尾巨桉胶合耐久性时，采用冷水加速老化试验方法。

图 8-17 是柠檬桉和窿缘桉以 EPI 为胶黏剂时，胶合试件在不同老化处理条件下的剪切强度、木破率和剥离率变化的柱形图。结合前文中对柠檬桉和窿缘桉不同处理条件中的胶合性能的多重比较结果可知，柠檬桉和窿缘桉两种木材三种老化处理后的胶合性能明显比未处理时的要低，并且三种处理间的胶合性能差异不显著。由此可知，柠檬桉与窿缘桉两种木材的胶合性能有待改进，胶合耐久性的实验室加速老化检测适宜的方法需要进一步的研究。

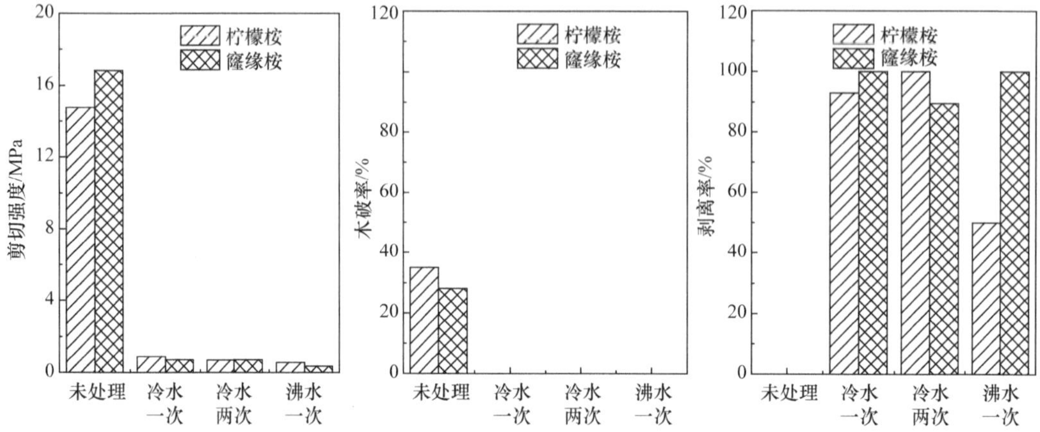

图 8-17 不同老化处理处理后柠檬桉和窿缘桉的胶合性能

胶接面破坏的原因有内应力的作用，当内应力大于胶合面的结合力时，就会发生胶层开裂现象（刘建萍，1998）。不同的试件剥离数量和剥离率首先是与树种紧密相关，其次与采用的胶黏剂、胶合工艺条件、试验环境条件等息息相关，当然不排除在操作中由于涂胶量不均匀等因素导致的结果差别。密度高的木材其胶接强度虽然很高，但同时由含水率的变化而产生的应力也非常大，所要求的胶黏剂自身的内聚力也高。当胶黏剂确定后，密度高的木材其胶合耐久性反而比密度低的木材的胶合耐久性差（Tayelor et al.，1975）。柠檬桉、窿缘桉的高密度也是其胶合耐久性不良的原因之一。

木材所具有的多孔性往往也会引起胶合制品性能下降，特别是阔叶材中一些肉眼易见的大管孔木材，在进行胶合过程中，胶黏剂分子极易沿导管管壁向木材内部渗透，结果使胶合部位产生缺胶、形成不连续的胶层以及胶层厚薄不均等，从而削弱胶合力和影响胶合制品的耐久性（Krahmer and Nussbaum，1993）。柠檬桉和窿缘桉均是大管孔阔叶材，从第六章的胶层扫描图片也看到胶液渗透进入导管中，但不是充实在导管中，而是与导管壁沿有微小裂缝，同时胶液有与侵填体相互挤压的迹象，这些因素导致了它们的胶合耐久性不是特别良好。胶黏剂是木材胶合过程中不可缺少的材料，因而胶黏剂本身的性能以及胶黏剂性能上的种种变化，都直接影响了木材胶合制品的耐久性，其影响程度随树种而异（White，1995）。

胶黏剂树脂老化，不外乎由热、紫外线、臭氧、机械、化学及微生物等因素作用引起，还有合成树脂内部分子结构的某些变化，在化学上的变化主要表现为树脂分子主链发生断裂或侧基发生变化等。可以对胶黏剂重新选择或改性处理，加入耐水剂、增塑剂、填充剂和固化剂等（杨武珍，1989）。

从试验结果来看，双组分 EPI 胶对于两种桉树木材的胶合耐久性不是非常理想，平均剥离率较高，但是同批试件中剥离的数量不多（即剥离数率不是很高）。因此，胶黏剂因素还可以继续深化研究。

由图 8-17 分析可知，随着循环次数的增加，无论是剥离率还是剥离数率都是逐渐增加的，对比起来，柠檬桉胶合材的增加趋势要强于窿缘桉胶合材，在相同试验条件下，柠檬桉胶合材比窿缘桉胶合材耐久性要差。由第二章也可以知道，柠檬桉木材的1%氢氧化钠抽提物和苯醇抽提物要高于窿缘桉木材，而冷、热水抽提物柠檬桉木材要稍低于窿缘木材，这可能是导致柠檬桉木材胶层耐久性次于窿缘桉木材的胶层耐久性的原因之一。正如国外学者所说的，木材耐久性对树种有很大的依赖性（Krahmer and Nussbaum，1993）。

对比常温浸泡和沸水蒸煮试验可以得到，经过长时间的沸水蒸煮之后，柠檬桉和窿缘桉木材的剥离率和剥离数率均显著增加，受检试件绝大多数出现胶层剥离现象，剥离程度也较常温浸泡试件有明显增大。木材是极性物质，对于水分子具有高度的亲和力，从而使木材具有吸湿性与吸水性，这一不良性能往往促使木材物理性能发生变化，而且产生收缩与膨胀现象（Alexopoulos，1992）。木材的干缩与湿胀不仅各种木材不同，即使是同一块木材，也有纵向和横向、径向与弦向的区别，这种干缩的差异所导致的拉伸与压缩应力，是削弱胶黏剂与木材间的附着力、导致胶层破坏的原因之一（顾继友，1999）。

本章采用沸水-干燥交替和冷水浸泡-干燥交替两种实验室加速老化试验方法，分别检测了以 EPI 和 PVAc 为胶黏剂时，杉木、杨树、巨桉、尾巨桉、柠檬桉和窿缘桉 6 种人工林木材的胶合耐久性。结果发现，通过对不同胶黏剂相同树种的胶合耐久性评价和不同树种相同胶黏剂的胶合耐久性评价，能够知道不同树种和不同胶黏剂种类对胶合性能耐久性影响均较大。EPI 的木材胶合耐久性比 PVAc 的木材胶合耐久性要好。加速老化试验是评价木材胶合耐久性的良好方法。通过评价木材胶合的湿状剪切强度、胶层木材破坏率和胶层浸渍剥离等性能，能够很好地评价木材的胶合耐久性能。

主要参考文献

顾继友. 1999. 胶粘剂与涂料. 北京：中国林业出版社.

李和平. 2008. 木材胶粘剂. 北京：化学工业出版社.

刘建萍. 1998. 胶合木胶合质量影响因素浅析. 中国木材工业, 1998, 12(6): 28-30.

杨武珍. 1989. 谈木材胶合制品的耐久性. 广东林业科技, 4: 3-8.

余先纯，孙德林，李湘苏. 2011. 木材胶粘剂与胶合技术. 北京：中国轻工业出版社.

Alexopoulos J. 1992. Accelerated aging and outdoor weathering of aspen waferboard. Forest Products Journal, 42(2): 15-22.

Gillespie R H. 1965. Accelerated aging of adhesives in plywood-type joints. Forest Products Journal, 15(9): 369-378.

Krahmer R M, Nussbaum. 1993. Oxidative activation of wood surface by flame treatment. Wood Science & Technology, 27: 183-193.

River B H, Gillespie R H, Baker A J. 1980. Accelerated aging of phenolic-bonded flakeboards. Forest Products Laboratory, Forest Service, USDA.

River B H. 1994. Outdoor aging wood-based panels and correlation with laboratory aging. Forest Products Journal, 44(11/12): 55-65.

Shen K C, Wrangham B. 1971. A rapid accelerated-aging test procedure for phenolic particle board. Forest Products Journal, 21(5): 30-33.

Stumbo D A. 1964. Influence of surface aging prior to gluing on bond strength of Douglas fir and redwood. Forest Products Journal, 14(12): 582-589.

Tayelor F A, Eng P, S Chow. 1975. Wood and adhesives problems—A look at the future. Wood and Fiber Science, 7(1): 55-62.

White J T. 1995. Wood adhesives and binders: What's the outlook. Forest Products Journal, 45(3): 21-28.